有色金属板带材生产

傅祖铸　　主编

中南大学出版社
www.csupress.com.cn
·长 沙·

内 容 提 要

本书阐述了金属板、带、箔材轧制的基本原理,论述了高精度产品尺寸与板形的控制原理及新技术。还讨论了有色金属板、带、箔材的生产方案、工艺规程的设计与计算,轧制设备的选择,产品性能与表面质量控制。另外,介绍了有色金属板带箔材生产的其他轧制方法,计算机在轧制过程中的应用,以及典型产品的生产工艺。

本书可作为大专院校金属压力加工、金属材料及其他相近专业的教学用书,也可供从事金属材料加工生产、科研及设计的有关技术人员、科研人员和工人参考。

前　　言

　　本书是在多年教学实践、多次修订原用讲义基础上,按照专业教学计划和大纲要求,经过精选、充实,编写而成。

　　本书可作为金属压力加工、金属材料及其他相近专业的专业课教材,或教学参考书。按教学计划要求,本书只包括轧制的原理、产品精度控制及生产工艺等内容。而轧制设备已在"塑性加工设备课"中讲述,本书按工艺要求只叙述了轧制设备的选择、设备与工艺及设备与产品质量的关系等基本理论和基本知识。在内容上力图反映近 20 年来,国内外有色金属板带材加工技术的新发展,突出新工艺、新设备、新技术的应用,目的是使板带材产品达到"尺寸精确板形好,表面光洁性能高"的技术要求。在论述上尽力做到理论联系实际,概念清晰,条理清楚,重点突出。并采用深入浅出、通俗易懂的表达方式,便于教学和自学。

　　本书由傅祖铸(1~8 章)、罗春晖(7.9 节及 9 章)编写,傅祖铸任主编。全书由娄燕雄教授审阅,彭大暑教授审阅了部分章节,均提出了许多宝贵意见;在本书编写过程中,王曼星副教授,陈先波和孙建林副教授等提供了很多宝贵意见和建议;王孟君副教授为本书制备了部分底图,在此一并表示衷心感谢。

　　由于编者的水平有限,书中必定存在不少错误和疏漏之处,诚恳希望读者批评指正。

编　者

目　　录

1 简单轧制过程的基本概念

轧制过程是轧辊与轧件(金属)相互作用时,轧件被摩擦力拉入旋转的轧辊间,受到压缩发生塑性变形的过程。通过轧制使金属具有一定的尺寸、形状和性能。

如果轧辊辊身为均匀的圆柱体,这种轧辊称为平辊,用平辊进行的轧制,称为平辊轧制。平辊轧制是生产板、带、箔材最主要的压力加工方法。

1.1 简单轧制过程及变形参数

1.1.1 简单轧制过程

为了研究方便,常常把复杂的轧制过程简化成理想的简单轧制过程。简单轧制过程是轧制理论研究的基本对象,所谓简单轧制过程应具备下列条件:

(1)两个轧辊均为主传动辊,辊径相同,转速相等,且轧辊为刚性;

(2)轧件除受轧辊作用外,不受其他任何外力(张力或推力)作用;

(3)轧件的性能均匀;

(4)轧件的变形与金属质点的流动速度沿断面高度和宽度是均匀的。

总之,简单轧制过程对两个轧辊是完全对称的。

在实际生产中理想的简单轧制过程是不存在的。例如,单辊传动(周期式叠轧薄板轧机,单辊传动的铝箔轧机);异步轧制,即两个工作辊的圆周速度不相等;给轧件施加外力(带卷轧制的张力);轧辊直径不等,如劳特轧机;被轧金属的性能也不可能完全均匀;轧辊和轧机不可能是绝对刚体,在力的作用下,它要产生弹性变形……

1.1.2 变形参数的表示方法

当轧件高向受到轧辊压缩时,金属便朝纵向和横向流动。轧制后,轧件在长度和宽度方向上尺寸增大,而高向上厚度减小。由于工具(轧辊)形状等因素的影响,轧制时金属主要是向纵向流动(称为延伸),而横向流动(称为宽展)则较少。

在工程上,对轧件常用如下参数表示其变形量。

高向变形参数:轧前厚度 H 和轧后厚度 h 的差,称为绝对压下量 Δh(简称压下量):

$$\Delta h = H - h \qquad (1-1)$$

压下量 Δh 与轧前厚度 H 的百分比称为相对压下量(简称加工率或压下率):

$$\varepsilon = \frac{\Delta h}{H} \times 100\% \qquad (1-2)$$

轧制时,轧件从进入轧辊至离开轧辊,承受一次压缩塑性变形,称为一个轧制道次。加工率分道次加工率 ε 和总加工率 ε_Σ 两种。道次加工率是指某一个轧制道次,轧制前后轧件厚度变化的计算值。总加工率有两种:一种是一个轧程(两次退火间)的总加工率,它可反映轧件加工硬化的情况;另一种是一个轧程中某轧制道次后的总加工率。

横向变形参数:它指轧后宽度 B_h 与轧前宽度 B_H 的差 ΔB,称绝对宽展量,简称宽展:

1

$$\Delta B = B_h - B_H \qquad\qquad (1-3)$$

纵向变形参数:它用轧件轧后长度 L_h 与轧前长度 L_H 之比表示,通常称为延伸系数 λ:

$$\lambda = \frac{L_h}{L_H} \qquad\qquad (1-4)$$

根据体积不变条件,延伸系数也可用轧件的轧前断面积 F_H 与轧后断面积 F_h 之比表示:

$$\lambda = \frac{F_H}{F_h} \qquad\qquad (1-5)$$

如宽展在轧制时忽略不计,延伸系数也可写成如下形式:

$$\lambda = \frac{H}{h} = \frac{1}{1-\varepsilon} \qquad\qquad (1-6)$$

由此可见,延伸系数的大小,反映了金属纵向变形的程度,或者说金属的横断面积在轧制过程中减小的程度。

1.2 变形区及其参数

1.2.1 轧制变形区

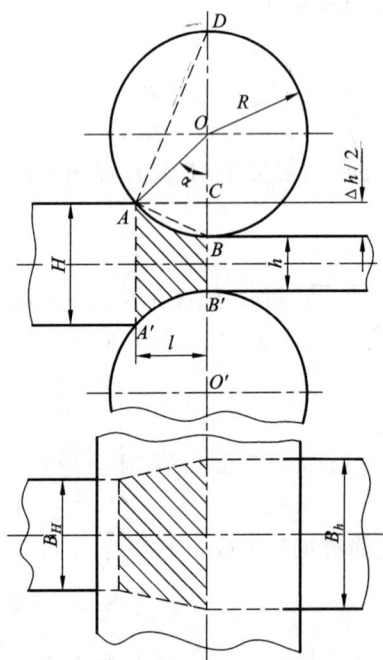

图 1-1 几何变形区图示

轧制时金属在轧辊间产生塑性变形的区域称为轧制变形区。在图 1-1 中,轧辊和轧件的接触弧 ($\overset{\frown}{AB}$ 、 $\overset{\frown}{A'B'}$),及轧件进入轧辊的垂直断面 (AA')和出口垂直断面 (BB')所围成的区域,称为几何变形区 (图中阴影部分),或理想变形区。

实际上,在出、入口断面附近 (几何变形区之外)局部区域内,轧件多少也有塑性变形存在,这两个区域称为非接触变形区。可见,轧制变形区包括几何变形区和非接触变形区。

在生产中,热轧头几道次,轧件很厚,变形不容易深透,甚至几何变形区内,也还有部分金属不产生塑性变形。

1.2.2 变形区的主要参数

讨论简单轧制过程的基本概念,主要研究几何变形区。几何变形区的主要参数有:接触角 α ;变形区长度 l (接触弧 $\overset{\frown}{AB}$ 的水平投影长度);变形区形状系数 $l/\bar{h}$ 和 $B/\bar{h}$,其中 $\bar{h} = (H+h)/2$ 。

1. 接触角 α 轧件与轧辊的接触弧所对应的圆心角 α ,称为接触角。由图 1-1 可求得:

$$BC = BO - CO = R - R\cos\alpha = R(1-\cos\alpha)$$

由于
$$BC = \frac{1}{2}(H - h) = \frac{1}{2}\Delta h$$

则有
$$\cos\alpha = 1 - \frac{\Delta h}{2R} \text{或} \Delta h = D(1 - \cos\alpha) \tag{1-7}$$

在接触角比较小的情况下$(\alpha < 10° \sim 15°)$,由于,
$$1 - \cos\alpha = 2\sin^2\frac{\alpha}{2} \approx \frac{\alpha^2}{2}$$

公式$(1-7)$可简化成下列形式:
$$\alpha = \sqrt{\frac{\Delta h}{R}} \tag{1-8}$$

式中:R——轧辊的半径。

接触角 α 是一个与接触弧长短有关的几何量。轧件与轧辊刚接触的瞬间,即轧件前棱和旋转轧辊的母线相接触时,α 为零;随着金属逐渐被拽入辊缝的过程中,α 逐渐增大;当金属完全充满辊缝,即轧件前端面到达两辊连心线 OO',并继续进行轧制时,α 的大小按$(1-7)$式计算。随着压下量的增大,例如轧制楔形轧件,当轧辊与轧件出现完全打滑,即轧辊转动而轧件不动,此时接触角 α 达到极限值。

2. 变形区长度 l 几何变形区长度 l,是指接触弧$\overparen{AB}$的水平投影长度(图 1-1)。由图得变形区长度 $l = AC$,因为 AC 是直角三角形 AOC 的一个直角边。

根据几何关系:$l = R\sin\alpha$

或者
$$l^2 = R^2 - OC^2$$

由于
$$OC = R - \frac{\Delta h}{2}$$

则得
$$l^2 = R^2 - (R - \frac{\Delta h}{2})^2 = R^2 - R^2 + R\Delta h - \frac{\Delta h^2}{4} = R\Delta h - \frac{\Delta h^2}{4}$$

最后得出变形区长度的精确计算式为:
$$l = \sqrt{R\Delta h - \frac{\Delta h^2}{4}}$$

由于根号中的第二项比第一项小许多,而忽略不计。则 l 可近似地用下式表示:
$$l = \sqrt{R\Delta h} \tag{1-9}$$

此外,若用接触弧的弦长做为变形区的长度(以弦代弧),可根据直角三角形 ABC 和 ABD 相似条件,求出接触弧的弧长得:
$$l = \overline{AB} = \sqrt{R\Delta h}$$

至于考虑轧辊在轧制压力作用时产生的弹性压扁,以及两轧辊直径不相等的变形区长度计算参见 3.2 节。

3. 变形区几何形状系数 变形区形状系数 $l/\bar{h}$ 和 $B/\bar{h}$ 可用下式表示:
$$\frac{l}{\bar{h}} = \frac{\sqrt{R\Delta h}}{\frac{H+h}{2}} = \frac{2\sqrt{R\Delta h}}{H+h}; \qquad \frac{B}{\bar{h}} = \frac{B}{\frac{H+h}{2}} = \frac{2B}{H+h}$$

式中:B——轧件宽度(不计宽展);

$\overline{h}$——轧件平均厚度。

变形区形状系数对轧制时轧件的应力状态有影响。因此,此参数在研究轧制时的金属流动、变形及应力分布等具有重要意义。$l/\overline{h}$ 和 $B/\overline{h}$ 分别反映了对轧制过程纵向和横向的影响。因为一般把轧制过程视为平面变形状态,所以,前者比后者更为重要。只有研究宽展等问题时,$B/\overline{h}$ 才有意义。

1.3 轧制过程建立的条件

1.3.1 轧制的过程

在一个道次里,轧件的轧制过程可以分为开始咬入、拽入、稳定轧制和轧制终了(抛出)4个阶段。

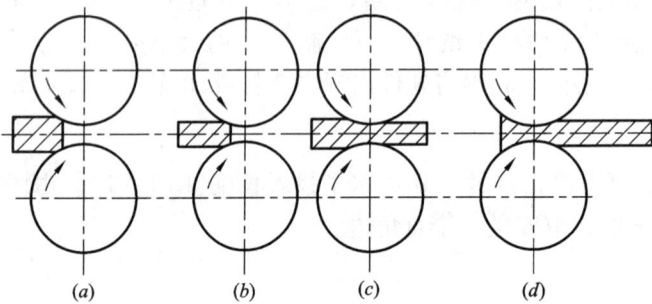

图 1－2 轧制过程图示

(a)开始咬入;(b)拽入;(c)稳定轧制;(d)抛出

1. 开始咬入阶段[图 1－2(a)] 轧件开始接触到轧辊时,由于轧辊对轧件的摩擦力的作用,实现了轧辊咬入轧件。开始咬入为一瞬间完成。

2. 拽入阶段[图 1－2(b)] 一旦轧件被旋转的轧辊咬入之后,由于轧辊对轧件的作用力变化,轧件逐渐被拽入辊缝,直至轧件完全充满辊缝为止。即轧件前端到达两辊连心线位置。这一过程时间很短,而且轧制变形、几何参数、力学参数等都在变化。

3. 稳定轧制阶段[图 1－2(c)] 轧件前端从辊缝出来后,轧制过程连续不断地稳定进行。整个轧件通过辊缝承受变形。

4. 轧制终了阶段[图 1－2(d)] 从轧件后端进入变形区开始,轧件与轧辊逐渐脱离接触,变形区逐渐变小,直至轧件完全脱离轧辊被抛出为止。此阶段时间也很短,其变形和力学参数等均也发生变化。

在一个轧制道次里,轧件被轧辊开始咬入、拽入、稳定轧制和抛出的过程,组成一个完整的连续进行的轧制过程。

稳定轧制是轧制过程的主要阶段。金属在变形区内的流动、变形与力的状况,以及为此而进行的工艺控制,产品质量与精度控制,设备设计等等,都是板带材轧制研究的主要对象。开始咬入阶段虽在瞬间完成,但它关系到整个轧制过程能否建立的先决条件。所以,无论是制定工艺,还是设计轧辊等,都要对此高度重视。至于拽入与抛出亦在瞬间完成,通常不影响轧制过程,一般不予研究。

1.3.2 咬入条件

轧制过程能否建立,首先决定于轧件能否被旋转的轧辊咬入。因此,研究、分析轧辊咬入轧件的条件,具有重要的实际意义。

生产中,无论热轧或冷轧,一般情况下都能使轧件一接触旋转的轧辊就能被咬入,轧制很顺利。但是,轧件也有时难以被轧辊咬入。生产中,比如大铸锭热轧开坯,常用推锭机将铸锭推入辊缝;或者降低转速;手工操作的小轧机上,甚至靠操作者施以推力;或者增大辊缝减小压下量;冷轧辊面光滑时加点涩性油剂,或减小压下量;当摩擦条件相同而压下量大时,直径大的轧辊容易咬入等等。可见,轧件能否被轧辊顺利咬入是与轧辊和轧件的尺寸、压下量、施加外力,特别是轧辊与轧件接触面上的摩擦状况有关。总之,讨论咬入条件,应从轧件受力分析着手。

1. 咬入时轧辊对轧件的作用力　在简单轧制情况下[见图1-3(a)],当轧件的前棱和旋转的轧辊母线相接触时,在接触点(A和A′)上轧件以力 $N′$ 压向轧辊,同时产生摩擦力 $T′$,企图阻碍轧辊的旋转。按牛顿第三定律,在此同时,轧辊对轧件同样作用有大小相等、方向相反的径向正压力 N,以及摩擦力 T。对轧件来说[见图1-3(b)],受有径向正压力 N 和轧辊旋转方向一致的切向摩擦力 T,且与 N 力垂直,按库仑摩擦定律,$T=fN$。f 为咬入时轧辊与轧件之间的摩擦系数。

咬入角 α[见图1-3(b)]是指开始咬入时轧件上的正压力与两轧辊中心连线的夹角。其数值等于稳定轧制时的接触角,即按公式(1-7)或(1-8)计算。

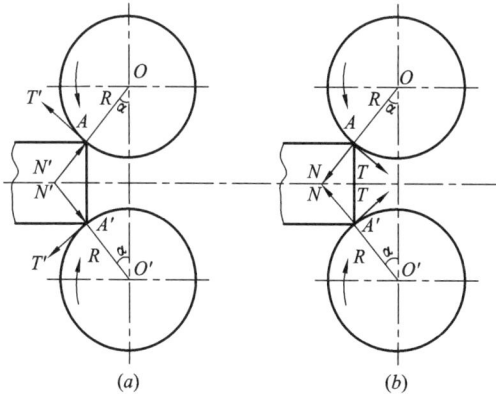

图1-3　轧辊与轧件接触时的受力图
(a)轧辊受力图;(b)轧件受力图

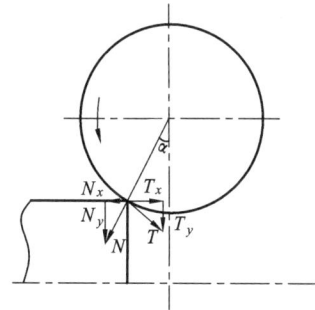

图1-4　T 和 N 力的分解

2. 轧件被轧辊咬入的条件　轧件受有正压力 N 和切向摩擦力 T,为了比较这些力的作用,将它们投影到垂直和水平方向上(图1-4)。即分解成水平方向的分力 N_x 和 T_x,垂直方向的分力 N_y 和 T_y。

作用在垂直方向上的分力 N_y 和 T_y,使轧件从上、下两个方向同时受到压缩,产生塑性变形,这是轧件被轧辊咬入的先决条件。

作用在水平方向上的分力 N_x 和 T_x,对轧制过程的建立起着不同的作用,N_x 是将轧件推出辊缝的力,T_x 是将轧件拉入辊缝的力。在轧件上无其他外力作用的情况下,这两个力的大小决定了轧辊能否咬入轧件。显然,当 N_x 大于 T_x 时,咬不进;而 N_x 小于 T_x 时,能够咬入。所以,$N_x < T_x$ 是咬入的条件,而 $N_x = T_x$ 是咬入的临界条件。

由图1-4可知:
$$N_x = N\sin\alpha,\quad T_x = T\cos\alpha$$
因为
$$T = fN,\qquad f = T/N$$

当 $T_x \geqslant N_x$ 时,可变成下面的形式:

$$fN\cos\alpha \geqslant N\sin\alpha$$
$$f \geqslant \sin\alpha / \cos\alpha$$
$$f \geqslant \text{tg}\alpha \tag{1-10}$$

正压力 N 和摩擦力 T 的合力为 R(见图 1-5 所示)。根据物理概念,正压力 N 与合力 R 的夹角 β 称为摩擦角。摩擦系数可以用摩擦角 β 表示,即摩擦角 β 的正切就是摩擦系数 f,$\text{tg}\beta = f$,将此式代入(1-10)式得:

$$\text{tg}\beta \geqslant \text{tg}\alpha$$

或者
$$\beta \geqslant \alpha \tag{1-11}$$

当 $\alpha < \beta$ 时,称为自然咬入条件,它表示只有轧辊对轧件的作用力,而无其他外力作用时,轧件被轧辊咬入的条件,必须使摩擦角大于咬入角,这是咬入的充分条件。

当 $\alpha = \beta$ 时,为咬入的临界条件,把此时的咬入角 α 称为最大咬入角,用 α_{max} 表示。它取决于轧辊和轧件的材质、表面状态、尺寸大小,以及润滑条件和轧制速度等等。表 1-1 为几种有色金属热轧时最大咬入角和摩擦系数。

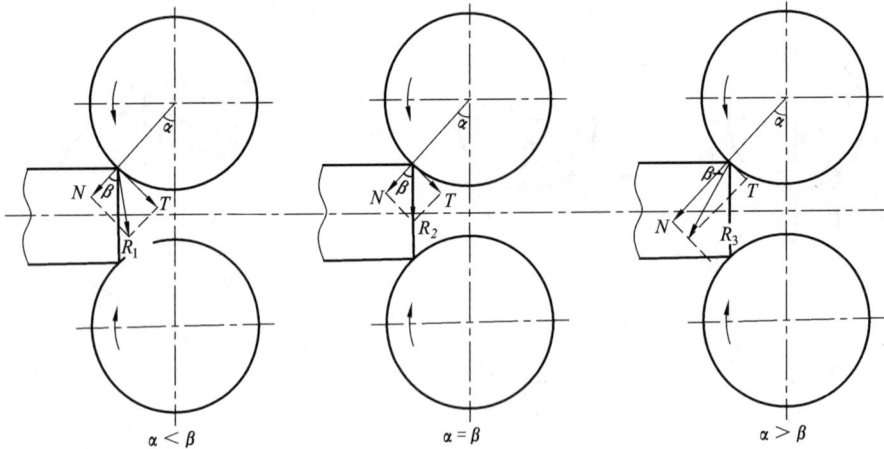

图 1-5　咬入角与摩擦角的三种关系

表 1-1　有色金属热轧时最大咬入角和摩擦系数

金　属	轧制温度,℃	最大咬入角	摩擦系数
铝	350	20~22	0.36~0.40
铜	900	27	0.50
黄铜	850	21~24	0.38~0.45
镍	950	22	0.40
锌	200	17~19	0.30~0.35

咬入角和摩擦角的 3 种关系如图 1-5 所示,合力 R_1 向轧制方向倾斜($\alpha < \beta$),说明轧件可以被咬入;R_2 的方向与轧制线垂直($\alpha = \beta$),说明处于咬入的临界状态;R_3 的方向逆轧制方向作用于轧件($\alpha > \beta$),阻止轧件咬入,表明轧件不能自然咬入,此时可实行强迫咬入。

1.3.3　稳定轧制的条件

当轧辊咬入轧件后,随着轧辊的转动,金属不断地被拽入辊缝内。由于轧辊与轧件的接触表面,随轧件向辊间填充而逐渐增加,则轧辊对轧件的作用力位置也不断向出口方向移动。其结果,开始咬入时力的平衡条件必然受到破坏,阻碍轧件进入辊缝的力 N_x 将相对减小,而拉入

轧件进入辊缝的力 T_x 将相对增大。因此,使拽入过程较开始咬入时更为有利。

当轧件完全填充辊间后,如果单位压力沿接触弧内均匀分布,则合压力作用点在接触弧的中点,合压力与轧辊中心连线的夹角 φ 等于接触角 α 的一半。轧件填充辊间后,继续进行轧制的条件仍然应当是轧件的水平拉入力 T_x 大于水平推出力 N_x,$T_x \geq N_x$。如图1-6所示,此时

$$T\cos\varphi \geq N\sin\varphi$$

$$T/N = f \geq \mathrm{tg}\varphi \qquad (1-12)$$

式中:f——稳定轧制时轧辊与轧件之间的摩擦系数,通常比咬入时的摩擦系数小。

$$\mathrm{tg}\beta \geq \mathrm{tg}\varphi \qquad \beta \geq \varphi \qquad (\varphi = \frac{\alpha}{2})$$

$$\beta \geq \frac{\alpha}{2} \text{或} 2\beta \geq \alpha \qquad (1-13)$$

当 $\alpha = 2\beta$ 时为稳定轧制的临界条件;$\alpha < 2\beta$ 为稳定轧制条件。

可见,当 $\alpha < \beta$ 时,能顺利咬入,也能顺利轧制;当 $\beta < \alpha < 2\beta$ 时,能顺利轧制,但不能顺利地自然咬入。这时可实行强迫咬入,建立轧制过程;当 $\alpha \geq 2\beta$ 时,不但轧件不能自然咬入,而且在强迫咬入后也不能进行轧制。因为开始咬入时的咬入角等于稳定轧制时的接触角。从以上分析,金属被轧辊自然咬入时($\alpha < \beta$)到稳定轧制时($\alpha < 2\beta$)的条件变化,可得出如下结论:

(1)开始咬入时所需摩擦条件最高(摩擦系数大);

(2)随轧件逐渐进入辊间,水平拉入力逐渐增大,水平推出力逐渐减小,因此轧件被拽入的过程比开始咬入容易;

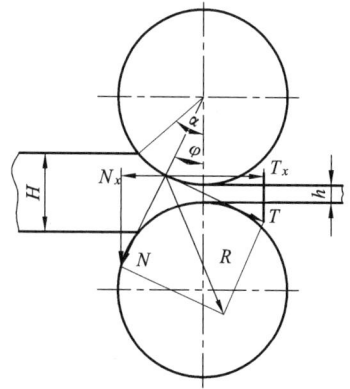

图1-6 当轧件完全填充
辊间后力的图示

(3)稳定轧制条件比咬入条件容易实现;

(4)咬入一经实现,当其他条件(润滑状况、压下量等)不变时,轧件就能自然向辊间填充,直至建立稳定的轧制过程。

1.3.4 改善咬入的措施

实现咬入是轧制过程建立的先决条件,尤其热轧和冷粗轧更为重要。根据咬入条件和(1-8)式可知,咬入角的大小与压下量和辊径有关。由(1-7)式,当咬入角等于摩擦角时,所对应的压下量为最大绝对压下量。因此,在设计和选择轧辊直径时,为了实现轧制过程的咬入应满足如下条件:

$$\Delta h_{\max} \leq D(1-\cos\beta) \text{或} D \geq \Delta h_{\max}/(1-\cos\beta) \qquad (1-14)$$

式中:D——轧辊直径;

$\Delta h_{\max}$——最大绝对压下量,由预定工艺确定;

β——摩擦角,由咬入时摩擦条件确定。

此外,在现有轧机(辊径一定)上采用一定润滑介质时,可按(1-14)式确定最大压下量。在生产或工艺设计中,应根据工艺规程和设备,校核咬入条件。

但是,生产中尽管从理论上满足了上述要求,由于坯料尺寸、工艺规程、设备及润滑条件变化等等,会不能满足咬入条件,导致咬入困难。为了操作顺利,增加压下量,提高生产率,保证

产品质量,必须改善咬入条件。

由咬入条件 $\alpha < \beta$ 可知,改善咬入的措施必须从两方面入手,即减小咬入角或增大摩擦角。

1. 减小咬入角改善咬入的措施

(1)轧件前端做成锥形或圆弧形,以减小咬入角,随后可增加压下量;

(2)采用大辊径轧辊,可使咬入角减小,满足大压下量轧制;

(3)减小道次压下量,可减小轧件原始厚度和增加轧出厚度的方法实现。但 Δh 减小,生产率下降,这种方法不甚理想;

(4)给轧件施以顺轧制方向的水平力,如用推锭机将轧件推入辊间,或辊道运送轧件的惯性冲力,或采用夹持器、推力辊等,实现强迫咬入。施加外推力能改善咬入,这是因为外力作用使轧件前端被轧辊压扁,实际咬入角减小,而且使正压力增加,接触面积增大,导致摩擦力增加,有助于轧件咬入;

(5)咬入时辊缝调大,即减小压下量从而减小了咬入角。稳定轧制过程建立后,可减小辊缝,加大压下量,充分利用咬入后的剩余摩擦力,即带负荷压下。

增加摩擦角,即增加摩擦系数,虽有利于咬入,但摩擦系数增加导致轧辊磨损,轧件表面质量变坏,而且增加了能耗。所以改善咬入的措施要根据不同的轧制方法,产品质量的要求和稳定轧制的条件联系起来,才有实际意义。

2. 增加摩擦系数改善咬入的措施

(1)在粗轧机轧辊上打砂或粗磨,以增加摩擦系数,改善咬入。打砂比粗磨好,可延长轧辊使用寿命;

(2)低速咬入,高速轧制,以增加咬入时的摩擦系数,是变速轧机改善咬入,提高生产率的措施;

(3)咬入时不加或少加润滑剂,或喷洒煤油等涩性油剂,以增加咬入时的摩擦系数;

表 1-2 不同条件下一般实际使用的最大咬入角

轧 辊 情 况	咬入角,°
热 轧 辊	15~22
冷轧(粗糙辊面)	5~8
冷轧(磨光辊润滑)	3~4

(4)热轧加热温度要适宜。在保证产品质量的前提下,温度高,轧件表面氧化皮可起润滑作用,从而降低摩擦系数。轧件温度过低,表面硬度大,摩擦系数也较小。

生产中,改善咬入不完全限于以上几种方法,而且往往是根据不同条件某几种方法同时并用。

不同轧制条件下,实际使用的最大咬入角的范围如图 1-2。不同金属在不同热轧条件下的平均咬入角和摩擦系数见表 3-4。

1.4 轧制过程的基本特点

讨论轧制过程的变形、运动学及力学特点是研究简单轧制过程的主要内容。

1.4.1 变形特点

平辊轧制与平锤下塑压矩形件时金属的变形规律相类似,只是工具由平行平面换成圆弧面,变形体金属由相对静止变为连续运动。

在平锤塑压时,金属向两个方向变形,并以其垂直对称线作为分界线[图1-7(a)]。如果压缩时,工具平面不平行[图1-7(b)],由于工具形状的影响,金属容易向AB方向流动,因此它的分界线(中性线或中性面)便偏向CD一侧。轧制时的情况与此类似,金属在两个反向旋转的等径轧辊之间受到连续压缩,因此在其纵向与横向上产生延伸和宽展。同样金属向入口侧流动容易,向出口侧流动较少,其中性面偏向出口侧。

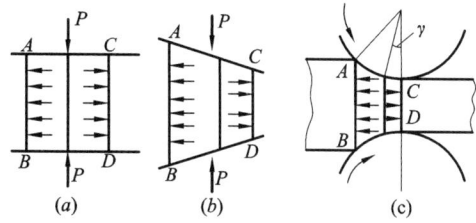

图1-7 金属变形图示

金属的塑性流动相对轧辊表面产生滑动,或有产生滑动的趋势。金属质点向入口侧流动形成后滑区;向出口侧流动形成前滑区。这样变形区便分成了后滑区、中性面和前滑区。所谓中性角是指前滑区接触弧所对应的圆心角,通常用 γ 表示[图1-7(c)]。金属质点向两侧流动形成宽展,而且延伸方向流动多,横向流动少。

这种变形规律是由轧件在变形区内所受的应力状态来决定的。轧件受轧辊的压力作用,在高向上轧件承受 σ_z 的压应力,而横向与纵向上,因为摩擦力的作用使轧件承受 σ_y 和 σ_x 的压应力。由于工具形状沿轧制方向是圆弧面,沿宽度方向为平面工具,而变形区长度一般总小于轧件宽度,因此三个方向应力绝对值的关系是:$\sigma_z > \sigma_y > \sigma_x$。由最小阻力定律可知,金属高向受到压缩时,必然是延伸方向流动多,横向流动少。

1.4.2 运动学特点

当金属由轧前高度 H 轧到轧后高度 h 时,进入变形区的高度逐渐减小,根据体积不变条件,则单位时间内通过变形区内任一横断面的金属流量(体积)应为一个常数。即:

$$F_H v_H = F_x v_x = F_h v_h = 常数 \tag{1-15}$$

式中:F_H、F_h 及 F_x——入口、出口及变形区内任一横断面的面积;
v_H、v_h 及 v_x——入口、出口及变形区内任一横断面上金属的水平运动速度。

由于金属进入变形区高度逐渐减小,假设轧件无宽展,且沿每一高度断面上质点变形均匀,其运动的水平速度一样(图1-8),这就必然引起金属质点从入口断面至出口断面的运动速度加快。其结果,后滑区的金属相对轧辊表面力图向后滑动,即速度落后轧辊,并在入口处的速度 v_H 最小;前滑区的金属相对轧辊表面力图向前滑动,即速度超前轧辊,并在出口处的速度 v_h 最大;中性面与轧辊表面无相对滑动,则轧件与轧辊的水平速度相等,并以 v_r 表示,轧辊圆周速度为 v。由此写出:

$$v_h > v_r > v_H \tag{1-16}$$

$$v_h > v \tag{1-17}$$

$$v_H < v\cos\alpha \tag{1-18}$$

$$v_r = v\cos\gamma \tag{1-19}$$

由(1-15)式,得出:

$$v_x \cdot h_x = v_r \cdot h_r$$

或

$$v_x = v_r \cdot h_r / h_x \tag{1-20}$$

式中:h_x——变形区内任一横断面高度;

h_r——中性面处轧件高度。

研究轧制运动学条件在以后讨论带材轧制,特别是连轧机上的速度制度,具有重要的实际意义。

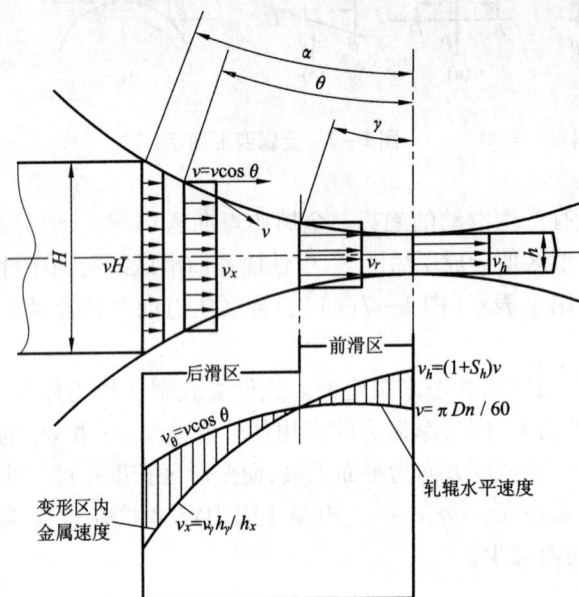

图 1-8 轧制过程速度图示

1.4.3 力学条件

稳定轧制过程,由于轧件与轧辊接触表面间存在相对滑动,在变形区内,前滑区轧件表面上接触摩擦力的方向发生改变,其水平分量成为轧件进入辊缝和继续轧制的阻力。后滑区接触摩擦力的方向不变,其水平分量仍为拉入轧件进行稳定轧制的主动力。

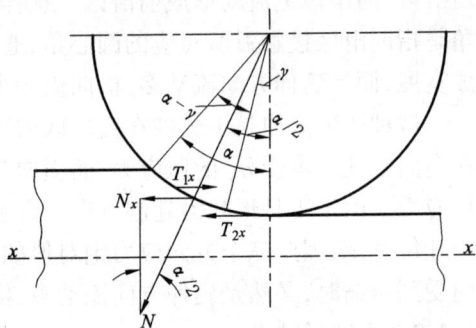

图 1-9 稳定轧制时作用在轧件上的力

假设单位正压力 p 和单位摩擦力 t 沿接触弧上均匀分布,其值不变;按库仑摩擦定律,则 $t = f \cdot p$;忽略宽展。所以,单位压力 p 的合力 N 作用在接触弧的中点,即 $a/2$ 处。而前、后滑区单位摩擦力 t 的合力分别作用其接触弧的中点,且方向不同,分别用 T_2 和 T_1(图 1-9)表示。

稳定轧制过程,变形区内的水平力应互相平衡。根据力的平衡条件,在无外力作用下,作用在轧件上的力,其水平分量之和为零,即 $\sum X = 0$。如图 1-9 所示,在忽略加速度造成惯性力的条件下,有:

$$\sum X = T_{1x} - N_x - T_{2x} = 0 \qquad (1-21)$$

式中:T_{1x}——后滑区水平摩擦力之和;

T_{2x}——前滑区水平摩擦力之和;

N_x——正压力的水平分量之和。

由上面 p、t 沿接触弧均匀分布的假设,则:

$$T_{1x} = fpBR(\alpha - \gamma)\cos\frac{\alpha + \gamma}{2} \qquad (1-22)$$

$$T_{2x} = fpBR\gamma\cos\frac{\gamma}{2} \qquad (1-23)$$

$$N_x = pBR\alpha\sin\frac{\alpha}{2} \qquad (1-24)$$

将上三式代入(1-21)式,令 $\sin\frac{\alpha}{2}\approx\frac{\alpha}{2}$,$\cos\frac{\alpha+\gamma}{2}\approx 1$,$\cos\frac{\alpha}{2}\approx 1$,$f=\text{tg}\beta\approx\beta$,经化简整理后得:

$$\gamma=\frac{\alpha}{2}(1-\frac{\alpha}{2\beta}) \qquad\qquad (1-25)$$

或

$$\gamma=\frac{\alpha}{2}(1-\frac{\alpha}{2f})$$

式中:β——稳定轧制时的摩擦角;

α——接触角;

γ——中性角(临界角);

f——稳定轧制时的摩擦系数。

公式(1-25)为稳定轧制过程3个特征角之间的关系式,它反映了简单轧制过程的基本特征及几何条件之间的内在联系,也是稳定轧制过程的力学条件。

1.4.4 稳定轧制过程的动态平衡

稳定轧制过程建立后,前滑区和后滑区的摩擦力起着不同的作用。前滑区轧件上的接触摩擦力企图阻止轧件运动,是继续稳定轧制的阻力;轧辊是通过轧件在后滑区接触摩擦力的作用,将运动传给轧件而实现轧制过程的。所以,前滑区和后滑区是轧制过程两个相互矛盾的方面。

但是,前滑区的存在又是实现稳定轧制不可缺少的条件。当某种因素变化时,如有后张力,且后张力增大,使轧件前进的阻力增加;或者摩擦系数减小,轧件被拉入辊缝的力减小,这时平衡状态发生变化。其结果,前滑区将部分地转化为后滑区,后滑区增大,轧件的水平拉入力增加,使轧制过程在新的平衡状态下继续进行。

现在来分析一下前滑区(中性角)的变化。把(1-25)式对 α 取导数,然后求极值得 γ 角的极大值:

$$\text{d}\gamma=\frac{1}{2}\text{d}\alpha-2\alpha\text{d}\alpha/4\beta$$

$$\frac{\text{d}\gamma}{\text{d}\alpha}=\frac{1}{2}-\frac{\alpha}{2\beta}$$

当 $\frac{\text{d}\gamma}{\text{d}\alpha}=0$ 时,γ 有极大值。

即

$$\frac{1}{2}-\frac{\alpha}{2\beta}=0$$

代 $\alpha=\beta$ 入(1-25)式得:

$$\gamma_{\text{max}}=\frac{\beta}{4}\text{或}\gamma_{\text{max}}=\frac{\alpha}{4}$$

随着接触角 α 的变化,中性角 γ 的变化规律如图1-10所示。当 $\alpha<\beta$ 时,随 α 角增加 γ 角增大;当 $\alpha>\beta$ 时,随 α 角的增大 γ 角反而减小。

如果在稳定轧制过程中,α 角较小时,使两个轧辊彼此靠近,即增加压下量 Δh,则 α 和 γ 角都随之增大,并在 $\alpha=\beta$ 时中性角 γ 达到最大值。因为 α 较小时,由增加压下量 Δh 使 α 角增大,轧辊与轧件接触弧长增加,前滑区和后滑区长度都增加。但是,轧件所受到的水平阻力 N_x 比主动力 T_{1x} 增加的少。由静力平衡条件(1-21)式得:

$$T_{1x} - N_x = T_{2x}$$

主动力与阻力的差值称为剩余摩擦力。剩余摩擦力为建立前滑区而形成的反向摩擦力所平衡,剩余摩擦力的大小就决定了前滑区的大小。由于 T_{1x} 比 N_x 相对增加要快,剩余摩擦力增加,前滑区增大,即随压下量 Δh 增大,角 α 和 γ 都增加。

当压下量达到一定值,即 $\alpha > \beta$,再使两个轧辊靠近(Δh 增大),角 α 增加,轧件所受的水平阻力 N_x 比主动力 T_{1x} 增加要快,结果剩余摩擦力减

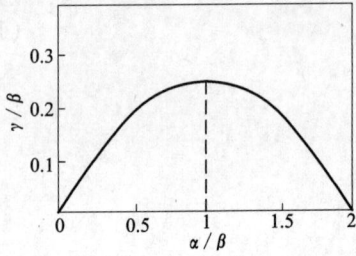

图1-10 中性角 γ 随接触角 α 的变化曲线

小。最终是后滑区增大,使主动力 T_{1x} 增加来平衡水平阻力 N_x,中性面反而往出口方向移动,使轧制过程又处于新的平衡状态。

随着轧辊的不断靠近(Δh 不断增加),角 α 不断增加,则 γ 角不断减小。当 $\alpha = 2\beta$ 时(图1-10),这种极限的情况下,$\gamma = 0$。即中性面落在两轧辊中心连线上(中性面与出口断面重合),轧制过程随即完全丧失稳定性,轧辊与轧件间出现打滑。此时压下量 Δh 再增加一点,或某种因素的影响使摩擦系数稍有降低,轧制过程就不能继续进行。发生这种情况,会出现完全打滑,或者闷车、造成设备事故等。生产中出现打滑现象还会影响产品的表面质量和轧辊的磨损。

通过以上分析,进一步揭示了保证稳定轧制过程的实现,必须满足 $\alpha < 2\beta$ 的轧制条件。

总之,简单轧制过程与平锤塑压相比,其基本特征有以下3点:

(1)高向受压缩的金属,因轧辊形状的影响,其延伸总是大于宽展,后滑区大于前滑区,而且后滑区的压下量远远大于前滑区;

(2)变形区内金属与轧辊表面存在相对运动,轧件沿断面高度的水平运动速度,在中性面上与轧辊的水平线速度相等,后滑区内落后于轧辊,入口处最小,在前滑区内则超前轧辊,且出口处最大;

(3)轧件与轧辊接触表面的摩擦力,在后滑区为轧制过程的主动力,而前滑区这种摩擦力,成为轧件进入辊缝及继续实现稳定轧制的阻力。实现稳定轧制应满足静力平衡条件:$T_{1x} - N_x = T_{2x}$。

2 轧制时金属的流动与变形

本章将讨论轧制时,变形区内轧件沿高向、纵向及横向,变形与应力分布不均匀性的基本规律,产生的原因及导致的后果。为力能计算,实施正确的工艺控制,提高产品质量打下基础。

2.1 影响金属流动与变形的因素

轧制过程金属的流动与变形,及变形抗力受到许多因素的影响。这些因素的影响,在生产条件下又常常表现为不同形式,而且各因素之间又互为影响,使轧制过程复杂化。为了研究方便,将其分解成单因素进行分析,以便正确反映影响的实质。

影响轧制过程金属流动与变形的因素,可分成两类:

(1)影响被轧金属本身性能的一些因素,如金属的化学成分、组织结构及热力学条件(变形温度、变形速度和变形程度);

(2)影响应力状态条件的因素,如外摩擦、轧辊形状和尺寸、外端、张力和轧件尺寸等等。至于影响被轧金属本身性能的因素已在塑性加工原理课程中做了大量的讨论,在此从略。

2.1.1 外摩擦的影响

如前所述,轧辊咬入轧件,接触摩擦起决定作用。实现稳定轧制,增加压下量必须满足一定的摩擦条件。但是,随着摩擦条件增高(摩擦系数 f 增大),使金属的塑性流动阻力增大,变形抗力增加,造成轧辊磨损加剧而寿命降低,能耗增加。同时,由于接触表面摩擦影响最大,轧件由表及里外摩擦影响逐渐减弱,结果使变形不均匀性增加,产品质量变坏。

用平板压缩实例,证明摩擦系数对变形抗力的影响。如图 2−1 所示,在不同摩擦系数 f 的情况下,性质相同的一些试样在压力机上进行平板压缩,每次测定总压力,计算接触表面上的平均单位压力 $\bar{p}$:

$$\bar{p} = K + q$$

式中: K ——平面变形抗力;

q ——由纵向摩擦力和其他外力所引起的附加变形抗力(或引起的单位压力增加部分)。

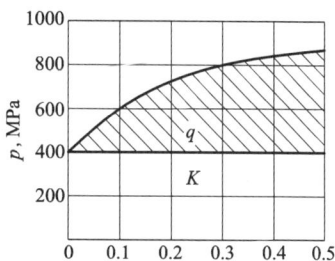

图 2−1 摩擦对平均单位压力的影响

由图可知,当无摩擦存在时,即摩擦系数 $f=0$,不可能出现三向压应力,其平均单位压力等于单向应力状态时的变形抗力,即 $\bar{p} = \sigma_s = 400 \mathrm{MPa}$。随着摩擦系数 f 增加,平均单位压力 $\bar{p}$ 增加。这是因为摩擦系数越大,使摩擦力增加,变形区的三向压应力状态增强,应力球张量增大,金属塑性流动阻力增大,所以金属的变形抗力增加。

由于接触摩擦力的影响,冷轧薄板带而且润滑良好(f 小,$l/\bar{h}$ 很大)时,接触表面近似为全滑动,轧制过程也趋于均匀变形状态。铸锭热轧开坯头几道次,摩擦系数 f 大而 $l/\bar{h}$ 很小,接触表面近似为全粘着,轧制过程处于严重不均匀变形状态,即轧件主要产生表面层的变形,其中部不变形或变形很小。实际上,粘着区的面积不等于接触表面的面积,即产生全粘着的现象较少,总有一些相对滑动,既有粘着区又有滑动区存在。

外摩擦影响轧制过程很复杂,摩擦条件本身又受许多因素的影响与制约。例如,轧辊和轧件的化学组成、表面性质与状态,轧制温度与速度,润滑剂的特性,等等。上述粗略讨论不可能全面反映摩擦影响的实质。

2.1.2 轧辊形状和尺寸的影响

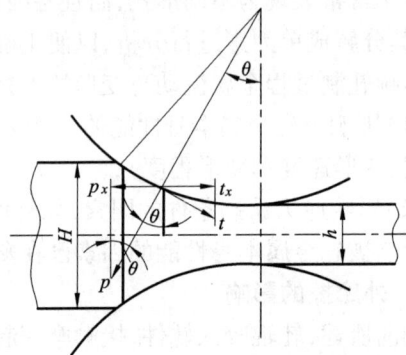

轧制时与轧件直接接触的轧辊(假设为刚性)是圆柱形的,虽然沿轧件宽度方向上为直线,但沿轧制方向却为圆弧形,因此既要研究轧辊尺寸的影响,也要研究轧辊形状的影响。

轧辊直径变化对轧制过程的影响(见图2-2),轧制原始厚度 H 相同的轧件,压下量相同,在辊径不同的轧机上轧至相同的最终厚度 h 时的情况。

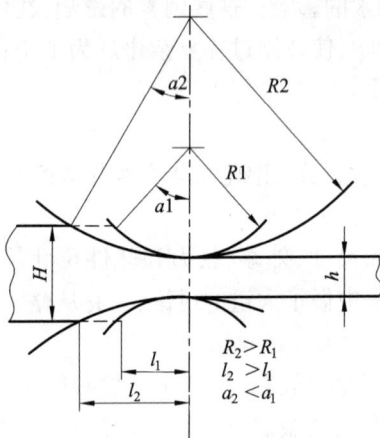

| 图2-2 辊径尺寸的影响 | 图2-3 轧制水平力的影响 |

压下量相同辊径不同的情况下,接触角 α 不同,按(1-8)式,Δh 相同时,轧辊半径减小,则 α 角增大。随着 α 角增加正压力的水平分力增加(图2-3),此分力作用在轧件运动的相反方向,影响变形金属的应力状态,也影响金属变形抗力的大小。随 α 角增加,轧制单位压力降低。轧辊直径的变化又反映了工具形状的影响。辊径减小不仅 α 角增加,同时按(1-9)式,还使滑移路程缩短而减少了摩擦阻力的影响,从而降低实际变形抗力,有利于金属纵向流动,压下量相同时,α 角越大这种影响就越大。这说明在一定轧制条件下,采用小直径轧辊的优点。可见,轧辊直径不同对轧制过程影响的复杂性。

轧制时,轧辊是圆柱形,横向相当于平板工具,而纵向相当于凸形工具,且轧件宽度 B 远远大于变形区长度 l,因而纵向延伸总是比横向宽展大得多。

此外,由于轧件温度和变形热效应,冷却不良等等,使辊身中部相对于辊身两边温度高,热膨胀厉害,也会出现沿横向(轧辊轴向)为凸形轧辊轧制的情况。轧件边缘部分 a 的变形量小(见图2-4),而中间部分 b 的变形量大,则中间延伸大于边部延伸,引起不均匀变形。由于金属整体性限制,迫使延伸均等,中间部分给边缘部分施以拉力使其延伸增加,而边缘部分将给中间部分施以压力使其延伸减少,因此产生互相平衡的内力。即中间部分承受附压应力,边缘为附拉应力,轧件头部呈舌头形状。

如果冷却强度大,或压下量大等等,金属的变形抗力增大,使轧辊产生弹性弯曲变形,会出

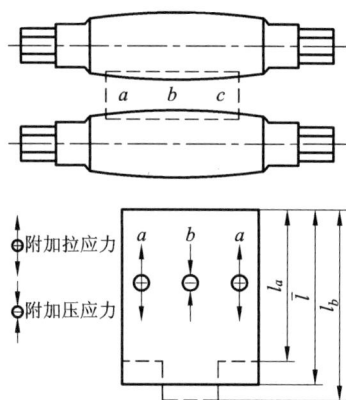

图 2-4 在凸形轧辊上轧制矩形坯的情形

l_a——若边缘部分自成一体时轧制后的可能长度;

l_b——若中间部分自成一体时轧制后的可能长度;

$\bar{l}$——整个轧件轧制后的实际长度

现凹形轧辊轧制情况,将产生上述相反的结果。造成应力和变形不均匀程度增加,使产品质量变差,这些问题将在 6 章详细讨论。

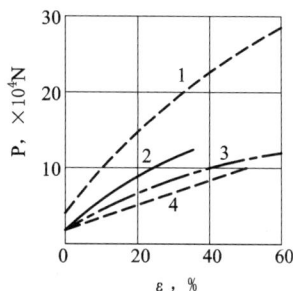

图 2-5 辊径对轧制压力的影响

1——D = 184.8mm;2——D = 92.4mm;

3——D = 61.9mm;4——D = 45.8mm

轧辊直径对变形抗力的影响(如图 2-5),给出不同辊径下,以不同压下量轧制时的压力值。轧件厚度为 2mm,而宽度为 30mm,摩擦系数 0.1。由图看出轧辊直径对轧制压力的影响较大。

2.1.3 外端的影响

所谓外端,是指变形过程中某瞬间不直接承受轧辊作用而处于塑性变形区以外的部分。外端又称外区或刚端(图 2-6),$ABCD$ 变形区(几何变形区)以外的区域。由于不变形的外端与变形区直接相连接,所以在变形过程中它们之间要发生相互作用。金属的变形、应力及速度分布都受外端的影响,反之它们又影

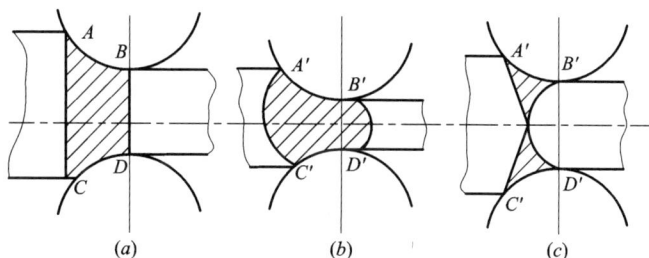

图 2-6 理想变形区与实际变形区

响外端,这种相互作用还波及到一定区域。在变形不均匀的情况下,变形区可能扩展到几何边界之外[图 2-6(b)],而外端也可能伸展到几何变形区的内部[图 2-6(c)]。

外端对纵向变形有强迫"拉齐"作用。轧制过程,由于轧辊与轧件接触表面摩擦的影响,使轧件沿高向变形不均匀,由体积不变条件,也会导致纵向及横向不均匀变形。高向变形大的部位延伸与宽展也大,高向变形小的部位延伸与宽展也小。由于金属是一个整体,上述不均匀延伸受到外端的限制,结果延伸大的部位受到纵向附压应力,而延伸小的部位受到附拉应力作用,促使纵向延伸趋于一致。所以外端能使金属沿纵向变形不均匀性减小。

外端对横向变形的影响。由于外端对纵向变形有强迫"拉齐"作用,使高向变形大的部位(宽展也大)受纵向压应力作用,被迫宽展(宽展量更大);而高向变形小的部位(宽展也小)受纵向拉应力作用,使轧件宽度被拉缩(宽展更小)。所以外端能使横向变形不均匀性增加。例如热轧开坯头几道次轧件侧面产生双鼓形,原因是轧件沿高向表面层变形大,中部变形小或不

15

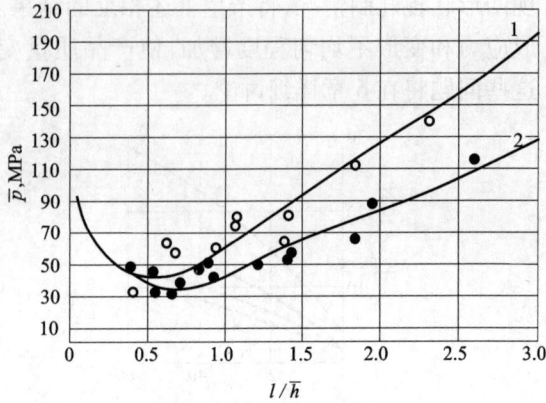

图 2-7 在 4 辊可逆式轧机上热轧 L_4 纯铝时的平均单位压力曲线

1——轧件宽度 2160mm，$H = 191$mm，$h = 9$mm；
2——轧件宽度 1660mm，$H = 199$mm，$h = 7$mm

变形，受外端影响产生强迫宽展的结果。

轧制过程中，外端与外摩擦的作用是相互竞争、相互转化的过程。当小压下量轧厚轧件（$l/\bar{h} < 0.5 \sim 1.0$）时，接触表面摩擦系数大，粘着区也大。由于变形不深透，不变形或变形小的区域将深入到几何变形区内[如图 2-6(c)]，造成外端影响为主要矛盾。因为轧辊对轧件的垂直压缩应力被外端承担一部分，致使压缩应力减小，所以金属的变形抗力增加，变形不易深透，轧件越厚，外端的影响越大。当 $l/\bar{h} < 0.5$ 时，平均单位压力 $\bar{p}$ 反而增加（如图 2-7 所示），说明了外端对变形抗力的影响。这在分析变形与应力分布，及变形力计算时必须考虑。

轧制薄板带时，随 $l/\bar{h}$ 增大，接触表面滑动区增大，粘着区逐渐缩小，直至趋于全滑动区。这种情况变形容易深透，外端的影响减弱，而接触摩擦的影响成为主要矛盾。实验证明，随着产品精度提高和计算机的应用，要求轧制过程各参数的数学模型进一步精确化，计算薄轧件的变形力时，不仅要考虑外摩擦的影响，还应考虑外端的影响。

2.1.4 张力和轧件尺寸的影响

1. 张力的影响 张力是指加在轧件前后端的拉力。如图 2-8 所示，靠出辊那边为前张力，以 Q_h 表示；靠入辊那边为后张力，以 Q_H 表示。前张力促使轧件运动，后张力则阻碍轧件运动。

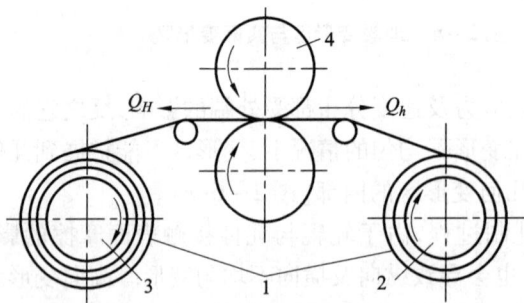

图 2-8 轧制时的张力图示

1——带卷；2——前张力卷筒；3——后张力卷筒；4——轧辊

从图 2-9 看出，前后张力与单位压力的关系（纯铝）：

（1）轧制单位压力随前后张力增加而降低。因为张力的作用使变形区的应力状态发生了变化，即增大了纵向的拉应力或者减小了其压应力，使金属的变形抗力减小；

（2）后张力对单位压力的影响比前张力大。因为冷轧时后滑区比前滑区大得多，而且后滑区轧辊形状因素影响大，则压下量比前滑区大，所以后张力影响比前张力大。

由于张力的作用，使高向受压缩的金属更容易朝纵向延伸，而宽展减小。前张力使金属质点更容易向出口方向流动，前滑增加；相反，后张力使金属质点向入口方向流动，导致后滑增加。

张力促使变形均匀。轧制过程中，如果轧件沿横向某处延伸较小时，由于张力作用会使延

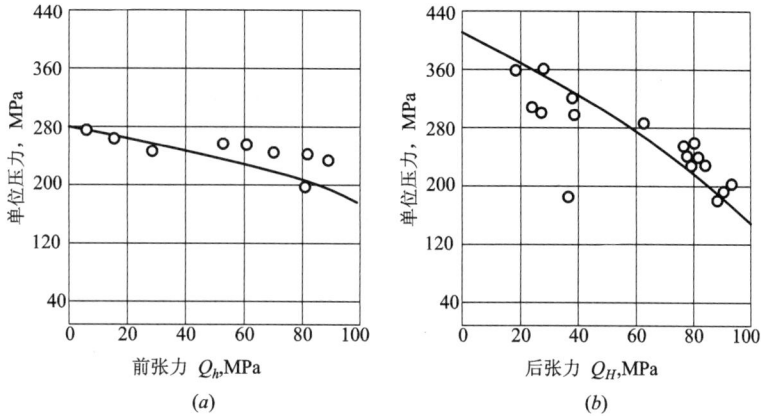

图 2 - 9　前、后张力与单位压力的关系（纯铝）

（a）前张力（$H=1\text{mm}$，$\varepsilon=40\%$）；（b）后张力（$H\approx0.65\text{mm}$，$\varepsilon=50\%$）

伸方向上的拉应力加大，纵向流动阻力减小，使延伸增加；对于延伸较大的地方其作用相反，即拉应力减小，纵向流动阻力相对增加，使延伸减小，提高了带材精度。

2. 轧件尺寸的影响　轧件尺寸的影响常常也包含着其他因素的影响。前面讨论变形区几何形状系数 $l/\bar{h}$ 的变化，厚轧件变形不均匀，薄轧件变形均匀、深透，实际上反映了轧件尺寸因素的影响。为了对轧件尺寸影响有一个实质性了解，现以平板压缩实验来说明。

在同样工具条件下（如图 2 - 10），压缩直径为 19mm 的圆柱体，试样高度分别为 38mm、19mm、11.2mm、6.35mm。尽管工具表面摩擦条件相似，接触面积相同，在同样变形程度下，却得出不同的压力结果。

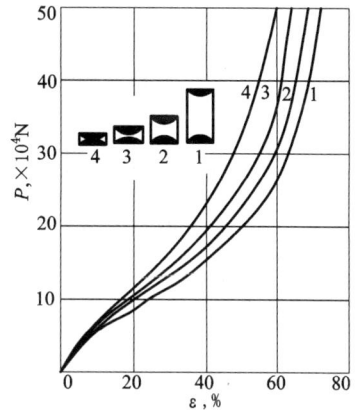

由图可知，压下率相同时，试样越薄变形时所需单位压力越大，这说明尺寸因素的影响。因为轧件越薄，变形会更加深透，使试样上下滑移线组成的流线锥彼此接近，或互相插入（重叠），其外部流线互相干扰很厉害，而内部流线受强烈的摩擦影响，所以三向压应力状态增强，导致单位压力升高。

图 2 - 10　轧件尺寸因素的影响

此外，轧件的温度分布及变形前的形状等等，都会影响变形及应力不均匀分布。

2.2　金属的高向变形

实践表明，轧制时应力应变分布不均，随几何形状系数 $l/\bar{h}$ 的变化呈现不同的状态。按 $l/\bar{h}$ 的不同，把轧件沿断面高向的变形、应力和金属流动分布的不均匀性，粗略地分下面两种典型情况，分别进行讨论。

2.2.1　薄轧件($l/\bar{h} > 0.5 \sim 1.0$)

热轧薄板和冷轧一般属于这种情况。

1. 薄轧件的变形特点　在比值$l/\bar{h}$较大时，轧件断面高度较小，变形容易深透。由于摩擦力在接触表面附近区域（表层）比轧件中部影响要大，前后滑区接触摩擦力方向均指向中性面，则阻碍金属的塑性流动。所以，表层金属所受阻力比中部大，其延伸比中部小，变形呈单鼓形（即出、入口断面向外凸肚）。此外，因工具形状等因素影响，使纵向滑动远大于横向滑动，所以金属的变形绝大部分趋于延伸，宽展很小。

随$l/\bar{h}$不断增加，如轧制极薄带或箔材，轧件高度更小，变形更容易深透，整个变形区受接触摩擦力的影响很大。无论在表层还是轧件中部都呈现较强的三向压缩应力状态。而且沿断面高向的应力和变形都趋于均匀，此时接触表现可视为由滑动区构成。并认为变形前的垂直横断面，在变形过程中仍保持为垂直平面，即所谓"平断面假设"，此时宽展可以忽略。

2. 金属质点的水平运动速度　平辊轧制与平锤塑压相比，其主要区别之一在于金属质点不但有塑性流动，而且还有旋转轧辊带动所产生的机械运动。所以，每个金属质点沿高向的水平运动是这两种速度叠加的结果。这是分析变形区内沿高向金属质点水平运动速度时，必须注意的问题。

轧件通过变形区各垂直横断面沿其高向水平速度变化，如图2-11（a）所示。金属质点沿高向水平运动速度呈不均匀分布，其原因主要是受摩擦力的影响。

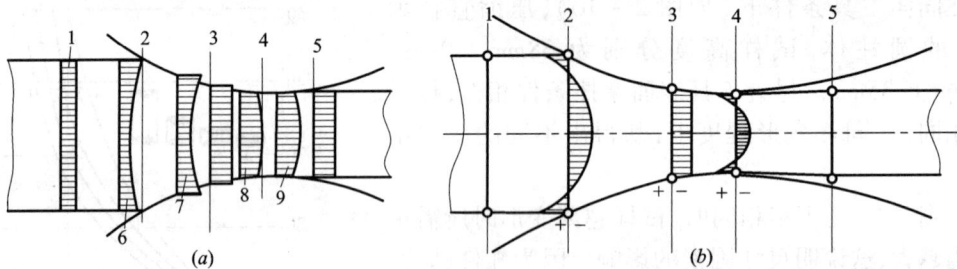

图2-11　$l/\bar{h} > 0.5 \sim 1.0$ 时金属水平运动速度和水平法应力 σ_x 沿断面高度的分布

（a）速度图；（b）应力图（"＋"——拉应力，"－"——压应力）

1——后外端；2——入辊面；3——中性面；4——出辊面；5——前外端；6——变形发生区；
7——后滑区；8——前滑区；9——变形衰减区

在后滑区，轧件表面接触摩擦力的水平分量与轧件运动方向相同，并为轧件进入辊缝的主动力。由于表层金属受摩擦力的作用比中部金属要大，所以，金属的塑性流动速度（向入口方向流动）表层比中部慢。叠加的结果，沿断面高向金属质点随轧辊转动，其水平运动速度由表及里逐渐减小，其分布图呈凹状。

在前滑区，作用在轧件表面上的接触摩擦力，其方向与金属的塑性流动和轧件水平运动方向都相反，摩擦力起阻碍作用。同样表层金属受摩擦力的阻碍作用比中部大，所以，在前滑区内，表层金属质点水平运动速度比中部小，速度分布图沿高向呈中凸状。

在中性面上，轧辊与轧件无相对滑动，则轧件与轧辊速度相等，此断面高向速度分布均匀。因为前后外端不发生变形，其断面高向金属质点水平运动速度是均匀的。外端与后滑区之间的非接触变形区（变形发生区）内，金属质点的水平运动速度随着向入辊处的接近，其不均匀性逐渐增加。外端与前滑区之间的非接触变形区(变形衰减区),其高向上金属质点的水平运动速度,沿出辊方向,不均匀性逐渐减小。

3. 应力分布 沿断面高向的应力分布,由于流动速度(变形)沿断面高向呈不均匀分布,引起附加应力的结果,水平法向应力 σ_x 沿断面高向的分布,如图 2 – 11(b)所示。由图 2 – 11(a)可知,表层金属质点的水平速度在后滑区比中部金属高,在前滑区比中部金属低。因接触摩擦的阻碍作用,由表及里逐渐减弱,所以表层金属力图要比中部金属延伸小。由于金属是一个整体,在外端的作用下,则表层金属承受水平附加拉应力,而中部金属承受水平附加压应力。这种附加应力由出口、入口断面向两侧逐渐减小,它与接触摩擦引起的基本应力叠加的结果,就是轧件中实际水平应力 σ_x。当拉应力 σ_x 的值超过金属的强度极限时,轧件表面会产生横向裂纹。

轧制时,轧件高向上的不均匀变形,И·Я·塔尔诺夫斯基等人用坐标网络法进行研究,得到了充分证明。实验结果如图 2 – 12 所示,图中的曲线表示轧件表面层(表层)和中心层各个单元体的变形,沿变形区长度上的变化情况。图中纵坐标是以 $\lg(H/h_x)$ 表示相对变形,这里 H 和 h_x 表示轧前和轧后任意断面上的单元体的高度。

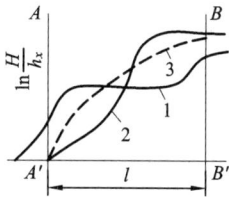

图 2 – 12 沿轧件断面高向上变形分布
1——表面层;2——中心层;3——均匀变形
A – A′——入辊平面;B – B′——出辊平面

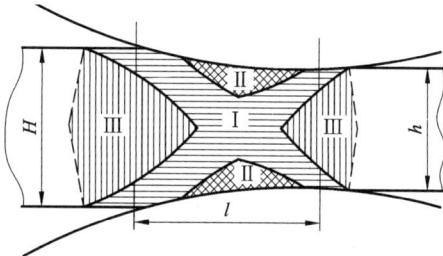

图 2 – 13 轧制变形区($l/\bar{h} > 0.8$)
I ——易变形区;II ——难变形区;
III ——自由变形区

从图 2 – 12 看出,轧件在入辊前和出辊后表面层和中心层都发生变形。说明外端与几何变形区之间确实存在着非接触变形区,其变形和运动速度都是不均匀分布的。

图中曲线 1 与曲线 2 的交点相当于中性面的位置。中性面与入口断面之间,表层金属比中心层金属变形要大;相反,在中性面与出口断面之间,中心层的金属比表层金属变形大,说明沿轧件断面高向变形是不均匀的。

曲线 1 的水平段,其相对变形量保持不变,这说明轧件表面与轧辊无相对滑动,即存在粘着区。

根据实验研究把轧制变形区绘成图 2 – 13,以描述轧制时变形的情况。

2.2.2 厚轧件($l/\bar{h} < 0.5 \sim 1.0$)

铸锭热轧开坯时,前几道次一般属于这种情况。

1. 厚轧件的变形特点 随着变形区形状系数的减小,轧制过程受外端的影响变得更突出,此时高向压缩变形不能深入轧件内部,致使外端深入到几何变形区内,产生表层变形的特点,即轧件中心层没有发生塑性变形或变形很小,只有表层金属才发生变形,沿断面高向呈双鼓形,如图 2 – 16 前 4 个实验结果。

2. 金属质点的水平运动速度 沿断面高向速度分布,如图 2 – 14(a)所示,金属质点沿高向水平运动速度不均匀分布,主要受外端的影响。轧件上下接触表面产生粘着为主,其表面金属质点水平速度等于轧辊表面的水平速度;表层部分的金属,因塑性流动才与轧辊产生相对运动,并受外端影响。在后滑区各断面上金属质点水平速度,沿高向由表层向里逐渐减小,速度图呈凹状;前滑区则相反,各断面上金属质点水平速度,沿高向由表层向里逐渐增大,速度图呈凸状。只有轧件中部金属不变形,仍维持一个固定的运动速度。外端不变形,沿断面高向速度分布均匀。

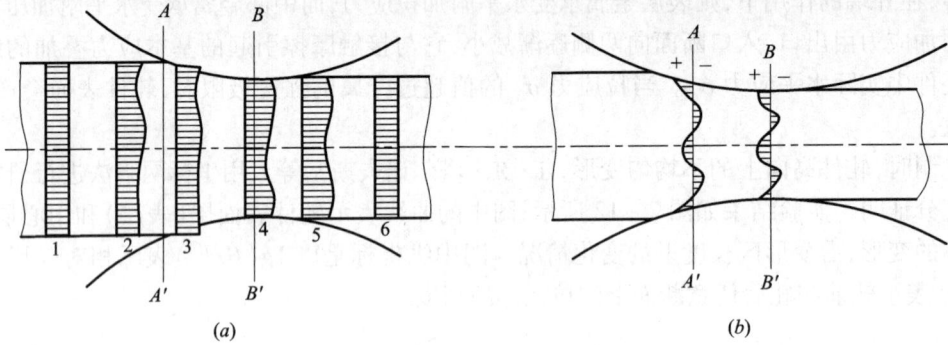

图 2 – 14 $l/\bar{h} < 0.5 \sim 1.0$ 时金属水平运动速度与水平法应力 σ_x 沿断面高度的分布

(a)速度图;(b)应力图(" + "——拉应力;" – "——压应力)

1——后外端;2——变形发生区;3——后滑区;4——前滑区;5——变形衰减区;

6——前外端;$A – A'$——入辊面;$B – B'$——出辊面

3. 应力分布 沿断面高向的应力分布。金属不均匀流动产生的不均匀变形,在外端作用下,产生了纵向的附加应力。轧件在出、入口断面附近的表层区域内承受附加压应力,而在出、入口断面附近的中部区域内承受附拉应力。比值 $l/\bar{h}$ 越小,这些应力的绝对值就越大。附加应力与基本应力叠加的结果,即实际横向应力 σ_x,如图 2 – 14(b)所示。轧件中部在水平拉应力作用下,如果铸锭存在铸造弱面,或低塑性材料及其他杂质时,会被拉裂产生断裂或空洞,最后形成层裂。特别是硬铝合金,当润滑冷却条件差时,粘着作用强,往往出现"张嘴"现象,严重时会缠辊(图 2 – 15)。

此外,如果热轧铸锭很厚,前几道次加工率很小,接触表面产生粘着,那么变形多发生在表层金属。这样,表层金属势必牵扯轧件表面一起延伸,所以表面金属受附拉应力作用。结果,表层金属可能承受实际水平拉应力,将导致轧件表面产生横向裂纹。此时,表层金属承受压应力,轧件中部变形小或不变形,仍然承受拉应力[图 2 – 14(b)]。生产中,加强润滑防止粘辊,或及时磨辊,增大加工率,减小表层变形,可减小横裂现象。

关于沿断面高向变形的分布规律,已由 А・И・柯尔巴什尼柯夫用热轧 LY12 合金扁锭,对其侧表面上的坐标网格进行快速照像,得到了充分证明。如图 2 – 16 所示,比

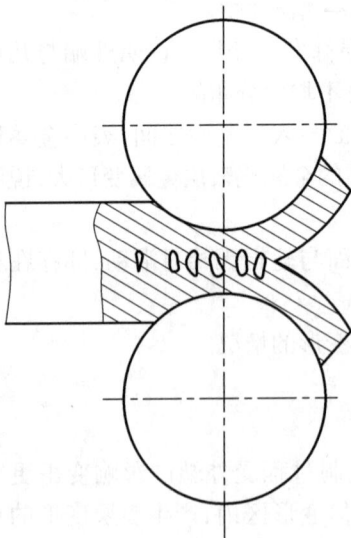

图 2 – 15 拉裂、张嘴与缠辊

值 $l/\bar{h} < 0.5 \sim 1.0$ 时轧件主要产生表层变形,并形成双鼓形。

由图可知,在相对压下量 $\varepsilon = 2.8\% \sim 16.9\%$,比值 $l/\bar{h} = 0.3 \sim 0.92$ 的条件下得到的前 4 个实验结果,属于厚轧件的变形。当 $\varepsilon = 20.4\%$ 及 25.3%,比值 $l/\bar{h} = 1.0$ 及 1.25 时,得到的后 2 个实验结果属于薄轧件的情况。这些实验数据说明沿轧件高向变形分布是不均匀的。

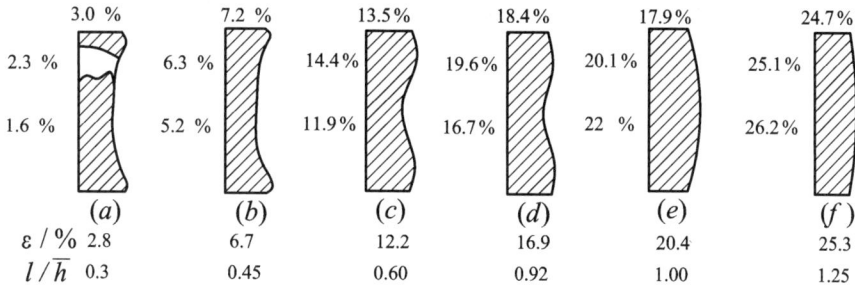

图 2-16 热轧 LY12 时沿断面高度上的变形分布

从上述分析,可见第 1 章对理想轧制过程所做的假设:单位压力及单位摩擦力沿接触弧均匀分布;轧件在变形区内沿断面高向金属质点水平速度相等;轧件沿高向及宽向变形均匀等等,与实际情况有很大差异。只有在轧制薄带或箔材时,才与实际情况基本相吻合,即可称"平断面假设",且相对轧辊趋于全滑动。

2.3 轧制时的前滑与后滑

2.3.1 前滑和后滑

1. 前滑的定义及其测定 轧件的出口速度大于该处轧辊圆周速度的现象称为前滑。前滑值的大小是由轧辊出口断面上轧件与轧辊速度的相对差值来表示:

$$S_h = \frac{v_h - v}{v} \times 100\% \qquad (2-1)$$

式中:S_h——前滑值;v_h——轧件的出口速度;v——轧辊的圆周速度。

前滑的测定。将(2-1)式中的分子和分母乘以轧制时间 t,则得

$$S_h = \frac{v_h \cdot t - v \cdot t}{v \cdot t} = \frac{l_h - l_0}{l_0} \times 100\% \qquad (2-2)$$

式中:l_h——在时间 t 内轧出的轧件长度;

l_0——在时间 t 内轧辊表面任一点所走的距离。

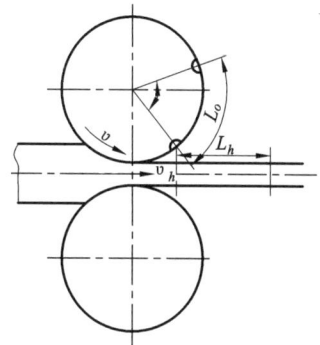

图 2-17 用压痕法测定前滑的示意图

在实际中,前滑值一般为 $2\% \sim 10\%$。按公式(2-2)用实验方法测定前滑比较容易,而且准确。用冲子在轧辊表面上打出距离为 L_0 的两个小坑,轧制后小坑在轧件上的压痕距离为 L_h,如图 2-17 所示。有时只打一个小坑,其 L_0 为轧辊周长,轧辊转动一周在轧件上得到两压痕之距离为 L_h。

热轧时,轧件上两压痕之间距 L'_h 是冷却后测量的,所以必须予以修正,热态下实际长度

21

为：
$$L_h = L'_h [1 + a(t_1 - t_2)] \qquad (2-3)$$

式中：L'_h——轧件冷却后测得两压痕间的距离；

a——轧件的线膨胀系数；

t_1、t_2——轧件轧制时的温度和测量时的温度。

2. 后滑及前后滑与延伸的关系　所谓后滑，是指轧件的入口速度小于入口断面上轧辊水平速度的现象。同样，后滑值用入口断面上轧辊的水平分速度与轧件入口速度差的相对值表示：

$$S_H = \frac{v\cos\alpha - v_H}{v\cos\alpha} \times 100\% \qquad (2-4)$$

式中：S_H——后滑值；α——接触角；v_H——轧件的入口速度。

前滑、后滑与延伸的关系。将(2-1)式变换为下式：

$$v_h = v(1 + S_h) \qquad (2-5)$$

按秒流量相等的条件，则

$$F_H \cdot v_H = F_h \cdot v_h \text{ 或 } v_H = v_h \frac{F_h}{F_H} = \frac{v_h}{\lambda}$$

代(2-5)式入上式，得：

$$v_H = \frac{v}{\lambda}(1 + S_h) \qquad (2-6)$$

由(2-4)式，并把(2-6)式代入后，可得：

$$S_H = 1 - \frac{v_H}{v\cos\alpha} = 1 - \frac{\dfrac{v}{\lambda}(1 + S_h)}{v\cos\alpha}$$

或者

$$\lambda = \frac{1 + S_h}{(1 - S_H)\cos\alpha} \qquad (2-7)$$

当 α 很小时(冷轧薄带或箔材)，$\cos\alpha \approx 1$，则

$$\lambda = \frac{1 + S_h}{1 - S_H}$$

由上述分析可知，当延伸系数 λ 和轧辊圆周速度 v 已知时，轧件进出辊的实际速度 v_H 和 v_h 决定于前滑值 S_h，或知道前滑值便可求出后滑值 S_H；当前滑和后滑增加，延伸系数增大；延伸系数 λ 和接触角 α 一定时，前滑值增加，后滑值必然减小，反之亦然。延伸与前后滑是两个不同的概念：延伸是高向受压缩的金属绝大部分向出、入口方向流动，产生纵向变形，使轧件伸长；前后滑是指轧件与轧辊相对滑动量的大小，即两者速度差的相对值。但由(2-5)式，轧件出口速度因考虑前滑而增大，所以单位时间内使轧件长度增加。

2.3.2　前滑的理论计算

从(2-5)式看出，要求轧件实际的出口速度，除已知轧辊速度外，必须知道前滑值 S_h。理论上，前滑值可根据中性面的位置导出。假设忽略宽展($\Delta B = 0$)，根据秒流量体积不变条件，则有等式：

$$v_h \cdot h = v_\gamma \cdot h_\gamma \text{ 或 } v_h = v_\gamma \cdot \frac{h_\gamma}{h} \qquad (2-8)$$

式中：v_h、v_γ——轧件出口和中性面的水平速度；

$\quad\quad h$、h_γ——轧件出口和中性面的高度。

因为 $v_\gamma = v\cos\gamma$，$\Delta h = 2R(1-\cos\alpha)$，将(2-8)式变为：$v_h \cdot h = v\cos\gamma \cdot h_\gamma$，而 $h_\gamma = h + \Delta h_\gamma = h + 2R(1-\cos\gamma)$，所以

$$v_h \cdot h = v\cos\gamma\left[h + 2R(1-\cos\gamma)\right]$$

$$v_h = \frac{v\cos\gamma\left[h + 2R(1-\cos\gamma)\right]}{h}$$

把上式代入前滑定义式：$S_h = \dfrac{v_h - v}{v} = \dfrac{v_h}{v} - 1$ 中，故得

$$S_h = \frac{h + 2R(1-\cos\gamma)}{h} \cdot \cos\gamma - 1$$

将上式变换化简为：

$$S_h = \frac{(2R\cos\gamma - h)(1-\cos\gamma)}{h}$$

当 γ 角很小时，可取 $1 - \cos\gamma = 2\sin^2\dfrac{\gamma}{2} \approx \dfrac{\gamma^2}{2}$，$\cos\gamma \approx 1$ 代入上式最后简化为：

$$S_h = \left(\frac{R}{h} - \frac{1}{2}\right)\gamma^2 \qquad\qquad (2-9)$$

在轧制薄板带时，由于 R 和 h 相比很大，上式中第二项和第一项相比可忽略不计，此时(2-9)式进一步简化为：

$$S_h = \frac{R}{h} \cdot \gamma^2 \qquad\qquad (2-10)$$

上式为不考虑展宽时求前滑值的近似公式。若宽展不能忽略，则实际的前滑值将小于(2-10)式计算结果。

在简单轧制情况下，中性角 γ 可用(1-25)式计算，即 $\gamma = \dfrac{\alpha}{2}\left(1 - \dfrac{\alpha}{2\beta}\right)$ 或 $\gamma = \dfrac{\alpha}{2}\left(1 - \dfrac{\alpha}{2f}\right)$。带前后张力轧制时和推导(1-25)式的假设条件和方法相同，只把所加的前后张力 Q_h 和 Q_H 列入平衡条件中，则得

$$\gamma = \frac{\alpha}{2}\left(1 - \frac{\alpha}{2f}\right) + \frac{1}{4f \cdot \bar{p} \cdot B_H \cdot R}(Q_h - Q_H) \qquad\qquad (2-11)$$

式中：$\bar{p}$——平均单位压力；

$\quad\quad B_H$——轧前轧件宽度，$B_H \approx b_h$。

实际轧制过程中，单位压力沿接触弧的分布是不均匀的，而且在接触面上也不一定为全滑动。这种情况，可根据不同的单位压力公式，并利用前后滑区单位压力 p 在中性面处相等的条件确定中性角 γ。

2.3.3 影响前滑的因素

1. 轧辊直径的影响　从(2-10)式可见，前滑值随辊径增大而增加。因为在其他条件相同时，辊径 D 增加接触角 α 减小，当摩擦角 β 保持常数时，则稳定阶段的剩余摩擦力增加，从而导致金属流动速度加快，使前滑增加。实验曲线如图2-18所示，图中反映出 $D < 400\text{mm}$ 时，随 D 增加前滑增加较快。可是 $D > 400\text{mm}$ 时，前滑增加较慢。这是因为轧辊速度随 D 增

大而增加,导致摩擦系数 f 下降,剩余摩擦力减少,而且纵向摩阻随 D 增大而增加,延伸相应减少,两者综合影响的结果使前滑增加较慢。

2. 摩擦系数的影响 实验证明,当 Δh 相同而辊径 D 不变时,摩擦系数 f 越大前滑值越大。例如,用干燥和涂油辊面进行冷轧铝板实验,结果干燥辊面的前滑值比涂油的大得多。使用蓖麻油润滑,还测得前滑值为零,甚至前滑出现负值,原因是蓖麻油的摩擦系数很小。这实际上是出现了打滑现象,轧制过程很不稳定。当前滑值为零时,说明轧件的出辊速度和轧辊水平速度相等;前滑为负值,说明摩擦系数更小,轧件的出辊速度比轧辊的水平速度还小。

因为摩擦系数 f 增大,剩余摩擦力增加。同时接触角 α 为一定值,由(1-25)式则 f 增大,使中性角 γ 增加,从前滑公式可见,随 γ 角增加前滑增大(图 2-19)。因此,凡是影响摩擦系数的因素,均影响前滑的大小。

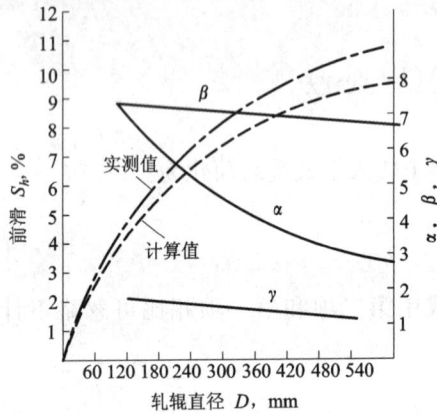

图 2-18 辊径 D 对前滑的影响

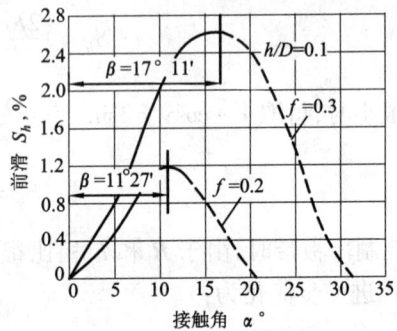

图 2-19 前滑与接触角、摩擦系数 f 的关系

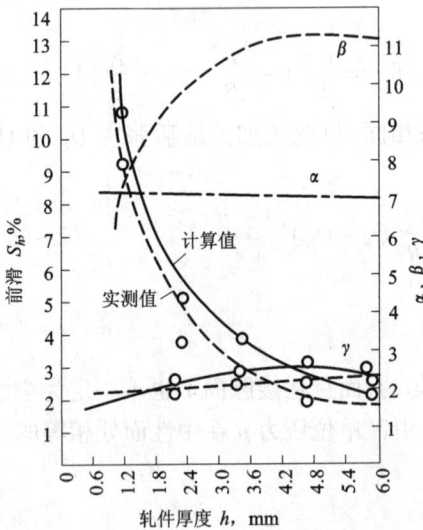

图 2-20 轧件轧后厚度与前滑的关系

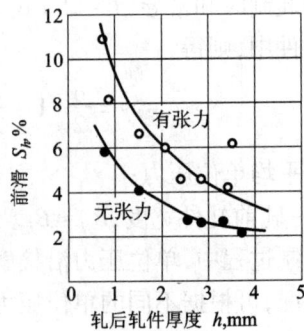

图 2-21 张力对前滑的影响

3. 轧件厚度的影响 如图 2-20 所示,轧件厚度越小,前滑越大。当辊径 D 和 γ 角一定时,由(2-10)式可见,h 越小前滑越大。

4. 张力对前滑的影响 由(2-11)式,可知前张力增加,中性角 γ 增大则前滑增加。因为前张力增加,使金属向出口方向流动阻力减小,导致前滑增加。相反,后张力增加,后滑区增大,当 α 角一定时,使 γ 角减小而前滑减小。图2-21是辊径200mm的轧机上,轧制厚度不同的铝试样,$\Delta h = 0.44$ mm,带张力和不带张力的试验结果。显然,有张力时,使前滑值显著增加。生产中,当压下量不变时,前张力较大,使 γ 角增大,前滑增加,能防止打滑;相反,后张力过大,前滑减小,容易产生打滑现象,造成轧辊磨损,制品表面划伤等不良影响。

5. 加工率对前滑的影响 前滑随道次加工率增大而增加,由(1-6)式加工率增大使延伸系数增加,此外,根据延伸系数与前滑的关系(2-7)式,可知延伸系数增加前滑增加。但是,当加工率达到某一定值时,前滑反而开始减小。如图1-10所示,在简单轧制情况下,当 $\alpha > \beta$ 时,中性角开始减小,前滑减小,原因是剩余摩擦力减小。当 $\alpha = 2\beta$ 时,中性角与前滑均等于零,轧辊在轧件上打滑。此外,从图2-19也可看出相同的结果。

另外,轧件宽度对前滑值也有影响,随着相对宽展量增加,前滑减小。

2.3.4 研究前滑的意义

研究前滑对于生产和科研都有重要的实际意义。生产中,带卷轧制的张力调整,尤其是箔材,卷取机的线速度要大于轧辊的线速度。否则,带材会卷不紧,造成带材之间的错动,产生表面擦伤。同时,为了使带材建立起张力,卷取机的线速度必须大于轧件的出口速度。这都要考虑前滑的存在,使轧件出口速度增加的影响。

连轧过程必须保持各机架之间速度协调。所谓连轧,是指轧件同时在几个机架中轧制的过程。连轧中,如果不考虑前滑值,则会破坏秒流量相等条件。比如,单位时间内第二机架流出的金属比第一机架流出的多,两机架间会产生拉带现象,严重时带材将被拉断;反之,两机架间的带材出现积累,产生堆带现象,堆料压折,甚至引起设备事故。

热轧机的轧辊与辊道的速度匹配,也必须考虑前滑的影响。尤其是铝合金热轧,当金属与辊道之间存在速度差,易造成轧件表面划伤等缺陷。因此,热轧机的辊道线速度应大于轧辊的线速度。

用测定的前滑值,可确定稳定轧制条件下的外摩擦系数。根据测得的前滑值 S_h,用(2-9)或(2-10)式计算中性角 γ,再把 γ 代入(1-25)式,可求出摩擦系数 f。应指出,上述公式都是在均匀变形,忽略宽展,接触表面为全滑动的假设条件下导出的。这样,当 $l/\bar{h} > 3 \sim 4$ 时,前滑法得到了摩擦系数值比较可靠,但不适用于 $l/\bar{h} < 1$ 的情况。

2.4 金属的横向变形——宽展

轧制时,宽展会引起单位压力沿横向分布不均匀,导致轧件沿横向厚度不均,边部开裂,造成几何损失增加,成品率下降。此外,算轧后制品尺寸由轧前坯料尺寸和压下量求得;铸锭宽度由制品尺寸、剪边量和宽展量推算。由此可见,研究轧制过程宽展的规律,以及宽展计算,具有很大的实际意义(特别是型材轧制)。

2.4.1 宽展沿高向的分布

由于轧辊和轧件接触表面摩擦力的影响,以及变形区几何形状和尺寸不同,引起宽展沿高向分布不均。当 $B/\bar{h} \geqslant 1$ 时,接触摩擦力阻碍金属横向流动,因此,轧件表面层的金属横向流动落后于中心层的金属,形成图2-22的单鼓形状。其宽展由以下三部分组成:

（1）滑动宽展，指变形金属在接触表面与轧辊产生相对滑动，使轧件宽度增加的量以 ΔB_1 表示，宽展后轧件此部分宽度为：

$$B_1 = B_H + \Delta B_1 \qquad (2-12)$$

（2）翻平宽展，是由于接触摩擦阻力的原因，使轧件侧面的金属，在变形过程中翻转到接触表面上来，使轧件宽度增加的量以 ΔB_2 表示，宽展后轧件此部分宽度为：

$$B_2 = B_1 + \Delta B_2 = B_H + \Delta B_1 + \Delta B_2 \qquad (2-13)$$

（3）鼓形宽展，是轧件侧面变成鼓形而造成的宽展量，以 ΔB_3 表示，此时轧件的最大宽度为：

$$B_3 = B_2 + \Delta B_3 = B_H + \Delta B_1 + \Delta B_2 + \Delta B_3 \qquad (2-14)$$

所以轧件总的宽展量为

$$\Delta B = \Delta B_1 + \Delta B_2 + \Delta B_3 \qquad (2-15)$$

通常理论上所讲的和计算的宽展，是将轧制后轧件的横断面化为同一厚度的矩形之后，其宽度与轧件轧前宽度之差，即 $\Delta B = B_h - B_H$。

随 $B/\bar{h}$ 比值的减小，或者 $l/\bar{h}$ 越小，粘着区越大，而宽展主要由翻平和鼓形宽展组成。当 $B/\bar{h} < 0.5$ 时，压下量不大，变形只在轧件表层，不能深入轧件内部，使轧件侧面呈双鼓形，如图 2-23 所示。

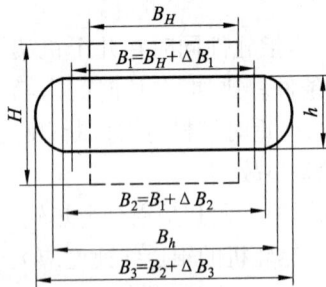

图 2-22　宽展沿横断面高向分布（$B/\bar{h} \geqslant 1$）　　图 2-23　$B/\bar{h} < 0.5$ 时宽展的分布

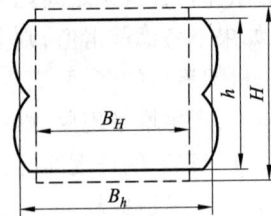

2.4.2　宽展沿横向的分布

宽展沿横向分布基本上有两种假说：一是宽展沿横向均匀分布，这种假说主要以均匀变形和外端作用为理论。实际上，只有轧制宽而薄的板带，宽展很小甚至可以忽略，方可认为变形是均匀的；一是变形区分区假说，认为变形区可分为两边区域为宽展区，中间为前后两个延伸区。这样分区虽为理想情况，但实验证明，它能定性地描述宽展发生时，变形区内金属质点流动的总趋势，便于说明宽展现象的性质，作为计算宽展的依据。变形区水平投影分区，如图 2-24 所示。

由图看出，变形区分为延伸区和宽展区两部分，轧制时，进入延伸区 ACCA 和 BCCB 的金属质点，所承受的横向阻力 σ_y 大于纵向阻力 σ_x，金属质点几乎全部朝纵向流动，获得延伸。处于 ABC 宽展区内的金属质点，所承受的横向阻力比纵向阻力小得多，其质点朝横向流动形成宽展。由此可见，宽展主要发生在轧件边部而不在中部，而且后滑区比前滑区压缩量大则宽展也大。

延伸区与宽展区交界处，AC、CB 与 CC 上的金属质点，承受数值相等的阻力 σ_x 和 σ_y，当流经这些交界线上时，可以认为金属质点瞬时不流动。

由于变形区内纵横向阻力大小的变化，从轧件中部向边缘其横向阻力 σ_y 越来越小于纵向阻力 σ_x，根据最小阻力定律，越接近轧件边缘，金属质点越容易朝横向流动，所以横向变形是不均匀的。在外端作用下，轧件力图保持其完整性，结果宽展三角区沿纵向承受附加拉应力 σ_A 和 σ_B，其影响由外端向宽展区内部逐渐减小，其他部分承受附压应力。如果附加应力过大，改变了轧件边部的应力状态，当出现水平拉应力，其值超过金属强度极限时轧件会产生裂边。

宽展三角区受附拉应力作用，使纵向阻力 σ_x 减弱，促使延伸增大，宽展相应减小，结果宽展三角区缩小至 abc。比如带张力轧制，在张力作用下，会使宽展三角区进一步缩小，宽展减小，沿横向变形更加均匀。但是，热轧张力大，轧后会产生负宽展，即轧件宽度反而减小。

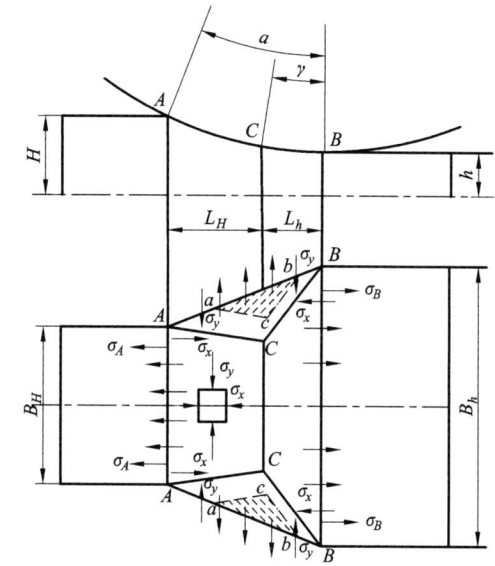

图 2-24　变形区水平投影分区图示

生产中轧件头、尾部产生扇形端，即头尾边部宽展量大，这是由于轧制时头部前外端没有建立，而尾部后外端已经消失，使轧件边部没有附加拉应力所致。

2.4.3　影响宽展的因素与宽展计算

1. 影响宽展的因素

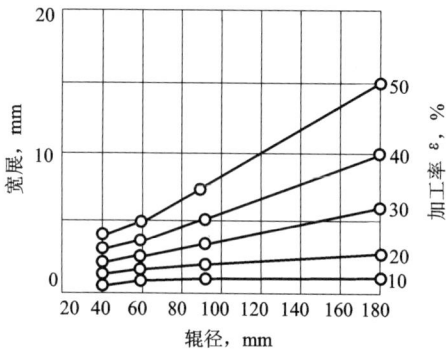

图 2-25　宽展与辊径的关系

（1）加工率的影响：随加工率的增大，宽展量增加。因为压下量增加，变形区长度增加，使纵向阻力增大，导致宽展增加。另外，随加工率增大，高向压下的金属体积增加，使宽展增加，如图 2-25 所示。

（2）轧辊直径的影响：实验证明，宽展随辊径增加而增加。因为辊径 D 增加，变形区长度增加，使纵向阻力增大，金属质点容易朝横向流动。辊径增加使宽展区增大，宽展也增加，宽展与辊径的关系如图 2-25。

（3）轧件宽度的影响：在摩擦系数和加工率等条件不变时，随轧件宽度的增大，宽展增加。当轧件宽度达到一定值时，轧件与轧辊的接触面积增大，金属沿横向流动的摩擦阻力增大，大部分金属将向纵向流动，使宽展量不再因宽度增加而有显著增加，之后趋于不变，这已为实验所证明（图 2-26）。

（4）摩擦的影响：由实验可知（图 2-27），宽展随摩擦系数增大而增加。摩擦对宽展的影响，一般来说，当摩擦系数增加时，延伸和宽展的摩擦阻力同时增加，因接触面积不同，延伸阻力比宽展阻力增加的快，使宽展增加。另外，纵向摩擦阻力与宽展三角区内所受附加拉应力反向，导致边部附拉应力强度减弱，而边部拉应力是限制宽展的，所以宽展增加。总之，凡是影响摩擦的因素都影响宽展。

如前所述,外端和张力对宽展的影响,无论是前张力还是后张力都使宽展减小,后张力比前张力影响大,是因为宽展主要发生在后滑区。外端的存在使宽展减小。

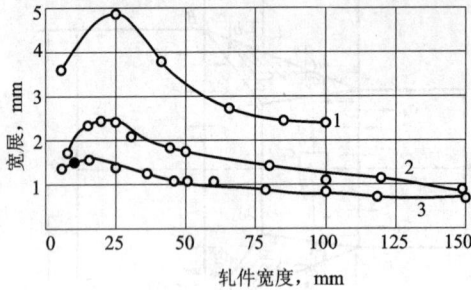

图 2-26　轧件宽度与宽展量的关系

(干燥辊,辊径 290mm,轧件宽度 6~20mm)

1——MB1 合金,轧制温度 450℃,$\varepsilon=45\%$;2——纯铝

轧制温度 20℃,$\varepsilon=40\%$;3——LY$_{12}$ 合金,

轧制温度 20℃,$\varepsilon=30\%$

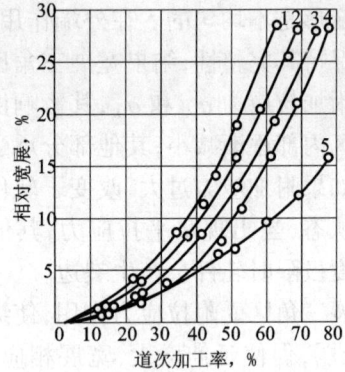

图 2-27　润滑剂(摩擦系数)与相对宽展的关系

1——干辊;2——煤油;3——乳液;

4——绽子油;5——动物油

2. 宽展的计算　到目前为止,计算宽展的公式很多,但没有一个能适应各种情况,准确计算宽展的理论公式。生产中习惯用一些经验公式,特别是根据具体轧制条件,实测的宽展值比较准确。下面的经验公式,仅反映出某些因素对宽展的影响,而其他因素是用一个系数加以考虑的,其计算结果与实验有一些误差。

(1)西斯公式:

$$\Delta B = c\Delta h \qquad (2-16)$$

式中:Δh——压下量;

　　c——宽展系数,由实验确定,$c=0.35~0.48$。

这个公式应用较早,认为宽展与压下量成正比,只考虑压下量这个主要因素,因此不全面,也不准确。但条件一定时系数 c 变化不大,这时西斯公式计算很简单,而且应用方便。

(2)谢别尔公式:

$$\Delta B = c \cdot \frac{\Delta h}{H}\sqrt{R\Delta h} \qquad (2-17)$$

式中:R——轧辊半径;

　　H——轧前轧件的厚度;

　　c——主要考虑金属性质及轧制温度等影响的宽展系数,如表 2-1。

谢别尔公式不仅考虑宽展与加工率成正比,而且还与变形区长度成正比,其他因素在 c 中考虑,其计算结果比西斯公式准确。但未考虑轧件原始宽度、接触摩擦等影响。

表 2－1　几种金属宽展系数 c 的值

金　　属	轧　制　温　度,℃	c 值
铜	300 ~ 800	0.360
铝	400 ~ 450	0.450
黄铜	580 ~ 800	0.265
铅	20 以下	0.330
钢铁	1180 以下	0.340

（3）古布金公式：

$$\Delta B = (1 + \frac{\Delta h}{H})(f \cdot \sqrt{R\Delta h} - \frac{\Delta h}{2})\frac{\Delta h}{H} \qquad (2-18)$$

式中：f——摩擦系数。

上式是在实验的基础上得到的,它反映了加工率、变形区长度、接触摩擦等影响,所以比较全面,问题是没有考虑轧件宽度的影响。

3 金属对轧辊的压力计算

轧制压力是轧制工艺和设备的设计及控制的重要参数。计算或确定轧制压力的目的是：计算轧辊与轧机其他部件的强度和弹性变形；校核或确定电动机的功率，制订压下制度；实现板厚和板形的自动控制；挖掘轧机的潜力，提高轧机的生产率。

3.1 轧制压力的概念

3.1.1 轧制压力

所谓轧制压力，是指轧件给轧辊的合力的垂直分量。轧制时，金属对轧辊的作用力有两个：一是与接触表面相切的单位摩擦力 t 的合力，即摩擦力 T；一是与接触表面垂直的单位压力 p 的合力，即正压力 N。轧制压力就是这两个力在垂直于轧制方向上的投影之和，即指用测压仪在压下螺丝下面测得的总压力。

在简单轧制情况下，轧件除受轧辊作用外，不受任何外力（张力或推力等）作用，此时轧件对轧辊的合力方向才与两辊连心线平行，即垂直于轧制中心线，并指向轧辊（图 3－1）。由 (1－21) 式可知，轧件在水平方向静力平衡条件是 $\sum X = T_{1x} - N_x - T_{2x} = 0$，因此轧件给轧辊的作用合力，其水平分量为零。

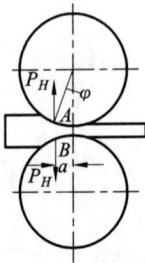

图 3－1　简单轧制条件下的合力方向　　　图 3－2　具有外力时的合力方向

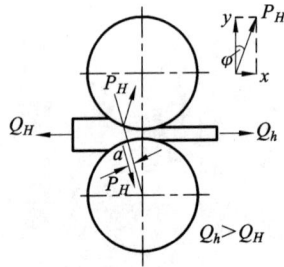

假定其他条件与简单轧制相同，仅在轧件出入口侧施加前后张力 Q_h 和 Q_H。如图 3－2 所示，当 $Q_h > Q_H$ 时，轧件给轧辊的合力方向不再垂直于轧制方向，而是有一个水平分量，此时轧件作用于轧辊的合力方向偏向出口侧。与此相反，当 $Q_H > Q_h$ 时，其合力方向偏入口侧。只有当 $Q_h = Q_H$，其水平分量为零时，轧件对轧辊的作用合力才是垂直的。否则，在压下螺丝下面用测压仪实测的力只是合力的垂直分量。

如果忽略沿轧件宽度方向的单位摩擦力和单位压力的变化，并假定变形区内某一微分体积上，轧件作用于轧辊的单位压力为 p，单位接触摩擦力为 t（图 3－3）。轧制压力 P 则可用下式表示：

$$P = \bar{B} \int_0^\alpha p \frac{\mathrm{d}x}{\cos\theta} \cdot \cos\theta + \bar{B} \int_\gamma^\alpha t \frac{\mathrm{d}x}{\cos\theta} \cdot \sin\theta - \bar{B} \int_0^\gamma t \frac{\mathrm{d}x}{\cos\theta} \cdot \sin\theta \qquad (3-1)$$

式中:θ——变形区内任一角度;

$\bar{B}$——轧件的平均宽度,$\bar{B} = \dfrac{B_H + B_h}{2}$。

图 3-3 中,ab 可表示为 $\mathrm{d}x/\cos\theta$,它是轧件与轧辊在某一微分体积上,单位宽度的接触面积,ab 斜面的面积为 $\dfrac{\mathrm{d}x}{\cos\theta} \cdot \bar{B}$。在(3-1)式中,第 1 项是单位压力 p 的垂直分量之和,第 2、3 项分别为后滑区、前滑区单位摩擦力 t 的垂直分量之和。由于 t 在前后滑区的方向不同,则分别计算。

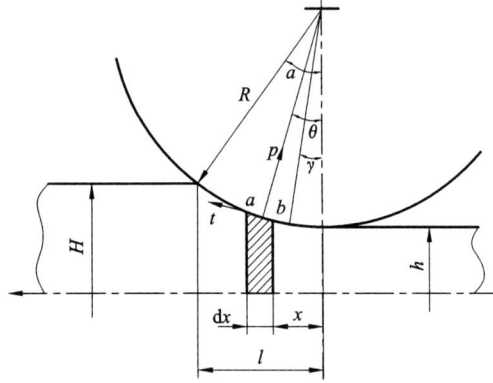

图 3-3　后滑区作用在轧辊上的力

由(3-1)式可知,一般通称的轧制压力或实测的轧制总压力,并不是轧制时的单位压力之和,而是单位压力与单位摩擦力的垂直分量之和。但式中第 2、3 项与第 1 项相比,其值较小,工程计算中加以忽略,则轧制压力又可用下式表示:

$$P \approx \bar{B} \int_0^\alpha p \frac{\mathrm{d}x}{\cos\theta} \cdot \cos\theta = \bar{B} \int_0^l p \mathrm{d}x \qquad (3-2)$$

3.1.2　轧制压力的确定方法

由(3-2)式,可知轧制压力是微分体积上轧件作用给轧辊的单位压力 p,与该微分体积接触表面水平投影面积相乘的总和。

如果用平均值表示,则(3-2)式为:

$$P = \bar{p} \cdot F \qquad (3-3)$$

式中:P——轧制压力;

F——接触面积,即轧件与轧辊的实际接触面积的水平投影;

$\bar{p}$——平均单位压力,由下式决定:

$$\bar{p} = \frac{\bar{B}}{F} \int_0^l p \mathrm{d}x \qquad (3-4)$$

因此,确定轧制压力,归根到底在于解决下列两个问题:

(1)计算轧件与轧辊的接触面积;

(2)计算平均单位压力。

确定平均单位压力的方法,归纳起来有以下三种:

(1)实测法:它是对某种轧制条件,用测压装置直接进行轧制压力测定的方法。即将专门设计的压力传感器置于压下螺丝下面,把压力信号转换成电信号,通过放大或直接送到测量仪表,记录下来,获得轧制压力实测数据。如果用实测的总压力除以接触面积,可求出其轧制条件下的平均单位压力。

(2)经验公式或图表法:这是根据大量实测的统计资料,进行一定的数学处理,或绘制曲线,考虑某些主要影响因素建立的经验公式或图表。应用实测的平均单位压力曲线或经验公式,直接计算轧制压力比较方便,但只有在实际轧制时的工艺和设备条件与曲线实测条件相同或相近时,才能得到较准确的结果。实测曲线图可查阅有关文献资料。

(3)理论计算法:这种方法是在理论分析的基础上,建立计算公式,根据轧制条件计算单位压力。通常,首先确定变形区内单位压力分布规律及其大小,然后确定平均单位压力。在工程实践中,以工程近似解法(工程法)应用最广泛。本章主要讨论用工程法计算单位压力和平均单位压力。

接触面积 F 的值,通常可用下式确定:

$$F = l \cdot \overline{B} \text{ 或 } F = l \cdot \frac{B_H + B_h}{2} \tag{3-5}$$

式中: l——变形区的长度。

3.2 接触面积的确定

轧制时,轧件与轧辊的接触面积和轧件变形前后的几何尺寸、轧制压力、压下率、轧辊尺寸与材质等有关。下面分不考虑轧辊弹性压扁和考虑轧辊弹性压扁两种情况,讨论如何确定轧制时的接触面积。

3.2.1 不考虑轧辊弹性压扁

由(3-5)式,可见确定接触面积主要是计算变形区长度 l。将(1-9)式 $l = \sqrt{R\Delta h}$ 代入(3-5)式,可求得简单轧制情况下的接触面积

$$F = \frac{B_H + B_h}{2} \cdot \sqrt{R\Delta h} \tag{3-6}$$

如果两个工作辊的直径不同,每个轧辊的接触面积可按下式计算:

$$F = \frac{B_H + B_h}{2} \cdot \sqrt{\frac{2R_1 R_2}{R_1 + R_2} \cdot \Delta h} \tag{3-7}$$

上式是根据作用在两个轧辊上的压力相等,作为其结果的两个轧辊的接触面积相等,即接触弧长相等的条件导出的。

3.2.2 考虑轧辊弹性压扁

考虑轧辊弹性压扁时接触面积按下式计算:

$$F = l' \cdot \overline{B}$$

式中: l'——轧辊弹性压扁后变形区的长度;

$\overline{B}$——轧制前后轧件宽度的平均值。

在轧制压力的作用下,轧辊和轧件将产生局部的弹性压缩变形,导致接触弧的几何形状发生变化,使接触弧长增加,而接触面积增大。轧辊的弹性压缩变形,一般称为轧辊的弹性压扁。

对于冷轧板带材和热轧薄板,尤其用粗轧辊轧制硬而薄的合金,因单位压力较大,有时接触弧长可增加30%~50%,这种情况下,轧辊的弹性压扁更不能忽略。轧辊和轧件的弹性压缩对变形区长度的影响,如图3-4所示。

图中 Δ_2 代表轧件局部的弹性压缩值, Δ_1 为轧辊的弹性压缩值。考虑轧辊和轧件的弹性

压缩值后,为得到所需要的轧件尺寸和压下量,必须使轧辊多压下 $\Delta_1 + \Delta_2$ 的距离,即通过调整压下使轧辊中心由 O' 移到 O 点的位置。此时,金属与轧辊的接触弧是 $\widehat{A_2B_2C}$,其水平投影长度为变形区长度 l' 。调整后未压扁或空载时假想的接触弧是 $\widehat{A_2B_3C}$, $\widehat{A_1B_1}$ 为忽略轧辊和轧件弹性变形的接触弧,其水平投影是变形区长度 l 。

由图 3-4 可知,轧辊弹性压缩和轧件弹性恢复的结果,使轧件的出口断面由 B_1 向出口方向移到 C 点位置,变形区长度由 l 增加到 l' ,接触面积增大。考虑上述弹性变形后,变形区长度为:

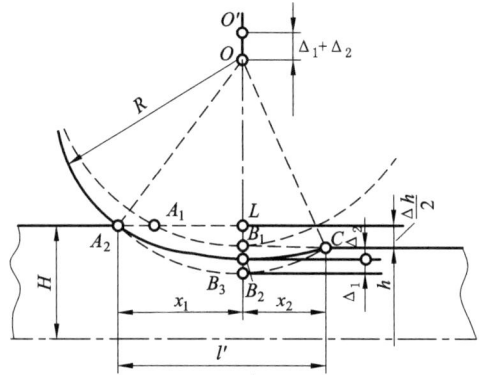

图 3-4 轧辊和轧件弹性变形对变形区长度的影响

$$l' = x_1 + x_2 = \sqrt{R^2 - (R - B_3D)^2} + \sqrt{R^2 - (R - B_1B_3)^2}$$

展开上式,因为 B_3D 和 B_1B_3 的平方值比 R 要小得多,可以忽略,则

$$l' = x_1 + x_2 \approx \sqrt{2RB_3D} + \sqrt{2RB_1B_3} \qquad (3-8)$$

因为 $B_3D = \dfrac{\Delta h}{2} + \Delta_1 + \Delta_2$, $B_1B_3 = \Delta_1 + \Delta_2$,将其代入 $(3-8)$ 式,得

$$l' = x_1 + x_2 \approx \sqrt{2R\left(\dfrac{\Delta h}{2} + \Delta_1 + \Delta_2\right)} + \sqrt{2R(\Delta_1 + \Delta_2)}$$

或者

$$l' \approx \sqrt{R\Delta h + x_2{}^2} + x_2 \qquad (3-9)$$

式中

$$x_2 = \sqrt{2R(\Delta_1 + \Delta_2)} \qquad (3-10)$$

对于局部弹性变形值 Δ_1 和 Δ_2 ,可从弹性力学中关于两个圆柱体相压缩的基础上求得。如果把轧制情况下两个圆柱体的压缩,对轧辊连心线的不对称性忽略不计(当达到最小轧制厚度时趋于对称),变形量 Δ_1 和 Δ_2 可用下式表示:

$$\Delta_1 = 2\overline{q}\,\dfrac{1 - v_1{}^2}{\pi E_1} \qquad (3-11)$$

$$\Delta_2 = 2\overline{q}\,\dfrac{1 - v_2{}^2}{\pi E_2}$$

式中: $\overline{q}$ ——压缩圆柱体单位长度上的压力, $\overline{q} = 2x_2\overline{p}'$,压扁后 x_2 相当于接触弧长度之半;

v_1 、v_2 ——轧辊与轧件的波松系数;

E_1 、E_2 ——轧辊与轧件的弹性模数。

由 $(3-10)$ 、$(3-11)$ 式得:

$$x_2 = 8\overline{p}'\left(\dfrac{1 - v_1{}^2}{\pi E_1} + \dfrac{1 - v_2{}^2}{\pi E_2}\right)R \qquad (3-12)$$

把 x_2 代入 $(3-9)$ 式,可计算变形区长度 l' 。

因为轧件很薄,弹性变形小,实际计算时一般不考虑,则 $(3-12)$ 式变为:

$$x_2 \approx \frac{8(1-v^2)}{\pi E} R \overline{p}' = cR \overline{p}' \qquad (3-13)$$

式中：v、E——轧辊的波松系数和弹性模数；

      R——忽略弹性变形的轧辊半径；

      $\overline{p}'$——考虑轧辊压扁后的平均单位压力；

      c——系数，$c = \dfrac{8(1-v^2)}{\pi E}$，对于钢轧辊 $c = 1/95000$，$1/\text{MPa}$。

代(3-13)式入(3-9)式，得

$$l' = \sqrt{R\Delta h + \left(8R\overline{p}' \cdot \frac{1-v^2}{\pi E}\right)^2} + 8R\overline{p}' \frac{1-v^2}{\pi E} \qquad (3-14)$$

(3-14)式即为考虑轧辊弹性压扁时，计算变形区长度的希契柯克(Hitchcock)公式。该式反映了变形区长度随轧辊直径、压下量和平均单位压力等因素的增加而增大。可见，在冷轧条件下，为减小接触面积，或减小轧制压力，必须力求用小辊径轧辊。同时轧辊材质越好（如弹性模数 E 越大），压扁后的 l' 就越小。当 E 趋于无穷大（轧辊为刚体）时，l' 与 l 相等，则可用(1-9)式计算。

因为该公式忽略了轧件弹性变形的影响，计算结果低于实测值，当冷轧薄板带或箔材时，计算值显著偏低。70 年代以来，国内外对此作了许多研究，旨在考虑轧件弹性变形的影响，提高计算精度。

考虑轧辊压扁的变形区长度计算：实际上用(3-14)式求解 l' 是难以进行的，因为 l' 和 $\overline{p}'$ 都是未知量，而且很复杂。目前有两种计算方法。

(1)试算法：这种方法是采用"多次假设，逐渐逼近"的方法。一般由未考虑压扁的 l 值假设增加到 l'，根据 l' 计算 $\overline{p}'$ 值，由求出的 $\overline{p}'$ 值重新计算出 l'' 值。如果与所假设的 l' 值相差较大，则还需反复假设，逐次计算，直到其差值较小或相吻合为止。但这种方法既费时，又不便于生产中使用，因此常采用图解法；

(2)图解法；例如斯通图解法，就是把他的平均单位压力公式(3-51)式，与希契柯克公式(3-14)式联立求解，导出指数方程，然后作出曲线图(图3-20)。用图解法求解压扁后的变形区长度较方便，得到广泛应用。其他图解法可查阅有关资料。

3.3 单位压力的计算

为了正确地计算轧制压力和轧制力矩、研究轧制变形区内应力应变，必须研究单位压力沿接触弧的分布规律。对变形区内单位压力的研究，按接触表面摩擦状况分为全滑动、全粘着及混合摩擦(滑动与粘着)规律3种基本观点。

轧制单位压力的工程法计算是根据下面的简化与假设而建立的：它将三向空间问题简化为平面应变问题；在变形区内取一个微分体，并给出一定的假设条件，从静力平衡条件建立近似平衡微分方程式；然后用近似于轧制的情况，给出不同的摩擦条件、几何条件及边界条件，求解微分方程而得出不同条件下的单位压力计算公式。

3.3.1 卡尔曼(Karman)微分方程

最初，该方程是按干摩擦滑动条件导出的。后来也被广泛用于求解其他摩擦条件下的单位压力分布,而成为求解单位压力的基本微分方程式。

1. 建立方程的假设条件 把轧制过程视为平面变形状态,即无宽展;轧件在变形区内各横断面沿高度方向无剪应力作用,水平法应力 σ_x 沿断面高度均匀分布,即轧制时轧件的纵向、横向和高向与主应力方向一致;在接触弧上摩擦系数为常数,即 $t=fp$;忽略轧辊和轧件弹性变形的影响;而且认为轧件宽度上的单位压力相同,则以单位宽度作为研究对象。

2. 微分方程的建立 从变形区的后滑区内截取一个单元体 abcd,并研究此单元体力的平衡条件,如图 3-5 所示。

取单位宽度的轧件进行研究,分析单元体沿水平方向所受的作用力。轧件右部分对单元体的水平作用力为 $\sigma_x h_x$;轧件左部分对单元体的水平作用力为 $(\sigma_x + \mathrm{d}\sigma_x) \cdot (h_x + \mathrm{d}h_x)$;两个轧辊作用在单元体上的径向压力和切向摩擦力,其水平投影分别为:$2pR\mathrm{d}\theta\sin\theta$、$2tR\mathrm{d}\theta\cos\theta$。由于接触摩擦力在前后滑区方向相反,取后滑区水平方向为正,前滑区为负。单元体满足静力平衡条件,则 $\sum X = 0$。

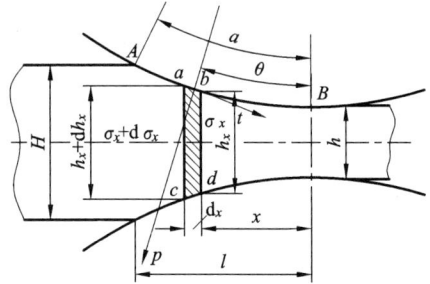

图 3-5 后滑区内单元体的受力图

$$(\sigma_x + \mathrm{d}\sigma_x)(h_x + \mathrm{d}h_x) - \sigma_x h_x - 2pR\mathrm{d}\theta \cdot \sin\theta \pm 2tR\mathrm{d}\theta\cos\theta = 0$$

展开上式,并略去高阶无穷小,$t=fp$ 代入后得:

$$\sigma_x \mathrm{d}h_x + h_x \mathrm{d}\sigma_x - 2pR\sin\theta\mathrm{d}\theta \pm 2fpR\cos\theta\mathrm{d}\theta = 0$$

$$\frac{\mathrm{d}(\sigma_x h_x)}{\mathrm{d}\theta} = 2pR(\sin\theta \pm f\cos\theta) \tag{3-15}$$

(3-15)式为卡尔曼方程的原形,式中正号适用于前滑区;负号适用于后滑区。后来史密斯假设图 3-5 中单元体的上下界面 ab、cd 为斜平面,则(3-15)式中的 $R\mathrm{d}\theta = \mathrm{d}x/\cos\theta$,结果(3-15)式变为:

$$\mathrm{d}(\sigma_x h_x) = 2p\frac{\mathrm{d}x}{\cos\theta}(\sin\theta \pm f\cos\theta)$$

展开上式,得:

$$h_x\mathrm{d}\sigma_x + \sigma_x \cdot \mathrm{d}h_x - 2p\mathrm{tg}\theta \cdot \mathrm{d}x \mp 2fp\mathrm{d}x = 0$$

$$\frac{\mathrm{d}\sigma_x}{\mathrm{d}x} + \frac{\sigma_x}{h_x} \cdot \frac{\mathrm{d}h_x}{\mathrm{d}x} - \frac{2p\mathrm{tg}\theta}{h_x} \mp \frac{2fp}{h_x} = 0 \tag{3-16}$$

若对(3-16)式求解,首先要确定单位压力 p 和应力 σ_x 之间的函数关系。从假设条件可知,坐标主轴与应力主轴重合,可用平面变形条件下的近似塑性条件:$\sigma_1 - \sigma_3 = K$(K 为平面变形抗力)。

对于所研究的单元体,由假设条件,可将垂直法应力和水平法应力当做主应力 σ_1 和 σ_3,因此 σ_1 可表示为:

$$\sigma_1 = \left(p\frac{\mathrm{d}x}{\cos\theta} \cdot \cos\theta \pm t\frac{\mathrm{d}x}{\cos\theta} \cdot \sin\theta\right)\frac{1}{\mathrm{d}x}$$

上式右边第 2 项与第 1 项相比很小,可忽略不计,由此得:

$$\sigma_1 = p,\text{而 } \sigma_3 = \sigma_x$$

35

由近似塑性条件则 $p - \sigma_x = K$，即 $\sigma_x = p - K$，

$$\mathrm{d}\sigma_x = \mathrm{d}p$$

代上式入(3 – 16)式,得:

$$\frac{\mathrm{d}p}{\mathrm{d}x} + \frac{p - K}{h_x} \cdot \frac{\mathrm{d}h_x}{\mathrm{d}x} - \frac{2p\mathrm{tg}\theta}{h_x} \mp \frac{2fp}{h_x} = 0$$

由图 3 – 5 可知, $\mathrm{d}h_x/\mathrm{d}x = 2\mathrm{tg}\theta$,上式变为:

$$\frac{\mathrm{d}p}{\mathrm{d}x} - \frac{K}{h_x} \cdot \frac{\mathrm{d}h_x}{\mathrm{d}x} \pm \frac{2fp}{h_x} = 0 \qquad\qquad (3 - 17)$$

式中正号为后滑区;负号为前滑区。(3 – 17)式为卡尔曼微分方程的另一形式,或者写成一般形式:

$$\frac{\mathrm{d}p}{\mathrm{d}x} - \frac{K}{h_x} \cdot \frac{\mathrm{d}h_x}{\mathrm{d}x} \pm \frac{2t}{h_x} = 0 \qquad\qquad (3 - 18)$$

从卡尔曼微分方程可以看出:单位压力 p 与 x 坐标有关,这说明单位压力沿接触弧是变化的;第 2 项反映单位压力大小及分布规律,与金属本性、压下量及轧辊直径有关;同时考虑了单位压力分布与轧辊和轧件之间的接触摩擦条件密切相关。但是求解方程式的通解有很大困难,必须知道式中单位摩擦力沿接触弧的变化规律,即物理条件;接触弧方程,即几何条件;边界条件。将上述不同的简化条件代入方程,可以求出不同的解,即得到不同的单位压力计算公式。

3.3.2　奥罗万(Orowan)微分方程

奥罗万在推导微分方程时采用了卡尔曼所作的某些假设,其中主要是假设轧件产生平面变形,即宽展为零。奥罗万的假设与卡尔曼的假设最重要的区别是:水平法应力 σ_x 沿断面高度分布是不均匀的,并认为在垂直横断面上有剪应力存在,故有剪变形发生,此时轧件的变形是不均匀的。

在变形区内取单位宽度的圆弧形小条,其单元体为 $abcd$,并假定:用剪应力 τ 来代替接触表面的摩擦应力 t;水平应力的合力 Q 来代替水平应力 σ_x 沿高向不均匀分布,研究单元体的平衡条件(图 3 – 6)。

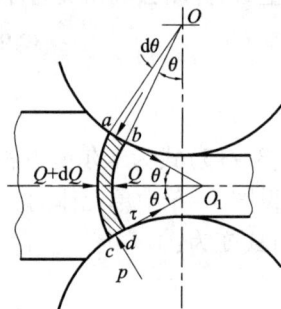

图 3 – 6　圆弧形单元体受力图

由图 3 – 6 可知,轧件右部对单元体作用的水平力为 Q,轧件左部对单元体作用的水平力为 $Q + \mathrm{d}Q$,两个轧辊作用在单元体上的径向压力和切向摩擦力的水平投影分别为:$2p \cdot \sin\theta \cdot R\mathrm{d}\theta$、$2\tau\cos\theta \cdot R \cdot \mathrm{d}\theta$。满足单元体平衡条件,应该是作用在单元体上的所有力在水平轴 X 上的投影代数和为零,于是有:

$$(Q + \mathrm{d}Q) - Q - 2p\sin\theta \cdot R\mathrm{d}\theta \pm 2\tau \cdot \cos\theta \cdot R\mathrm{d}\theta = 0$$

整理上式得:

$$\mathrm{d}Q = 2R(p\sin\theta \mp \tau\cos\theta)\mathrm{d}\theta \qquad\qquad (3 - 19)$$

上式为奥罗万单位压力微分方程,式中负号为后滑区,正号为前滑区,

(3 – 19)式和(3 – 15)式形式上一样,所不同的是确定水平力 Q 的方法不一样。奥罗万借用纳达依的粗糙倾斜平板间压缩金属楔的应力分布理论,确定水平力 Q 的大小,即

$$Q = h_{\theta}\left(p - \frac{\pi}{4}K\right) \qquad\qquad (3-20)$$

3.3.3 单位压力计算公式

尽管计算单位压力的公式非常多,但都基于上述微分方程式,采用不同的摩擦条件、几何条件及边界条件代入微分方程,求得不同的解。

1. 全滑动的采利柯夫公式 在卡尔曼假设条件的基础上,采利柯夫认为:当接触角不大的情况下,接触弧$\overset{\frown}{AB}$可用弦$\overline{AB}$来代替(以弦代弧);并假定接触表面符合库仑摩擦定律,即摩擦系数为常数;平面变形抗力K为常值,并考虑前后张力的影响。如图 3 – 7 所示,在上述条件下对卡尔曼微分方程求解。

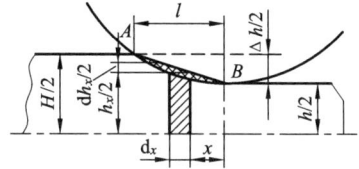

图 3 – 7 以弦代弧

如果以弦代弧,设通过轧辊入口、出口处直线 AB 的方程式为:

$$y = ax + b \quad 即 \quad \frac{h_x}{2} = ax + b$$

当在出口处 $x = 0$ 时,$y = h/2$,求得 $b = h/2$;当在入口处 $x = l$ 时,$y = H/2$,求得 $a = \Delta h/2l$。代 a、b 入方程 $y = ax + b$,则

$$\frac{h_x}{2} = \frac{\Delta h}{2l}x + \frac{h}{2}$$

将上式微分得:

$$\mathrm{d}x = \frac{\mathrm{d}h_x l}{\Delta h}$$

将 $\mathrm{d}x$ 代入卡氏方程(3 – 18)式,经整理后得:

$$\mathrm{d}p + \frac{\mathrm{d}h_x}{h_x}\left[\pm\frac{2fl}{\Delta h}p - K\right] = 0$$

令 $\delta = 2fl/\Delta h$,则上式变为:

$$\frac{\mathrm{d}p}{\pm\delta p - K} = -\frac{\mathrm{d}h_x}{h_x}$$

积分上式得:

$$\frac{1}{\delta}\ln(\pm\delta p - K) = \ln\frac{1}{h_x} + C$$

式中正号为后滑区;负号为前滑区。下面分前后滑区,根据不同的边界条件,分别导出单位压力计算公式。

在前滑区内:

$$\frac{1}{\delta}\ln(-\delta p - K) = \ln\frac{1}{h_x} + C$$

根据边界条件,在出辊处 $h_x = h$,$p = K - q_h$,把 $p = K - q_h = K(1 - q_h/K)$ 代入上式,求得:

$$C = \frac{1}{\delta}\ln\left[-\delta\left(1 - \frac{q_h}{K}\right)K - K\right] - \ln\frac{1}{h}$$

代 C 入前式则:

37

$$\frac{1}{\delta}\ln\left[\frac{\delta p+K}{\delta(1-\frac{q_h}{K})K+K}\right]=\ln\frac{h_x}{h}$$

化简令 $\xi_h=1-q_h/K$，则上式变为：

$$\frac{\delta p+K}{(\delta\xi_h+1)K}=\left(\frac{h_x}{h}\right)^\delta$$

整理得前滑区单位压力公式为：

$$p_h=\frac{K}{\delta}\left[(\delta\xi_h+1)\left(\frac{h_x}{h}\right)^\delta-1\right] \tag{3-21}$$

在后滑区内：

根据边界条件，在入辊处 $h_x=H$，$p=K(1-q_H/K)$，令 $\xi_H=1-q_H/K$，同理可得后滑区的单位压力公式为：

$$p_H=\frac{K}{\delta}\left[(\delta\xi_H-1)\left(\frac{H}{h_x}\right)^\delta+1\right] \tag{3-22}$$

当无前后张力时，则 $q_h=0$，$q_H=0$，$\xi_h=\xi_H=1$，前后滑区的单位压力公式为：

$$p_h=\frac{K}{\delta}\left[(\delta+1)\left(\frac{h_x}{h}\right)^\delta-1\right] \tag{3-23}$$

$$p_H=\frac{K}{\delta}\left[(\delta-1)\left(\frac{H}{h_x}\right)^\delta+1\right] \tag{3-24}$$

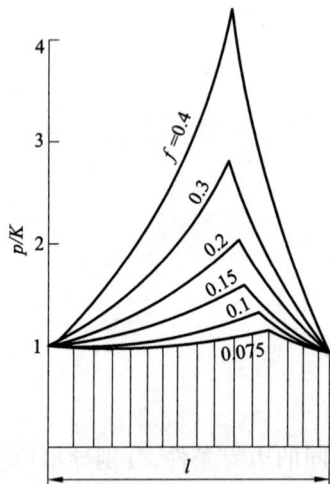

图 3-8 摩擦对单位压力分布的影响

$\varepsilon=30\%$，$\alpha=5°46'$，$h/D=1.16\%$

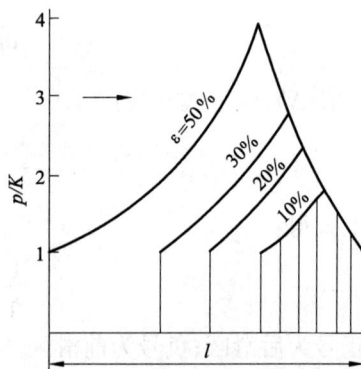

图 3-9 压下量对单位压力分布的影响

$h=1\text{mm}$，$D=200\text{mm}$，$f=0.2$

从(3-21)、(3-22)、(3-23)和(3-24)式看出，影响单位压力的主要因素有外摩擦系数、轧辊直径、压下量、轧件厚度及前后张力等。图3-8至图3-11中的曲线是上述公式计算结果，所给出的单位压力沿接触弧分布的理论曲线，它们反映了单位压力与各影响因素之间的关系。

分析这些曲线可得如下结论：

38

（1）外摩擦系数对单位压力的影响。如图 3-8 所示，随摩擦系数增加，单位压力增加很快。原因是其他条件相同时，摩擦系数增加，三向压应力强度增大，导致变形抗力增加的结果。而且单位压力峰值随摩擦系数增大，向入口方向移动；

（2）加工率对单位压力的影响。如图 3-9 所示，随着加工率增加，单位压力增大。在其他条件一定时，加工率增加，接触弧长度增加，纵向摩擦阻力增大；同时加工率增加，单位体积的金属变形量增加，所以单位压力增大；

（3）轧辊直径对单位压力的影响。如图 3-10 所示，随着辊径增大，单位压力增加。这是因为辊径增大，接触弧长增加，变形区内单元体三向压应力增强，单位压力相应增加；

（4）张力对单位压力的影响。如图 3-11 所示，张力越大，单位压力越小，不论前张力或后张力都使单位压力减小，由此可见，采用张力轧制能显著降低单位压力，即减少轧制压力。

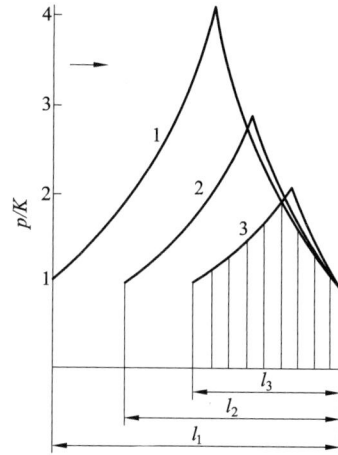

图 3-10 辊径与厚度比值 D/h 对单位压力分布的影响

1——$D = 700$mm、$D/h = 350$、$l = 17.2$mm；
2——$D = 400$mm、$D/h = 200$、$l = 13$mm；
3——$D = 200$mm、$D/h = 100$、$l = 8.6$mm

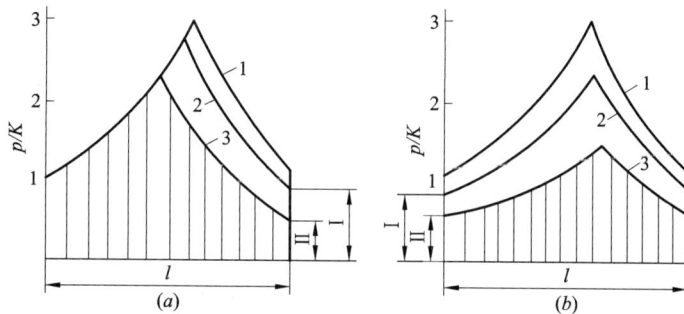

图 3-11 张力对单位压力分布的影响

$(a)1—q_h = 0;2—q_h = 0.2K;3—q_h = 0.5K$；ﾠﾠ$(b)1—q_h = q_H = 0;2—q_h = q_H = 0.2K;3—q_h = q_H = 0.5K$
Ⅰ—0.8K；Ⅱ—0.5K

通过上述分析，在生产实践中从减少摩擦与磨损、降低能耗、促使金属变形均匀来说，无论冷轧或热轧都要采用良好的润滑；冷轧时单位压力大，采用小辊径轧辊，带张力轧制，都具有重要的意义。

2. **全滑动的斯通公式** 斯通（Stone）认为冷轧薄板时 $D/\bar{h}$ 的值很大，而且轧制时轧辊产生弹性压扁。因此，他把轧制过程近似视为两平行平板间的压缩；并假定接触表面为全滑动，单位摩擦力 $t = fp$，压扁后变形区长度为 l'，如图 3-12 所示。

由图可知,$h_x = \bar{h} = (H+h)/2$,则 $dh_x = 0$,假定出入口断面上作用有张力,则前后张应力的平均值为:

$$\bar{q} = \frac{q_H + q_h}{2}$$

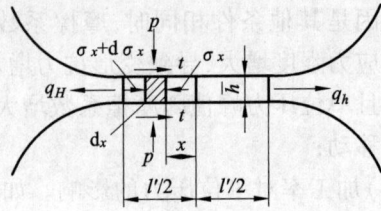

图 3-12 变形区应力图示

考虑变形抗力沿接触弧为常数,此时边界条件为:

当 $x = \pm\dfrac{l'}{2}$ 时,$p_H = p_h = K - \bar{q}$

将上述条件代入卡尔曼方程式(3-18),得:

$$\frac{dp}{dx} = \mp\frac{2fp}{h_x} \quad \text{或} \quad \frac{dp}{dx} = \mp\frac{2fp}{h} \tag{3-25}$$

式中负号为后滑区;正号为前滑区。

取后滑区将(3-25)式积分,得:

$$\ln p = -\frac{2f}{h}x + C$$

当 $x = l'/2$ 时,有 $p = K - \bar{q}$,则积分常数

$$C = \ln p + \frac{2f}{h}x = \ln(K - \bar{q}) + \frac{fl'}{h}$$

代 C 入上式,得:

$$\ln p - \ln(K - \bar{q}) = \frac{2f}{h}\left(\frac{l'}{2} - x\right)$$

$$\frac{p}{K - \bar{q}} = e^{\frac{2f}{h}\left(\frac{l'}{2} - x\right)}$$

后滑区的单位压力为:

$$p_H = (K - \bar{q}) \cdot e^{\frac{2f}{h}\left(\frac{l'}{2} - x\right)} \tag{3-26}$$

同理求得前滑区的单位压力为:

$$p_h = (K - \bar{q}) \cdot e^{\frac{2f}{h}\left(\frac{l'}{2} + x\right)} \tag{3-27}$$

3. 全粘着的西姆斯公式 西姆斯(Sims)公式是根据奥罗万微分方程式导出的。西姆斯假设沿整个接触弧均为粘着区,摩擦应力 $\tau = K/2$;同时以抛物线代替接触弧;根据奥罗万理论,水平法应力沿断面高度分布不均,在变形区内金属相邻部分的水平作用力按(3-20)式计算。

为简化奥罗万微分方程式,令 $\sin\theta \approx \theta$,$\cos\theta \approx 1$,$\tau = K/2$,于是方程(3-19)式变为:

$$\frac{dQ}{d\theta} = 2R\left(p\theta \mp \frac{K}{2}\right) = 2Rp\theta \mp RK$$

把(3-20)式代入上式,得

$$\frac{d}{d\theta}\left[h_\theta\left(p - K \times \frac{\pi}{4}\right)\right] = 2Rp\theta \mp RK$$

变换后得:

$$\frac{\mathrm{d}}{\mathrm{d}\theta}\Big[h_\theta\big(\frac{p}{K}-\frac{\pi}{4}\big)\Big]=2R\theta\frac{p}{K}\mp R$$

式中的变量 h_θ 和 θ 都不是独立变量,根据接触弧方程确定其间的关系。为了简化,令 $h_\theta = h + R\theta^2$,则 $\mathrm{d}h_\theta/\mathrm{d}\theta = 2R\theta$,于是有:

$$\frac{\mathrm{d}}{\mathrm{d}\theta}\big(\frac{p}{K}-\frac{\pi}{4}\big)=\frac{R\pi\theta}{2(h+R\theta^2)}\mp\frac{R}{h+R\theta^2} \tag{3-28}$$

对上式积分,并根据边界条件,当 $\theta=0$、$\theta=\alpha$ 时(出入口断面),$Q=0$,由(3-20)式得 $p=\pi/4\times K$,确定积分常数,求得西姆斯单位压力公式为:

在后滑区:

$$\frac{p_H}{K}=\frac{\pi}{4}\ln\frac{h_\theta}{H}+\frac{\pi}{4}+\sqrt{\frac{R}{h}}\mathrm{tg}^{-1}\big(\sqrt{\frac{R}{h}}\alpha\big)-\sqrt{\frac{R}{h}}\mathrm{tg}^{-1}\big(\sqrt{\frac{R}{h}}\theta\big) \tag{3-29}$$

在前滑区:

$$\frac{p_h}{K}=\frac{\pi}{4}\ln\frac{h_\theta}{h}+\frac{\pi}{4}+\sqrt{\frac{R}{h}}\mathrm{tg}^{-1}\big(\sqrt{\frac{R}{h}}\theta\big) \tag{3-30}$$

4. 混合摩擦条件下单位压力的计算   全滑动和全粘着是在一定条件下出现的特殊情况,因此这样近似处理所导出的单位压力计算公式,适用范围有局限性。轧制时接触表面一般是混合摩擦,既有滑动又有粘着。全滑动和全粘着只不过是混合摩擦的两种极端情况。

60 年代初,采利柯夫把轧制情况分为 4 种形式,并以 $l/\bar{h}$ 的大小来区分,而且忽略摩擦系数的影响。由于他提出的分区计算方法很繁杂,所以工程上未得到应用。

70 年代国内有些学者也进行了大量的研究工作。1973 年陈家民提出将轧制比拟为平面压缩,采用平面变形的精确塑性条件,接触表面根据 f 和 $l/\bar{h}$ 的大小按不同的摩擦规律分区。并按接触表面只有常摩擦系数区;常摩擦应力与常摩擦系数区并存;只有常摩擦应力区的三种轧制类型,分别提出了计算单位压力的公式。为了方便应用采用数值积分法,并绘成计算平均单位压力的曲线(图 3-22)。

从理论分析和实验研究,证明轧制时单位压力沿接触弧的分布是很不均匀的,为了计算方便常用平均单位压力表示。如前所述,影响单位压力的因素很复杂,可将这些因素归纳为两大类:一是影响金属本身性能的一些因素,主要是影响金属变形抗力的因素,即金属的化学成分和组织状态,热力学条件等;另一类是影响金属应力状态的因素,即轧辊和轧件尺寸、外摩擦、外端及张力等。

把这两类归结起来,平均单位压力 $\bar{p}$ 可用下式表示:

$$\bar{p}=n_\sigma\cdot\bar{\sigma_s} \tag{3-31}$$

式中:n_σ——应力状态影响系数;

$\bar{\sigma_s}$——金属的实际变形抗力,它是指金属在当时的变形温度、变形速度和变形程度条件下的平均变形抗力。

3.4   金属实际变形抗力的确定

当金属成分及组织状态给定的情况下,轧制时金属的实际变形抗力,受变形温度、变形速度和变形程度的影响。实际变形抗力可依变形条件用下式表达：

$$\overline{\sigma_s} = \sigma_s(t \cdot u \cdot \varepsilon) \tag{3-32}$$

为了便于实际工程计算，将模拟实验数据按热力学参数进行处理，用影响系数按下式确定不同变形温度、变形速度及变形程度下的平均变形抗力值：

$$\overline{\sigma_s} = n_t \cdot n_u \cdot n_\varepsilon \cdot \sigma_s \tag{3-33}$$

式中：n_t——变形温度影响系数；

n_u——变形速度影响系数；

n_ε——变形程度影响系数；

σ_s——在一定温度、速度和变形程度内试验测得的平均屈服极限。

此外，许多研究者还对变形温度、变形速度及变形程度给变形抗力的影响，在高速形变试验机上进行了综合性实验研究，测出不同热力学条件下金属的真实应力曲线。根据轧制条件在曲线上直接查出 $\overline{\sigma_s}$，如图 3-15、3-16。这种方法应用方便，但受试验技术条件的影响。

3.4.1 屈服极限的确定

屈服极限 σ_s 是用单向拉伸或压缩实验测得的。拉伸实验虽没有接触摩擦的影响，但有缩颈出现所能达到的均匀变形程序较小，一般是 $\varepsilon \leqslant 20\%$。压缩实验与拉伸相反，受接触摩擦的影响，当试样端面使用润滑剂时，接触摩擦的影响小，使变形均匀程度较大。实验证明：当钢的变形程度为 20% 时，压缩屈服极限值是拉伸值的 1.1~1.2 倍，而铜和铝的拉伸与压缩屈服极限值相近，因此 σ_s 最好选用压缩值。

有些金属在静态机械试验中，没有明显的屈服台阶（屈服点），尤其高温下很难准确测出 σ_s，一般用残余变形为 0.2% 时所对应的应力 $\sigma_{0.2}$ 代替 σ_s。

实验证明，当缺少屈服极限时，也可采用强度极限 σ_b 代替。但只有在高温或冷变形程度较大时，σ_b 才与力 σ_s 才接近，而室温软态时 σ_b 比 σ_s 高很多，有时甚至超过一倍，用 σ_b 代替 σ_s 是不恰当的。

热轧时 σ_s 可用一定条件下测出的平均屈服极限值。某些合金在一定实验条件下 σ_s 的测定值如表 3-1。

表 3-1 一定实验条件下 σ_s 的测定值

合金牌号	σ_s 的测定条件			σ_s, MPa	备 注
	t, ℃	ε, %	u, S^{-1}		
T₂				95	
H62	600	40	5	80	铜及铜合金
H68				107	
H90				103	
L				35.5	
LF21				48	
LF6	400	40	10	105	铝及铝合金
LY11				97.5	
LY12				90.5	
45				88	
A3	1000	10	10	86	钢
A6				92	

3.4.2 热轧变形抗力的确定

1. 影响热轧变形抗力的因素　热轧时的变形温度，变形速度和变形程度是影响热轧变形抗力的主要因素。热轧时金属变形同时存在硬化和软化（回复和再结晶）过程，只要软化过程来不及进行，则随变形程度增加也要产生加工硬化，使变形抗力增大，这与变形速度的影响有关。热轧考虑变形程度的影响，可用变形程度影响系数 n_ε 表示。根据变形程度影响系数与变形程度的关系曲线,如图3－13,查出变形程度影响系数 n_ε。平均变形程度 $\bar{\varepsilon}$ 可按下式计算:

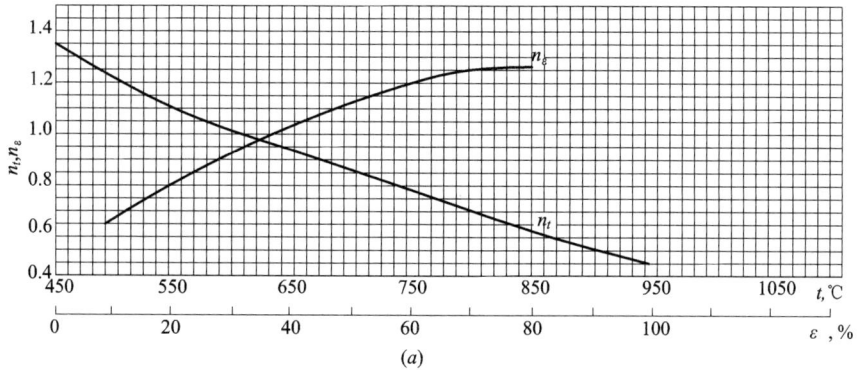

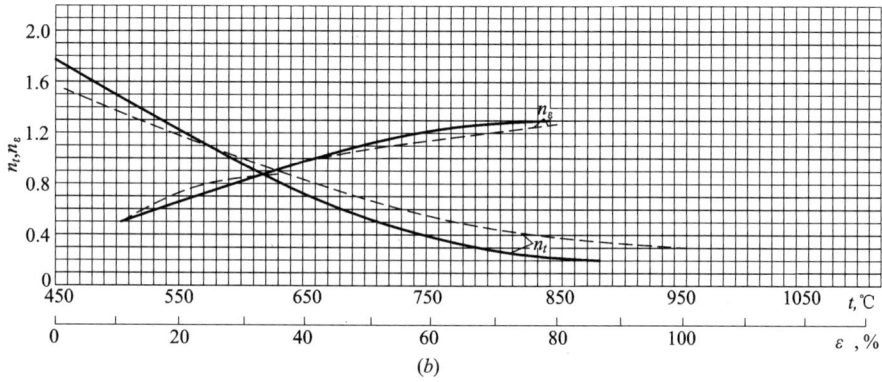

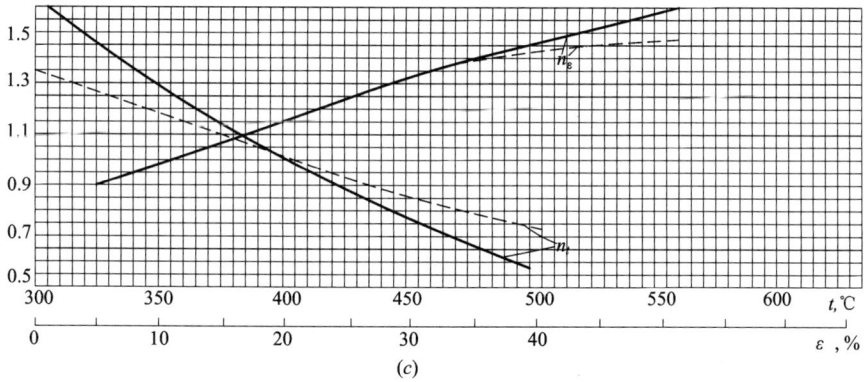

图 3－13　变形程度和变形温度影响系数(n_ε , n_t)与变形程度和变形温度的关系

(a) T_2 ; (b) H62(实线)、H68(虚线) ; (c) L6(实线)、LF21(虚线)

$$\bar{\varepsilon} = \frac{2}{3} \cdot \frac{\Delta h}{H} \times 100\% \tag{3－34}$$

实际应用也可用相对压下率 $\varepsilon = \Delta h/H$ 计算,在使用影响系数法求 n_ε 时,不必采用平均变形程度。

变形速度的影响:热轧温度范围内,变形速度对变形抗力影响很大。通常随变形速度的增加,软化过程进行的不完全,导致变形抗力增大。变形速度的这种影响,用变形速度影响系数 n_u 表示。根据变形速度影响系数与平均变形速度的关系曲线,如图 3 - 14,查出变形速度影响系数 n_u。

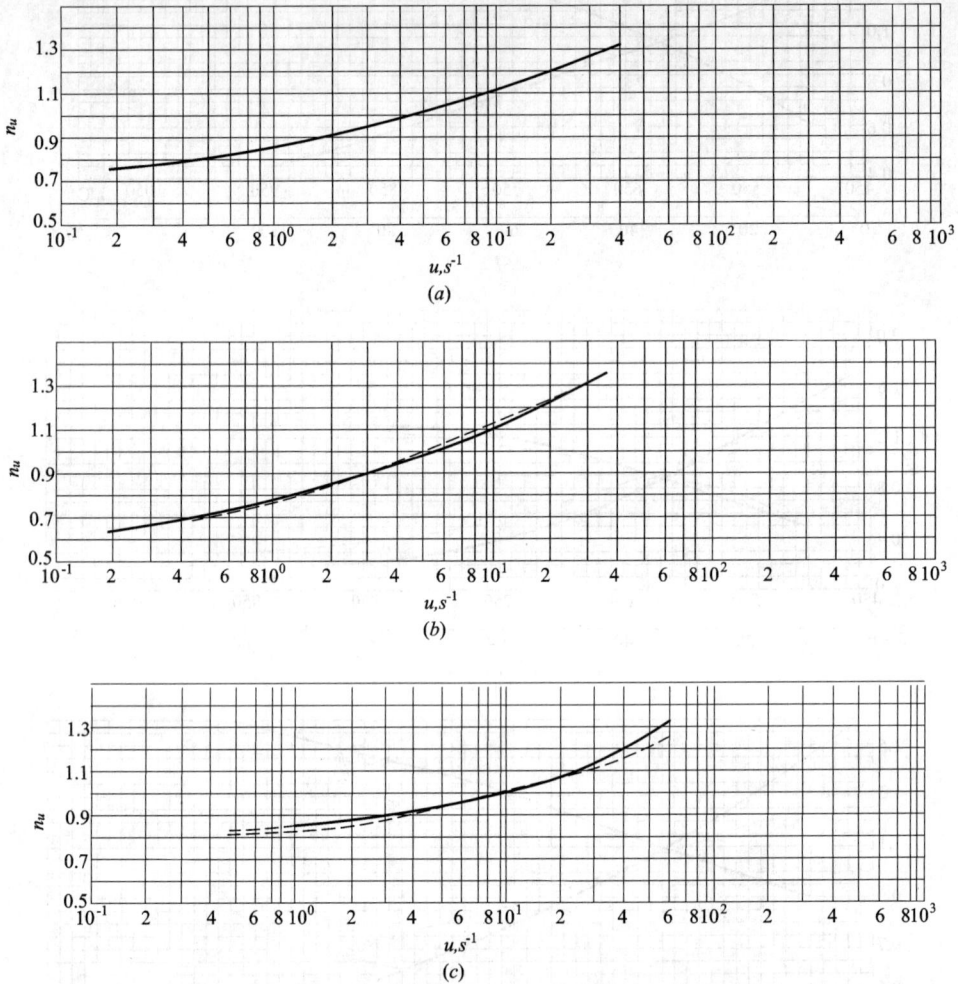

图 3 - 14 变形速度影响系数 n_u 与变形速度 μ 的关系

(a) T$_2$; (b) H62(实线)、H68(虚线);(c) L6(实线)、LF21(虚线)

变形速度是相对变形量对时间的导数。平均变形速度 $\overline{u}$ 可按下式计算:

$$\overline{u} = \frac{v_h l}{RH} \qquad (3-35a)$$

或者

$$\overline{u} = \frac{2v}{H+h}\sqrt{\frac{\Delta h}{R}} \qquad (3-35b)$$

式中:v_h——轧件的出口速度;

v——轧辊的线速度;

44

l——变形区长度。

变形温度的影响:热轧变形温度是对变形抗力影响最大的一个因素。通常随轧制温度升高,变形抗力降低,这种影响用变形温度系数 n_t 表示。同样根据变形温度影响系数与平均变形温度的关系曲线,如图 3-13,查出变形温度影响系数 n_t。

2. 热轧温降计算 热轧过程中,大多数金属随轧制过程进行,变形温度逐渐降低,这种现象称为轧制时的温降。只有计算出各道次的温降,才能确定轧后金属的实际温度。

表 3-2 某些金属及合金在高温时的热辐射系数及比热

合 金	温度,℃	K, $\times 4.19 \times 10^3 \mathrm{J/m^2 \cdot h \cdot K^4}$	c, $\times 4.19 \times 10^3 \mathrm{J/kg \cdot ℃}$
钢	1000	~	0.115 ~ 0.14
钢	1100 ~ 1200	4.6 ~ 4.76	0.14 ~ 0.17
铜	600	2.8 ~ 4.3	0.118
黄铜	600	2.8 ~ 3.6	0.092 ~ 0.106
铝	500	0.75 ~ 0.8	0.28
镍	1100	3.2 ~ 3.7	0.11 ~ 0.13

铜、镍及其合金热轧,均在 600 ~ 700℃ 以上高温下进行,热辐射损失占主导地位,推荐采用下式计算温降:

$$\Delta t = \frac{KF\tau}{3600cG}\left[\left(\frac{T_1}{100}\right)^4 - \left(\frac{T_2}{100}\right)^4\right] \qquad (3-36a)$$

式中:Δt——轧件温降值,$\Delta t = t_H - t_h$,℃;

t_H、t_h——每道次金属轧前、轧后温度,℃;

K——轧制金属的热辐射系数,$\mathrm{J/m^2 \cdot h \cdot K^4}$;

F——轧制前后金属平均散热表面积,$\mathrm{m^2}$;

τ——轧制时间与间隙时间之和,s;

c——金属的平均比热,$\mathrm{J/kg \cdot ℃}$;

G——轧件重量,kg;

T_1——每道次开始轧制的绝对温度,$T_1 = t_H + 273$,K;

T_2——室温的绝对温度,$T_2 = 273 + 20 = 293$,K。

公式 $(3-36a)$ 可变换为:

$$\Delta t = \frac{KF\tau}{3600cG}\left[\left(\frac{T_1}{100}\right)^4 - 74\right] \qquad (3-36b)$$

铝及铝合金热轧温度较低,对流和热传导的热量损失较大,可采用下式计算温降:

$$\Delta t = t_H - t_h = \frac{k\tau F}{cG} \qquad (3-37)$$

式中:k——金属的散热系数,$\mathrm{J/m^2 \cdot s}$,此值与温度有关,可用实测方法确定或查阅有关资料;

τ——轧制时间与间隙时间之和,s;

F——轧制前后金属平均散热表面积,$\mathrm{m^2}$;

c——金属的平均比热,$\mathrm{J/kg \cdot ℃}$;

G——轧件重量,kg。

计算温降之后,平均变形温度可用下式计算:

$$\bar{t} = \frac{t_H + t_h}{2} = t_H - \frac{\Delta t}{2} \qquad\qquad (3-38)$$

3. 热轧变形抗力的确定　热轧实际变形抗力的确定方法有以下两种：

（1）根据热轧的工艺条件，先计算平均变形程度（3-34）式，平均变形速度（3-35b）式，平均变形温度（3-38）式。然后直接从图3-15和图3-16中查出金属的实际变形抗力$\overline{\sigma_s}$值，从图中查出的数值为$\overline{\sigma_s} = \sigma_s(t \cdot u \cdot \varepsilon)$。用这种方法求得的$\overline{\sigma_s}$比较精确。也可用下面的方法确定。

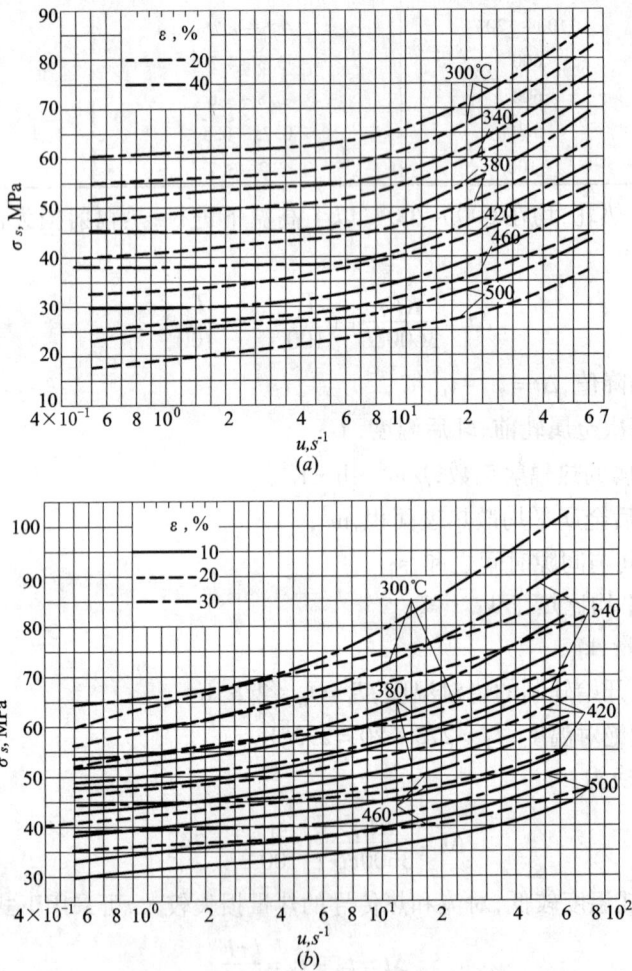

图 3-15　铝及铝合金变形温度、变形程度和变形速度对变形抗力的影响

（a）纯铝的变形抗力；（b）LF21 的变形抗力

（2）影响系数法。同样用上述公式计算平均变形程度和平均变形温度，从图3-13中查出对应的变形程度影响系数 n_ε，变形温度影响系数 n_t。并用平均变形速度，从图3-14中查出相应的速度影响系数 n_u，然后查表 3-1 得到该合金的 σ_s 值。应用（3-33）式，$\overline{\sigma_s} = n_\varepsilon \cdot n_u \cdot n_t \cdot \sigma_s$，可求出热轧时金属的实际变形抗力值。

46

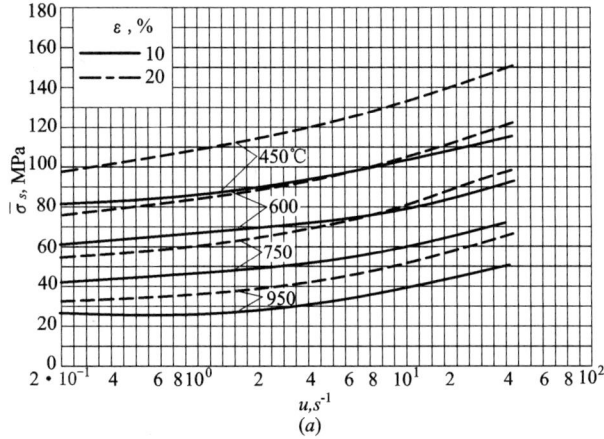

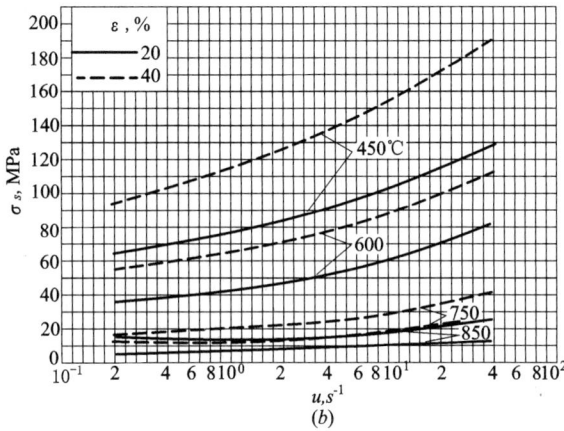

图 3 – 16　铜及铜合金变形温度、变形程度和变形速度对变形抗力的影响

(a)紫铜的变形抗力;(b)H62黄铜的变形抗力

3.4.3　冷轧变形抗力的确定

1. 影响冷轧变形抗力的因素　冷轧时,金属的变形温度低于再结晶温度,因此金属产生加工硬化现象。冷轧时金属的实际变形抗力,主要由轧制前金属的变形抗力和轧制时的变形程度决定。一般不必考虑变形温度和变形速度的影响。变形程度的影响是用金属的屈服极限与加工率的关系曲线来判断。图 3 – 17、3 – 18 分别为铝合金及铜合金的加工硬化曲线。

冷轧时变形程度影响系数 n_ε,又称加工硬化系数,它可用下式确定:

$$n = \frac{\sigma_{sH} + \sigma_{sh}}{2\sigma_s} \tag{3 – 39}$$

式中:σ_{sH}——轧前金属的屈服极限;

σ_{sh}——轧后金属的屈服极限;

σ_s——无加工硬化时金属的静态拉压屈服极限。

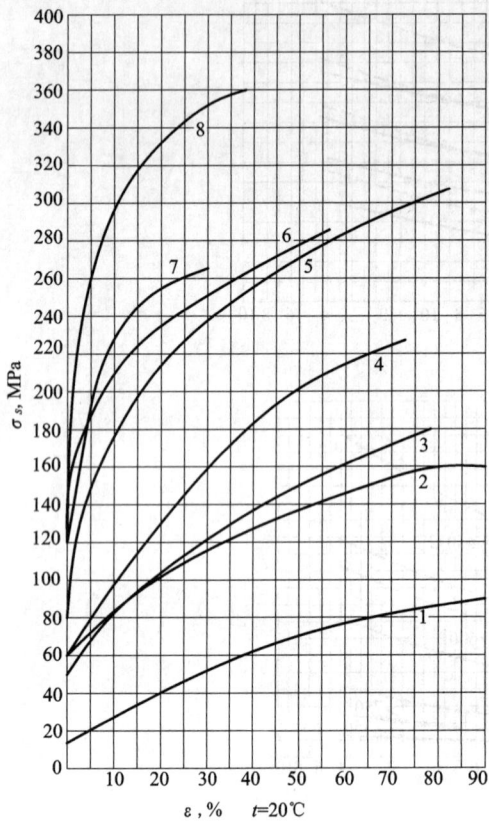

图 3 - 17　铝合金屈服极限与压下率的关系

1——L1；2——L3；3——LF21；4——LD2；5——LY11；

6——LY12；7——LF3；8——LF10

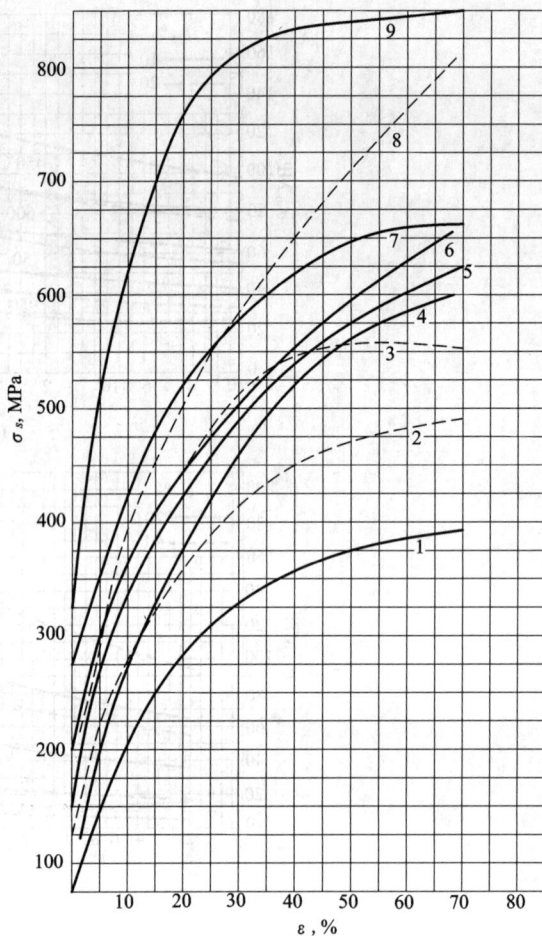

图 3 - 18　铜合金屈服极限与压下率的关系

（轧件冷轧后经退火,晶粒度 0.015mm）

1——纯铜；2——H90；3——B19；4——H68；

5——H62；6——HPb64 - 2；7——BZn15 - 20；

8——镍；9——BZn17 - 18 - 1.8

2. 冷轧变形抗力的确定　如前所述,冷轧主要考虑变形程度对变形抗力的影响,变形温度和变形速度的影响忽略,则取 n_t 和 n_u 近似为 1,此时金属的实际变形抗力为:

$$\overline{\sigma_s} = n_\varepsilon \cdot \sigma_s \qquad (3-40)$$

冷轧时具体确定实际变形抗力 $\overline{\sigma_s}$ 值,根据情况可选用下列两种计算方法:

（1）当该道次加工硬化不大时,可认为变形抗力在接触弧内变化不大,或呈直线变化。代(3-39)式入(3-40)式,则

$$\overline{\sigma_s} = \frac{\sigma_{sH} + \sigma_{sh}}{2} \qquad (3-41)$$

式中：σ_{sH}——轧前金属的屈服极限；

　　　σ_{sh}——轧后金属的屈服极限。

屈服极限 σ_{sH}、σ_{sh},应分别用金属的轧前总加工率 ε_H,轧后总工率 ε_h 查找,总加工率按下

48

列公式计算：

$$\varepsilon_H = \frac{H_0 - H}{H_0} \times 100\% \quad \text{、} \varepsilon_h = \frac{H_0 - h}{H_0} \times 100\% \qquad (3-42)$$

式中：H_0——退火后原始坯料厚度；

　　H、h——该道次轧前、轧后轧件厚度。

（2）实际上，屈服极限在变形区内呈曲线变化。应计算累积平均总加工率，查出平均变形抗力值。本道次的平均总加工率$\overline{\varepsilon_\Sigma}$，可用下式计算：

$$\overline{\varepsilon_\Sigma} = 0.4\varepsilon_H + 0.6\varepsilon_h \qquad (3-43)$$

或者

$$\overline{\sigma_s} = \frac{1}{3}\sigma_{sH} + \frac{2}{3}\sigma_{sh}$$

3.5　平均单位压力的计算

由（3-31）式$\overline{p} = n_\sigma \cdot \overline{\sigma_s}$，可见要计算平均单位压力，除确定轧制时金属的实际变形抗力之外，还要研究应力状态系数n_σ的来确定。

3.5.1　应力状态系数n_σ的确定

应力状态系数n_σ对平均单位压力的影响，常常比其他系数的影响更大，因此准确地确定应力状态系数n_σ是很重要的。如前所述，影响应力状态的因素主要有外摩擦和几何形状系数，以及外端、张力等。根据平辊轧制条件，应力状态系数n_σ可表示为：

$$n_\sigma = n_\beta \cdot n'_\sigma \cdot n''_\sigma \cdot n'''_\sigma \qquad (3-44)$$

式中：n_β——考虑中间主应力影响的系数；

　　n'_σ——考虑外摩擦及几何形状系数影响的系数；

　　n''_σ——考虑外端影响的系数；

　　n'''_σ——考虑张力影响的系数。

由（3-31）、（3-33）及（3-34）式，轧制时平均单位压力可用下列形式表示：

$$\overline{p} = n_\beta \cdot n'_\sigma \cdot n''_\sigma \cdot n'''_\sigma \cdot n_s \cdot n_t \cdot n_u \cdot \sigma_s \qquad (3-45)$$

1. 中间主应力影响系数n_β的确定　根据塑性加工原理中变形能不变条件，引入系数n_β反映中间主应力σ_2对塑性条件的影响。当平面变形状态，σ_2的影响最大，则$n_\beta \approx 1.15$；当轴对称应力状态，σ_2影响最小，$n_\beta = 1$；其他情况时，$n_\beta \approx 1 \sim 1.15$；因为$K = n_\beta \overline{\sigma_s}$，则轧制时平面变形抗力$K = 1.15\overline{\sigma_s}$，平均单位压力可写成：

$$\overline{p} = n'_\sigma \cdot n''_\sigma \cdot n'''_\sigma \cdot K$$

2. 张力影响系数n'''_σ的确定　采用张力轧制能降低平均单位压力，而且后张应力又比前张应力影响大，难以单独求出张力影响系数n'''_σ。通常用简化的方法，把张力对平均单位压力的影响，考虑到影响平面变形抗力K，即认为张力直接降低K值。在入辊处K值降低$K - q_H$；出辊处K值降低$K - q_h$，所以K值的平均降低值K'为：

$$K' = \frac{(K - q_H) + (K - q_h)}{2} = K - \frac{q_H + q_h}{2} \qquad (3-46)$$

即 $K' = K - \bar{q}, \bar{q}$ 为平均张应力。

考虑张力影响的平均单位压力,如果忽略外端的影响($n''_\sigma = 1$),可写成下式:

$$\bar{p} = n'_\sigma \cdot K'$$

应指出,这种简化张力对平均单位压力的影响方法,没有考虑张力引起中性面位置的移动。实际上张力会引起中性角的变化,改变中性面的位置。把张力考虑到 K 值中的方法,是建立在中性面位置不变的基础上,这只有在前后张应力相等($q_H = q_h$),或两者相差不大时,应用才是正确的,否则误差较大。

当前后张应力相差很大时,会改变中性面的位置。在加工率为 20% ~ 50% 之间,后张力较前张力更显著地降低轧制压力,此时可用下列公式予以修正:

$$\bar{q} = q_H \cdot \frac{H}{H+h} + q_h \cdot \frac{h}{H+h} \qquad (3-47)$$

或者

$$\bar{q} = \frac{q_H}{2-\varepsilon} + \frac{q_h(1-\varepsilon)}{2-\varepsilon}$$

式中:H、h——该道次轧前、轧后轧件的厚度;

ε——该道次的加工率,按小数计。

3. 外端影响系数 n''_σ 的确定 因为外端对单位压力的影响很复杂,所以确定外端影响系数 n''_σ 比较困难。实验证明,当变形区的几何形状系数 $l/\bar{h} > 1$ 时,n''_σ 接近于 1;如果 $l/\bar{h} = 1.5$,n''_σ 不超过 1.04;当 $l/\bar{h} = 5$ 时,n''_σ 不超过 1.005。因此,轧制薄板时计算平均单位压力,可取 $n''_\sigma = 1$ 时,即不考虑外端的影响,此时外摩擦的影响较大。

对于轧制厚轧件,外端的影响使平均单位压力增大(如图 2-7),此时外摩擦影响较小,可以认为 $n'_\sigma = 1$。当 $0.05 < l/\bar{h} < 1$,可用下列经验公式计算 n''_σ 值:

$$n''_\sigma = \left(\frac{l}{h}\right)^{-0.4} \qquad (3-48)$$

4. 外摩擦影响系数 n'_σ 的确定 外摩擦影响系数主要取决于金属和轧辊接触表面的摩擦规律,或者说摩擦力沿接触弧的分布规律。不同单位压力公式,对摩擦规律的假定不同,因此确定 n'_σ 的值也有所不同。目前,所有的平均单位压力公式,实际上就是解决 n'_σ 的确定问题。下面按三种摩擦规律的基本观点,讨论平均单位压力的计算公式,即 n'_σ 的确定。

3.5.2 按全滑动摩擦规律计算平均单位压力

1. 采利柯夫公式 如果不考虑外端和张力的影响,则平均单位压力 $\bar{p} = n'_\sigma \cdot K$。根据采利柯夫单位压力公式,(3-23)和(3-24)式,经积分后,得出计算平均单位压力的采利柯夫公式:

$$n'_\sigma = \frac{\bar{p}}{K} = \left(\frac{2h}{\Delta h(\delta-1)}\right)\left(\frac{h_\gamma}{h}\right)\left[\left(\frac{h_\gamma}{h}\right)^\delta - 1\right] \qquad (3-49)$$

式中:设 $\delta = \frac{2fl}{\Delta h} = f \cdot \sqrt{\frac{2D}{\Delta h}}$,$f$ 为摩擦系数;

h_γ——中性面上轧件的厚度;

$\dfrac{h_\gamma}{h}$——按下式计算:$\dfrac{h_\gamma}{h} = \left[\dfrac{1 + \sqrt{1 + (\delta^2-1)\left(\dfrac{H}{h}\right)^\delta}}{\delta+1}\right]^{1/\delta}$

(3－49)式还可写成:

$$n'_\sigma = \frac{\overline{p}}{K} = \frac{2(1-\varepsilon)}{\varepsilon(\delta-1)} \left(\frac{h_\gamma}{h}\right) \left[\left(\frac{h_\gamma}{h}\right)^\delta - 1\right] \qquad (3-50)$$

式中:$\varepsilon = \Delta h/H$ 为道次加工率。

由(3－49)和(3－50)式可知,n'_σ 与 δ 和 ε 存在一定的函数关系。为了简化计算采利柯夫作出图 3－19 所示曲线,根据 ε 和 δ 的值,可从图中查出 n'_σ。由 $\overline{p} = n'_\sigma \cdot K$,计算平均单位压力。并从图中曲线看出,随加工率、摩擦系数和辊径增加,平均单位压力增大。

应指出,在应用(3－49)或(3－50)式,或查图 3－19 计算平均单位压力时,冷轧条件一定要考虑轧辊的弹性压扁,即 l 要用 l' 代替;如果带张力轧制,其 K 值要用考虑张力影响后的 K' 代替;摩擦系数大小的确定,对轧制时平均单位压力影响很大,一定要按 3.6 节讨论的原则,根据具体轧制条件正确选取。另外,带张力轧制时,也可以用考虑张力的平均单位压力公式,但计算相当繁杂,不便于工程应用。

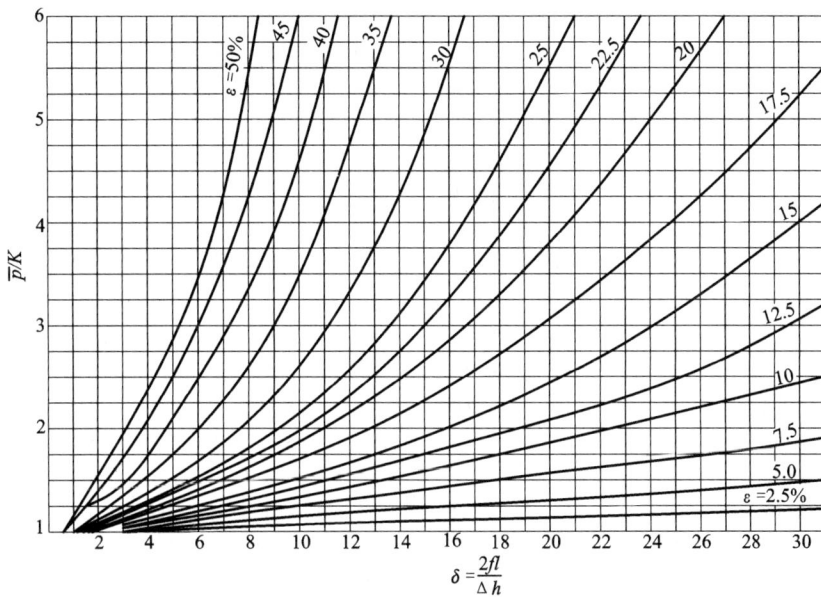

图 3－19　按采利柯夫公式计算 $\overline{p}/K$ 与 ε、δ 的函数关系

2. 斯通公式　根据斯通单位压力公式(3－26)和(3－27)式,经积分后得出斯通平均单位压力公式:

$$n'_\sigma = \frac{\overline{p}'}{K'} = \frac{e^{m'} - 1}{m'} \qquad (3-51)$$

式中:m'——系数,$m' = fl'/\overline{h}$;

　　$\overline{p}'$——考虑轧辊弹性压扁后的平均单位压力;

　　l'——轧辊弹性压扁时的变形区长度;

　　e——自然对数的底($e = 2.718$)。

当无前、后张力时,(3－51)式可写成:

$$n'_\sigma = \frac{\overline{p}'}{K} = \frac{e^{m'} - 1}{m'} \tag{3-52}$$

只要计算出 m 或 m',可从表3-3中查出 n'_σ 的值,根据公式(3-51)或(3-52)式,计算带张力或不带张力时的平均单位压力,比较方便。也可直接用上述公式计算,但比较繁杂。

表3-3 函数值 $n'_\sigma = \dfrac{e^m - 1}{m}$

m	0	1	2	3	4	5	6	7	8	9
0.0	1.000	1.005	1.010	1.015	1.020	1.025	1.030	1.035	1.040	1.046
0.1	1.051	1.057	1.062	1.068	1.073	1.078	1.084	1.089	1.059	1.100
0.2	1.106	1.112	1.118	1.125	1.131	1.137	1.143	1.149	1.155	1.160
0.3	1.166	1.172	1.178	1.184	1.190	1.196	1.202	1.209	1.215	1.222
0.4	1.229	1.236	1.243	1.250	1.256	1.263	1.270	1.277	1.284	1.290
0.5	1.297	1.304	1.311	1.318	1.326	1.333	1.340	1.347	1.355	1.362
0.6	1.370	1.378	1.386	1.493	1.401	1.409	1.417	1.425	1.433	1.422
0.7	1.450	1.458	1.467	1.475	1.483	1.491	1.499	1.508	1.517	1.525
0.8	1.533	1.541	1.550	1.558	1.567	1.557	1.586	1.595	1.604	1.613
0.9	1.623	1.632	1.642	1.651	1.660	1.670	1.681	1.690	1.700	1.710
1.0	1.719	1.729	1.739	1.749	1.760	1.770	1.780	1.790	1.800	1.810
1.1	1.820	1.832	1.843	1.854	1.865	1.876	1.887	1.899	1.910	1.921
1.2	1.933	1.945	1.957	1.968	1.978	1.990	2.001	2.013	2.025	2.037
1.3	2.049	2.062	2.075	2.008	2.100	2.113	2.126	2.140	2.152	2.165
1.4	2.181	2.195	2.209	2.223	2.237	2.250	2.264	2.278	2.291	2.305
1.5	2.320	2.335	2.350	2.365	2.380	2.395	2.410	2.425	2.440	2.455
1.6	2.470	2.486	2.503	2.520	2.536	2.553	2.570	2.586	2.603	2.620
1.7	2.635	2.652	2.667	2.686	2.703	2.719	2.735	2.752	2.769	2.790
1.8	2.808	2.826	2.845	2.863	2.880	2.900	2.918	2.936	2.955	2.974
1.9	2.995	3.014	3.032	3.053	3.072	3.092	3.112	3.131	3.150	3.170
2.0	3.195	3.216	3.238	3.260	3.282	3.302	3.322	3.346	3.368	3.390
2.1	2.412	3.435	3.458	3.480	3.503	3.530	3.553	3.575	3.599	3.623
2.2	3.648	3.672	3.697	3.722	3.747	3.772	3.798	3.824	3.849	3.876
2.3	3.902	3.928	3.955	3.982	4.009	4.037	4.064	4.092	4.119	4.148
2.4	4.176	4.205	4.234	4.262	4.291	4.322	4.352	4.381	4.412	4.442
2.5	4.473	4.504	4.535	4.567	4.599	4.630	4.662	4.695	4.727	4.761
2.6	4.794	4.827	4.861	4.895	4.929	5.964	4.998	5.034	5.069	5.104
2.7	5.141	5.176	5.213	5.250	5.287	5.324	5.362	5.400	5.438	5.447
2.8	5.516	5.555	5.595	5.634	5.674	5.715	5.756	5.797	5.838	5.880
2.9	5.922	5.964	6.007	6.050	6.093	6.137	6.181	6.226	6.271	6.316

利用斯通图解法求压扁后变形区的长度:斯通把他的平均单位压力公式(3-51)和希契柯克公式(3-14)式联立起来,并用图解的方法计算轧辊压扁后变形区的长度。

按(3-14)式,压扁后变形区长度为:

$$l' = \sqrt{R\Delta h + (cR\,\overline{p}')^2} + cR\,\overline{p}'$$

将上式两边同乘以 $\dfrac{f}{h}$,并令 $a = cR = \dfrac{8R(1 - \nu^2)}{\pi E}$ 及 $R\Delta h = l^2$,则:

$$\frac{fl'}{h} = \sqrt{\left(\frac{fl}{h}\right)^2 + \left(\frac{fa}{h}\right)^2 \cdot \overline{p}'^2} + \frac{fa}{h}\overline{p}'$$

整理后得：

$$\left(\frac{fl'}{h}\right)^2 - \left(\frac{fl}{h}\right)^2 = 2\left(\frac{fl'}{h}\right) \cdot \left(\frac{fa}{h}\right) \cdot \overline{p}' \qquad (3-53)$$

将斯通的平均单位压力公式(3-51)$\overline{p}$代入(3-53)式,得：

$$\left(\frac{fl'}{h}\right)^2 = 2a\frac{f}{h}(K-\overline{q})(e^{fl'/h}-1) + \left(\frac{fl}{h}\right)^2 \qquad (3-54)$$

设 $x = m' = \dfrac{fl'}{h}, y = 2a\dfrac{f}{h}(K-\overline{q}), z = m = \dfrac{fl}{h}$,则(3-54)式可写成：

$$x^2 = (e^x - 1)y + z^2$$

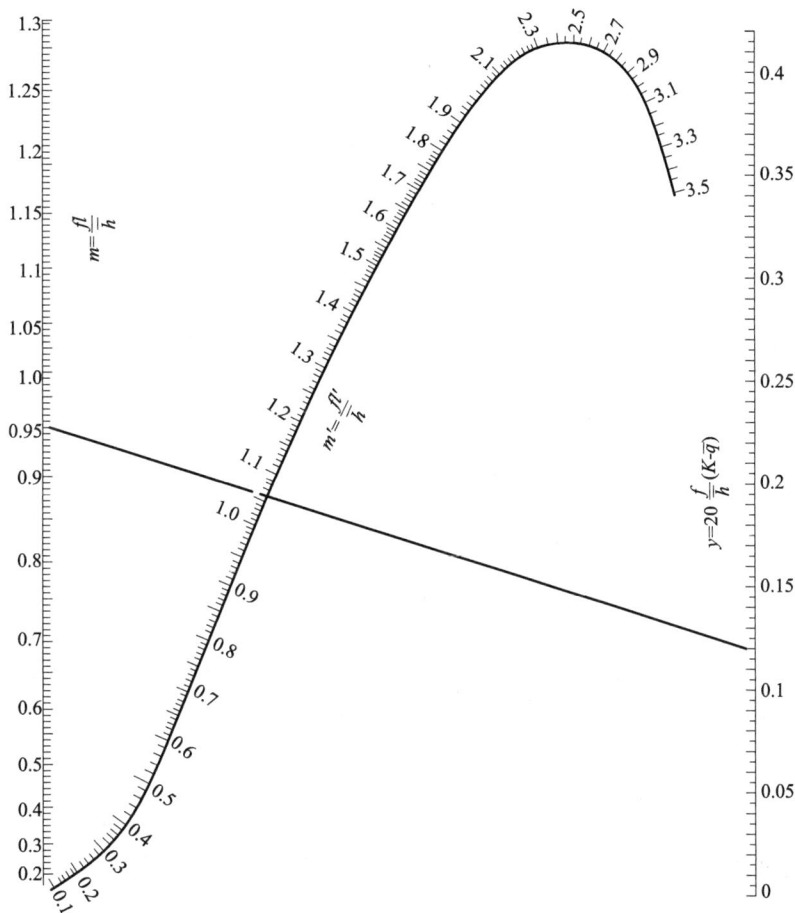

图 3-20 轧辊弹性压扁时变形区长度计算图

为了计算方便,根据上述方程作出轧辊压扁时变形区长度 l' 的计算图,如图 3-20 所示。由轧制条件先计算出 $z(m)$ 和 y 值,然后在图中作连接 m 和 y 两点的直线,该直线与中间的曲线之交点,为 x 的值。根据 $x = m' = fl'/h$,计算出 l'。如果计算平均单位压力,可用 m' 值查表 3

-3 求得 n'_σ 的值;或者将 m' 直接代入(3 -51)式计算平均单位压力。

另外,把求出的 l' 代入下式计算平均单位压力也很简便:

$$\overline{p}' = \frac{(\frac{fl'}{h})^2 - (\frac{fl}{h})^2}{2\frac{fl'}{h} \cdot \frac{fa}{h}} = \frac{l'^2 - l^2}{2al'} \tag{3-55}$$

在应用图 3 -20 时,如果连接 m 和 y 的直线与中间曲线相交于两点,宜取较小值;如没有交点,则表示该道次所采用的压下量产生的弹性压扁过大,以致轧制不能进行。

上述平均单位压力计算公式,适于冷轧压力计算,尤其斯通公式更适用冷轧薄板带的压力计算。

3.5.3 按全粘着摩擦规律计算平均单位压力

1. **西姆斯公式** 将西姆斯的单位压力公式(3 -29)和(3 -30)两式,经积分后得出西姆斯平均单位压力计算公式:

$$n'_\sigma = \frac{\overline{p}}{K} = \frac{\pi}{2} \cdot \sqrt{\frac{1-\varepsilon}{\varepsilon}} \cdot \mathrm{tg}^{-1}\sqrt{\frac{\varepsilon}{1-\varepsilon}} - \frac{\pi}{4} - \sqrt{\frac{1-\varepsilon}{\varepsilon}} \cdot \sqrt{\frac{R}{h}} \cdot \ln\frac{h_\gamma}{h}$$

$$+ \frac{1}{2} \cdot \sqrt{\frac{1-\varepsilon}{\varepsilon}} \cdot \sqrt{\frac{R}{h}} \cdot \ln\frac{1}{1-\varepsilon} \tag{3-56}$$

上式还可写成下列形式:

$$n'_\sigma = \frac{\overline{p}}{K} = \phi(\frac{R}{h} \cdot \varepsilon) \tag{3-57}$$

为了计算方便,西姆斯把应力状态系数 n'_σ 与加工率和 R/h 的关系,根据(3 -57)式绘成曲线,如图 3 -21 所示。由 ε 和 R/h 的值可从图中查出 n'_σ,即可求出平均单位压力。

西姆斯简化公式:从(3 -56)式中

$$\frac{h_\gamma}{h} = 1 + \mathrm{tg}^2\left[\frac{1}{2}\mathrm{tg}^{-1}\sqrt{\frac{\varepsilon}{1-\varepsilon}} - \frac{\pi}{8}\sqrt{\frac{h}{R}} \cdot \ln\frac{1}{1-\varepsilon}\right]$$

经简化,西姆斯公式可用下列形式表示:

$$n'_\sigma = \frac{\overline{p}}{K} = 0.785 + 0.25\frac{l}{h} \tag{3-58}$$

2. **温克索夫公式** 温克索夫把轧制比拟为斜面锤头间镦粗过程,按接触弧的倾角等于接触角的一半,并假定整个接触弧长度上为粘着区,导出下列公式:

$$n'_\sigma = \frac{\overline{p}}{K} = 1 + \frac{(\frac{2-\varepsilon}{\varepsilon} - \sqrt{1-\varepsilon})(2-\varepsilon)}{\varepsilon^2} \cdot \frac{l}{h} = 1 + C\frac{l}{h} \tag{3-59}$$

当 ε 变化时,C 值波动范围很窄($C = 0.251 \sim 0.258$),其平均值为 0.252,则(3 -59)式可简化为:

$$n'_\sigma = \frac{\overline{p}}{K} = 1 + 0.252\frac{l}{h} \tag{3-60}$$

按全粘着摩擦规律所导出的平均单位压力公式,适用于热轧压力计算,而西姆斯公式得到更广泛的应用。但应用公式或查图 3 -21 时,ε 为该道次的加工率,轧辊半径 R 在热轧薄板压力计算时,应考虑轧辊的弹性压扁用 R' 代替。

3.5.4　按混合摩擦规律计算平均单位压力

陈家民公式对接触表面按混合摩擦规律考虑，即在滑动区取 $t=fp$，粘着区取 $t=K/2$，并采用精确塑性条件导出了平均单位压力公式。为了便于工程计算，他将公式绘成曲线图，如图3-22所示。根据摩擦系数 f 和 $l/\bar{h}$ 的值，可从图中直接查出 n'_σ，然后计算平均单位压力。

只要接触面积 F 和平均单位压力 $\bar{p}$ 确定之后，按(3-3)式 $P=\bar{p}\cdot F$，可计算轧制压力。

3.6　外摩擦系数的确定

外摩擦是影响平均单位压力的重要因素，运用公式或图表计算平均单位压力，还必须确定外摩擦系数的大小。

3.6.1　概述

轧制过程中，轧件与轧辊接触表面间的摩擦情况，通常遵循一定的规律，较简便的办法是用摩擦系数来表达。

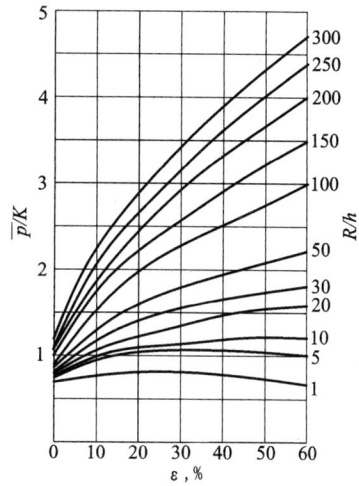

图3-21　n'_σ 与 ε 和 R/h 的关系（按西姆斯公式）

摩擦系数是一个十分活跃而又难以直接测量的工艺参数。摩擦系数的大小随金属性质、变形温度和速度、轧辊与轧件接触表面的状态，以及是否采用润滑剂及其性质，变形区几何参数等不同而异，而且还随轧制过程工艺、设备参数的变化而变化。因此，要准确地确定摩擦系数的大小就更加复杂化了。

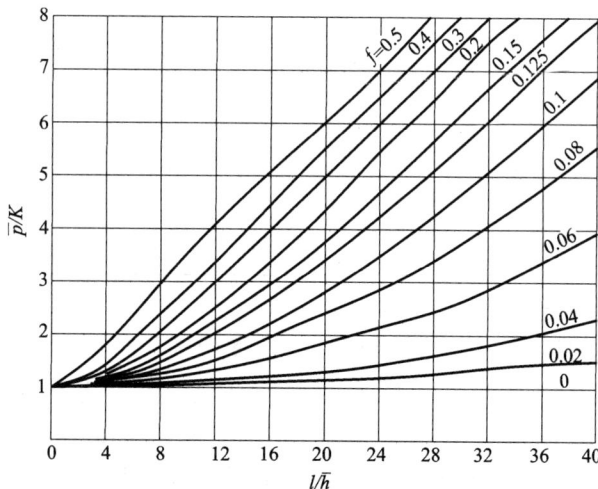

图3-22　应力状态系数 $\bar{p}/K$ 与 f 及 $l/\bar{h}$ 间的关系

实验证明，变形区内沿接触弧摩擦系数不是一个常数。由于摩擦问题的复杂性及实验技术的困难，对摩擦系数的研究至今尚未取得令人满意的结果，通常采用其平均值 f。测定摩擦系数的方法有：最大咬入角法、极限压下量法、轧制力矩法、测压法和前滑法反推计算，以及直接测定正压力和摩擦力等等。并采用相应的公式和方法算出平均的摩擦系数值。此外，根据实验数据统计分析与回归处理，确定影响摩擦系数的主要参数间的数量关系，建立不同的经验公式，或数据表格。但这种方法有它一定的局限性。

目前，实际应用中，摩擦系数值通常按具体轧制条件，根据实验资料选取。

3.6.2 热轧摩擦系数的确定

热轧时，轧辊和轧件的表面状态，轧制温度和润滑剂是影响摩擦系数的主要因素。温度的影响可认为随温度的变化，金属氧化皮的性质与厚度发生了变化。温度较低于氧化皮呈脆性，随温度升高氧化皮变厚，摩擦系数增加。当达到一定温度后氧化皮开始软化，摩擦系数达到最大值。此后，随温度升高氧化皮塑性增大，摩擦系数反而降低。轧制铜时摩擦系数和温度的这种关系已被实验所证明。

一般来说，铝合金的摩擦系数，在很大程度上取决于轧辊表面状态，以及工艺润滑剂的成分。铝、镁及其合金辊面易粘着金属氧化物粉屑，使摩擦系数增大。由于铜及其合金热轧温度高，这样轧辊表面龟裂越严重，轧件表面氧化也越严重，粘辊也就越厉害，摩擦系数就越大。如果只考虑温度、轧辊及轧件表面状态，或润滑剂的影响，有色金属热轧的摩擦系数 f 值，可参考表3-4。热轧时，一般 $f = 0.30 \sim 0.56$。

表3-4　热轧时的摩擦系数 f 值

合　　金	热轧温度，℃	平均咬入角，α	f	测定条件
铜	750~800	28°~29°15′	0.54~0.56	辊面粘有金属
	700~800	22°~24°51′	0.41~0.46	辊面有网纹
	750~800	—	0.27~0.36	辊面粗糙
黄铜	800~850	24°3′	0.45	锭坯铣面
	750	23°6′	0.43	
	850	18°58′	0.34	辊面有网纹
	850	15°	0.27	
铝	350	24°58′	0.46	锭坯铣面
	450	22°56′	0.42	辊面有网纹
铝及包铝合金	350~500	—	0.35~0.45	辊面粘铝，乳液润滑
锌及锌合金	150		0.25~0.30	5%甘油三硬脂酸脂
	200		0.30~0.35	+95%石蜡润滑

3.6.3 冷轧摩擦系数的确定

冷轧时，除轧辊表面粗糙度影响摩擦系数之外，润滑剂的影响也很大，而且植物油比矿物油的摩擦系数小。润滑剂的润滑效果，除受润滑剂本身性能影响之外，还取决于轧制时所形成的油膜强度和油膜厚度。实验证明，当轧制速度在小于5m/s的低速区内，随速度提高摩擦系数降低较快，这与油膜厚度增加有关；在高速区内随速度提高，摩擦系数稍有增加，这与温度效应的影响有关。

一般来说，冷轧时如果润滑不充分、润滑剂质量越差、辊的硬度低或粗糙度高（甚至出现粘辊）、坯料蚀洗不干净、以及轧件表面粗糙等等，摩擦系数就大。此外，轧制道次、轧件厚度及张力对摩擦系数也有影响。

计算轧制压力,常用的平均摩擦系数 f 值,可参考表 3 - 5,根据不同金属的不同润滑条件和辊面状态,以及其他轧制情况来选取。冷轧时,一般 $f = 0.05 \sim 0.30$,在不润滑及辊面粗糙的情况下,可达 $0.2 \sim 0.3$。

表 3 - 5 铜、铝及其合金冷轧时的摩擦系数 f 值

合　　金	f	润 滑 剂	辊 面 状 态
铜	0.15 ~ 0.25	无	—
	0.10 ~ 0.15	煤油,水	
	0.07 ~ 0.12	矿物油,乳液	
	0.05 ~ 0.08	植物油	
黄　铜	0.12 ~ 0.17	无	—
	0.08 ~ 0.12	煤油,水	
	0.06 ~ 0.10	矿物油,乳液	
	0.05 ~ 0.07	植物油	
铝及包铝合金	0.16 ~ 0.24	无	粗磨的淬火铬钢辊
	0.08 ~ 0.12	煤油	
	0.06 ~ 0.07	轻机油	
	0.24 ~ 0.32	无	粗磨的淬火铬钢辊,辊面粘铝
	0.14 ~ 0.18	煤油与机油	
	0.16 ~ 0.20	乳液	

3.7 轧制压力计算举例

例如,热轧紫铜板坯,某道次轧制条件为:轧前轧件厚45mm、宽640mm、长2583mm,温度770℃,轧制后轧件厚度为32mm,轧辊直径850mm,轧制速度2m/s,轧制持续时间(轧制时间和间歇时间)为6s,用水冷却润滑,求该道次的平均单位压力和轧制压力。

计算步骤如下:

(1)一般参数的计算

道次加工率 $\varepsilon = \dfrac{\Delta h}{H} = \dfrac{45 - 32}{45} = 29\%$

变形区长度 $l = \sqrt{R\Delta h} = \sqrt{425 \times 13} = 74.3 \text{(mm)}$

该道次宽展量,按(2 - 17)式计算,得

$$\Delta B = C \frac{\Delta h}{H} \sqrt{R\Delta h} = 0.36 \times \frac{13}{45} \times 74.3 \approx 8 \text{(mm)}$$

变形区几何形状系数 $\dfrac{l}{h} = \dfrac{\sqrt{R\Delta h} \times 2}{H + h} = \dfrac{74.3 \times 2}{45 + 32} = 1.93$,所以可忽略外端的影响。

轧后轧件宽度 $B_h = B_H + \Delta B = 640 + 8 = 648 \text{(mm)}$

轧后轧件长度 $L_h = \dfrac{H \times B_H \times L_H}{h \times B_h} = \dfrac{45 \times 640 \times 2583}{32 \times 648} = 3588 \text{(mm)}$

(2)K 值的计算

平均变形程度,按(3 - 34)式计算:

$$\bar{\varepsilon} = \frac{2}{3} \times \frac{\Delta h}{H} = \frac{2}{3} \times \frac{13}{45} = 19\%$$

平均变形速度,按(3-35b)式计算:

$$\bar{u} = \frac{2v}{H+h}\sqrt{\frac{\Delta h}{R}} = \frac{2 \times 2000}{45+32} \times \sqrt{\frac{13}{425}} = 9.1(s^{-1})$$

温降 Δt 按(3-36b)式计算:首先计算公式中的参数,$\tau = 6s$,轧件重量 $G = 0.045 \times 0.64 \times 2.538 \times 8.9 \times 10^3 = 651(kg)$,查表3-2,得 K 取4.3,c 取0.12,$T_1 = 770 + 273 = 1043K$。平均散热表面积 F 按下式计算:

$$F = \frac{(H \cdot L_H + B_H \cdot L_H) \times 2 + (h \cdot L_h + B_h \cdot L_h) \times 2}{2}$$

$$= \frac{(45 \times 2583 + 640 \times 2583) \times 2 + (32 \times 3588 + 648 \times 3588) \times 2}{2}$$

$$= 4.21(m^2)$$

将上述各参数值代入(3-36b)式,计算温降 Δt。

$$\Delta t = \frac{KF\tau}{3600cG} \cdot \left[\left(\frac{T_1}{100}\right)^4 - 74\right] = \frac{4.3 \times 4.21 \times 6}{3600 \times 0.12 \times 651}\left[\left(\frac{1043}{100}\right)^4 - 74\right] \approx 4(℃)$$

平均变形温度 $\bar{t} = 770 - \frac{4}{2} = 768(℃)$

根据 $\bar{\varepsilon} = 19\%$,$\bar{t} = 768℃$,$\bar{u} = 9.1s^{-1}$,分别查影响系数曲线图3-13和图3-4,得 $n_\varepsilon = 0.75$,$n_t = 0.74$,$n_u = 1.05$,再查表3-1得 $\sigma_s = 95MPa$,按(3-33)式得:

$$\bar{\sigma}_s = n_\varepsilon \cdot n_t \cdot n_u \cdot \sigma_s = 0.75 \times 0.74 \times 1.05 \times 95 = 55.4(MPa)$$

另外,根据 $\bar{\varepsilon}$、$\bar{t}$ 和 $\bar{u}$ 查真实应力曲线图3-16(a),可得 $\bar{\sigma}_s = 75MPa$,比系数法稍大,下面计算取 $\bar{\sigma}_s = 75MPa$,求 K 值:$K = 1.15\bar{\sigma}_s = 1.15 \times 75 = 86.3(MPa)$

(3)计算应力状态系数 n'_σ

按西姆斯公式曲线求解:$R/h = 425/32 = 13$,$\varepsilon = 29\%$,根据 R/h 和 ε 查图3-21,$R/h = 13$,图中没有曲线,可用内插法求得:$n'_\sigma = 1.28$。

(4)计算平均单位压力 $\bar{p}$

$\bar{p} = n'_\sigma \cdot K = 1.28 \times 86.3 = 110.5(MPa)$

(5)求接触面积 F

如忽略轧辊弹性压扁,则

$$F = \bar{B} \cdot l = \frac{B_H + B_h}{2} \cdot l = 644 \times 74.3 = 47849(mm^2)$$

(6)计算轧制压力 P

$$P = \bar{p} \cdot F = 110.5 \times 10^6 \times 47849 \times 10^{-6} = 5287(kN)$$

按西姆斯简化公式(3-58)式计算得:$n'_\sigma = 1.27$,求得 $\bar{p} = n'_\sigma \cdot K = 1.27 \times 86.3 = 109.6$(MPa),轧制压力 $P = \bar{p} \cdot F = 109.6 \times 10^6 \times 47849 \times 10^{-6} = 5244(kN)$。

按温克索夫公式(3-60)式计算得:$n'_\sigma = 1.49$,平均单位压力 $\bar{p} = n'_\sigma \cdot K = 1.49 \times 86.3 = 128.6$(MPa),轧制压力 $P = \bar{p} \cdot F = 128.6 \times 10^6 \times 47849 \times 10^{-6} = 6150(kN)$。

按陈家民公式图解法计算:已知 $l/\bar{h} = 1.93$,取 $f = 0.45$,查图3-22得 $n'_\sigma = 1.38$,平均单

位压力 $\bar{p} = n'_\sigma \cdot K = 1.38 \times 86.3 = 119.1 (\text{MPa})$，轧制压力 $P = \bar{p} \cdot F = 119.1 \times 10^6 \times 47849 \times 10^{-6} = 5699 (\text{kN})$。

综合看，本道次轧制压力为 5244 ~ 6150kN，大体相当于 500 ~ 600tf。

冷轧压力计算的步骤与热轧基本相同，请参考 7.8 节的内容。总之，计算轧制压力时一定要突出特定工艺条件下的主要矛盾。热轧主要考虑变形速度、变形温度和变形程度的影响；热轧开坯一般可忽略轧辊弹性压扁，但热轧薄板带时应考虑轧辊压扁；当 $l/\bar{h} < 0.5 ~ 1.0$ 时要考虑外端影响。冷轧主要考虑加工硬化、润滑状况、接触表面的摩擦、轧辊弹性压扁及张力的影响。

此外，合理选择压力计算公式和有关参数，也是轧制压力计算结果是否接近实际的重要因素。但是，压力计算既繁杂，又费时，精度较低。随着计算机的广泛应用，以及编制压力计算程序，使计算工作量大大减轻，而且计算精度高(见 7.9 节)。

4 轧机传动力矩及主电机功率计算

4.1 轧机传动力矩的组成

实现轧制过程传动轧辊所需力矩大小,是校验现有轧机能力和设计新轧机的重要力能参数之一。

4.1.1 电机传动轧辊所需力矩

轧制时主电动机轴上输出的传动力矩,主要用于克服如下 4 个方面的阻力矩:

(1)轧制力矩 M:由变形金属对轧辊的作用合力所引起的阻力矩;

(2)空转力矩 M_0:轧机空转时在轧辊轴承及传动装置中所产生的摩擦力矩;

(3)附加摩擦力矩 M_f:轧制时在轧辊轴承及传动装置中所增加的摩擦力矩;

(4)动力矩 M_d:为轧机加速或减速运行时的惯性力矩。

由此可见,主电动机轴上所输出的力矩为:

$$M_\Sigma = \frac{M}{i} + M_f + M_0 + M_d \qquad (4-1)$$

式中:i——由主电动机到轧辊的减速比,$i = \dfrac{电机转数}{轧辊转数}$。

上式前 3 项之和称为静力矩,用 M_c 表示:

$$M_c = \frac{M}{i} + M_f + M_0 \qquad (4-2)$$

对任何轧机都存在静力矩 M_c,它是指轧辊作匀速转动时所需的力矩。其中轧制力矩 M 是有效力矩,通常其值最大。附加摩擦力矩和空转力矩是无效力矩,它是轧辊轴承和传动装置中的摩擦损失,其值应设法尽量降低。

换算到电机轴上的轧制力矩与静力矩之比称为轧机的效率:

$$\eta_0 = \frac{\dfrac{M}{i}}{\dfrac{M}{i} + M_f + M_0} \qquad (4-3)$$

轧机效率随轧制方式和轧机结构(主要指轧辊的轴承构造)的不同,变化范围大,一般 $\eta_0 = 0.5 \sim 0.95$。

4.1.2 附加摩擦力矩的确定

轧制时,附加摩擦力矩由轧辊轴承中的摩擦力矩 M_{f1} 和轧机传动装置中的摩擦力矩 M_{f2} 两部分组成。

附加摩擦力矩,其主要部分是轧辊轴承中的摩擦力矩 M_{f1}。对普通 2 辊式轧机,金属对轧辊的作用力,在两个轧辊的 4 个轴承中引起的附加摩擦力矩为:

$$M_{f1} = \left(\frac{P}{2} \times \frac{d}{2} f_1 \times 2 \right) \times 2$$

经简化得:

$$M_{f1} = Pdf_1 \qquad (4-4a)$$

式中:P——轴承的负荷,等于轧制压力和弯辊力之和;

f_1——轧辊轴承的摩擦系数;

d——轧辊辊颈直径;

$\dfrac{df_1}{2}$——轴承的摩擦圆半径。

摩擦系数f_1,决定于轴承型式和工作条件(见表4-1)。

附加摩擦力矩M_{f2},是轧制时在传动装置(齿轮机座、减速机、连接轴等)中,由于有摩擦存在损失的一部分力矩。其值可根据传动效率按下式计算:

$$M_{f2} = \left(\frac{1}{\eta} - 1\right)\frac{M + M_{f1}}{i} \qquad (4-4b)$$

式中:M_{f2}——换算到主电机轴上的传动装置的附加摩擦力矩;

η——传动装置的传动效率,查表4-2;

i——由主电机到轧辊的减速比。

<table>
<tr><td colspan="2">表4-1 轧辊轴承中的摩擦系数</td></tr>
<tr><td>轴 承 型 式</td><td>f_1</td></tr>
<tr><td>滚动轴承(稀油润滑)</td><td>0.003~0.004</td></tr>
<tr><td>滚动轴承(干油润滑)</td><td>0.005~0.008</td></tr>
<tr><td>液体摩擦轴承</td><td>0.003~0.005</td></tr>
<tr><td>金属衬滑动轴承(热轧)</td><td>0.07~0.10</td></tr>
<tr><td>金属衬滑动轴承(冷轧)</td><td>0.04~0.08</td></tr>
<tr><td>胶木衬滑动轴承(滑动速度为 2~3m/s)</td><td>0.01~0.02</td></tr>
</table>

<table>
<tr><td colspan="2">表4-2 η 的选择</td></tr>
<tr><td>传 动 方 式</td><td>η</td></tr>
<tr><td>梅花接轴</td><td>0.94~0.96</td></tr>
<tr><td>万向接轴</td><td></td></tr>
<tr><td>倾角$\theta \leq 3°$时</td><td>0.96~0.98</td></tr>
<tr><td>倾角$\theta > 3°$时</td><td>0.94~0.96</td></tr>
<tr><td>考虑主接手损失的多级减速机</td><td>0.92~0.94</td></tr>
<tr><td>一级齿轮传动</td><td>0.95~0.98</td></tr>
</table>

换算到主电动机轴上总的附加摩擦力矩用下式表示:

$$Mf = \frac{M_{f1}}{i} + M_{f2}$$

或

$$Mf = \frac{M_{f1}}{i\eta} + \left(\frac{1}{\eta} - 1\right)\frac{M}{i} \qquad (4-5)$$

4.1.3 空转力矩的确定

空转力矩是指空载时转动轧辊所需的力矩,即旋转部件自重产生的摩擦力矩。根据旋转部件(轧辊、人字齿轮、联轴器等)重量及其轴承中的摩擦圆半径来计算。转动一个部件所需的力矩,换算到主电机轴上则为:

$$M_{on} = \frac{G_n f_n d_n}{2 i_n} \cdot \frac{1}{\eta_n}$$

式中:G_n——作用在轴承上的负荷,等于该部件的重量;

f_n——该部件轴承的摩擦系数;

i_n——由电机到该部件的减速比;

d_n——该部件轴颈直径;

η_n——由电机到该部件的传动效率。

空转力矩等于转动所有部件的力矩之和：

$$M_o = \sum \frac{G_n f_n d_n}{2 i_n \eta_n} \qquad (4-6)$$

实际上按上式计算空转力矩较复杂,可根据实测数据确定。在校核计算时,有文献介绍近似取 $M_o = (0.03 \sim 0.06) M_H$($M_H$ 为主电机的额定力矩),在新轧机取下限,旧式结构轧机取上限。新设计选用电机计算时,可取 $M_o = (0.06 \sim 0.1) M$(M 为工艺计算的轧制力矩)。

4.1.4 动力矩的确定

轧制过程可以调速的轧机和带飞轮的轧机,在计算电动机轴上的力矩时要考虑动力矩 M_d。

当速度变化时物体的惯性力 F 等于其质量与加速度的乘积,则

$$F = m \cdot \frac{\mathrm{d}v}{\mathrm{d}t} = m \cdot R \frac{\mathrm{d}\omega}{\mathrm{d}t}$$

式中：$\dfrac{\mathrm{d}\omega}{\mathrm{d}t}$——角加速度；

$\qquad m$——物体的质量；

$\qquad R$——该物体的回转半径。

动力矩可用惯性力 F 与回转半径 R 的积表示：

$$M_d = F \cdot R = mR^2 \cdot \frac{\mathrm{d}\omega}{\mathrm{d}t} = \frac{2\pi}{60} \cdot \frac{GD^2}{4g} \cdot \frac{\mathrm{d}n}{\mathrm{d}t}$$

或
$$M_d = \frac{GD^2}{375} \cdot \frac{\mathrm{d}n}{\mathrm{d}t} \qquad \mathrm{N \cdot m} \qquad (4-7)$$

式中：GD^2——旋转部件的飞轮惯量,$\mathrm{N \cdot m^2}$；

$\qquad n$——旋转部件的转速,$\mathrm{r/min}$；

$\qquad g$——重力加速度,$9.8\mathrm{m/s^2}$；

$\qquad \dfrac{\mathrm{d}n}{\mathrm{d}t}$——加速度,$\mathrm{r/min \cdot s}$。

应指出,动力矩仅对轧制道次时间短的轧机,其道次平均力矩值影响大。而对轧制时间长的带材轧机,在确定最大力矩和均方根力矩时,可以忽略动力矩的影响。可逆轧机低速咬入加速至稳定轧制速度,或减速至抛出速度的过程,均有动力矩产生。当大型可逆轧机热轧开坯时,还要考虑计算轧辊和锭坯的动力矩,因为锭坯及辊径大而且重,GD^2 值大。对减速比较大的轧机,高速转动部件起主要作用,为了简化计算,可以只考虑电机的动力矩。

4.2 轧制力矩的确定

4.2.1 轧制力矩

所谓轧制力矩是指金属对轧辊的作用合力相对轧辊中心之矩,即轧制阻力矩。轧制力矩 M 的大小,不仅与金属对轧辊的作用合力大小有关,而且与合力的方向和作用点的位置有关。

1. 简单轧制时的轧制力矩　简单轧制条件下,根据轧件在水平方向的静力平衡条件,两轧辊作用在轧件上的力,必须大小相等,方向相反,而且作用在同一直线上,并按对称条件力的

62

作用线必与轧辊中心连线相平行[图4-1(a)]。同时轧件以大小相等的反作用力P(此时P为轧制压力)作用在轧辊上[图4-1(b)]。由该图可以确定作用在一个轧辊上的轧制力矩

$$M_1 = P \cdot a = P \cdot R \cdot \sin\varphi$$

式中:R——轧辊半径;

    a——力臂;

    φ——过合力作用点的半径与轧辊中心连线的平角,即合压力作用角。

作用在两个轧辊上的轧制力矩:

$$M = 2P \cdot a = 2 \cdot PR \cdot \sin\varphi \tag{4-8}$$

2. 带张力的轧制力矩 当轧件上施加前后张力时,其他条件与简单轧制情况相同。如果张力不相等,则轧辊作用在轧件上的合压力将偏离垂直方向。如2章所述,其他条件不变,当后张力Q_H大于前张力Q_h时,中性角γ减小,后滑区增大而后滑增加,轧件进入轧辊的速度减小。为保持轧件上其水平合力为零,必须是合压力P_H的水平分量与张力差平衡,所以轧辊作用在轧件上的合压力一定偏向出口侧,如图4-2(a)所示。根据作用力与反作用力的关系,此时轧件给轧辊的合压力其方向偏入口侧[图4-2(b)]。

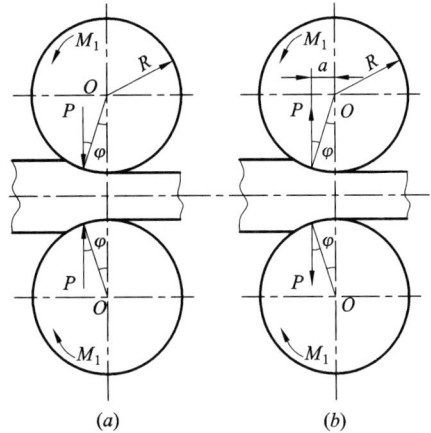

图4-1 简单轧制时作用力的方向
(a)轧辊对金属的作用力;(b)金属对轧辊的作用力

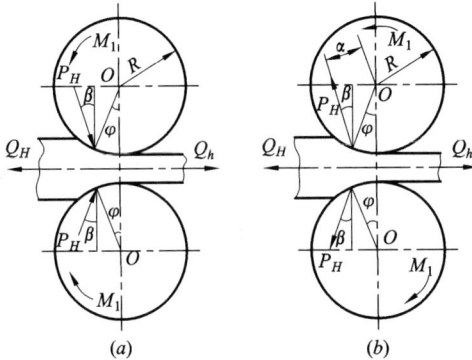

图4-2 后张力大于前张力时作用力的方向
(a)轧辊对金属的作用力;(b)金属对轧辊的作用力

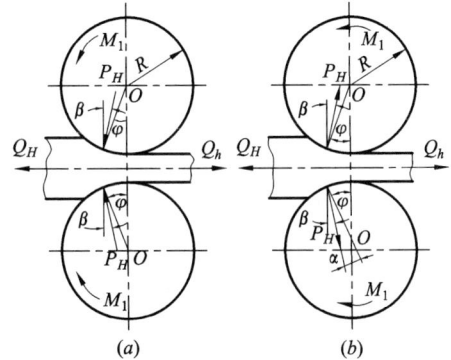

图4-3 前张力大于后张力时作用力的方向
(a)轧辊对金属的作用力;(b)金属对轧辊的作用力

当前张力Q_h大于后张力Q_H时,结果相反,中性角增大,前滑区增大而前滑增加,轧件离开轧辊的速度增加。同样轧件在水平方向保持力的平衡,则轧辊对轧件的合压力P_H的方向偏入口侧[图4-3(a)]。而金属给轧辊的合压力方向偏出口侧[图4-3(b)]。

带张力轧制时轧制力矩的分析:如前所述,因为轧件上有张力作用,为了达到平衡,轧辊对轧件合压力的水平分量之和必须等于两个张力的差。即

$$\sum X = Q_h - Q_H \qquad (Q_h > Q_H)$$

因上下轧辊轧制过程对称，两轧辊在轧件上合压力的水平分量应相等。根据轧件在水平方向力的平衡条件得：

$$X = \frac{Q_h - Q_H}{2} = P_H \sin\beta$$

即 $\quad\sin\beta = \dfrac{Q_h - Q_H}{2P_H}$ 当 ΔQ 很小时，β 角可近似写成下式

$$\beta = \frac{Q_h - Q_H}{2P} \qquad\qquad (4-9)$$

式中：P——轧制压力；

$\quad P_H$——合压力；

$\quad \beta$——合压力与垂直线的夹角，或称张力角。

由图 4-2(b)、4-3(b)，将金属给轧辊的合压力分解为垂直分量 $Y(Y = P)$，水平分量为 X $\left(X = \dfrac{Q_h - Q_H}{2}\right)$。因此，作用在两个轧辊上的轧制力矩：

$$M = PD\sin\varphi - \frac{Q_h - Q_H}{2}D\cos\varphi \qquad\qquad (4-10a)$$

或 $\qquad\qquad M = D\left(P\sin\varphi + \dfrac{Q_H - Q_h}{2}\cos\varphi\right) \qquad\qquad (4-10b)$

如果用合压力对辊心之矩表示轧制力矩，可写成下式

$$M = 2P_H \cdot a = 2P_H R\sin(\varphi \pm \beta) \qquad\qquad (4-11)$$

当轧件上施加前后张力时，由(4-10)式可知，轧制力矩由两部分组成：式中第 1 项为简单轧制过程的轧制力矩；第 2 项为张力引起的力矩。当 $Q_h > Q_H$ 时，其轧制力矩比简单轧制力矩小，Q_h 越大轧制力矩越小，促使轧制过程进行。当 $Q_H > Q_h$ 时，其轧制力矩比简单轧制力矩大，Q_H 越大轧制力矩越大，是阻碍轧制过程进行的。可见前张力使轧制力矩减小，而后张力使轧制力矩增加。当 $Q_h = Q_H$ 时，其轧制力矩与简单轧制力矩算式相同。应指出，张力的作用使轧制压力减小，对轧制力矩必然产生影响，因后滑区压下量大，所以后张力影响更大。假如前张力增加，至使轧制力矩为零即合压力 P_H 通过辊心，则变成辊式拉拔过程。

3. 单辊驱动时的轧制力矩　单辊驱动是指两个轧辊中只有一个轧辊传动，通常为下辊驱动，如叠轧薄板轧机、铝箔轧机等。上辊为非驱动辊，它是通过轧件的接触摩擦带动的，其传动力矩为零。如果其他条件与简单轧制相同，且忽略上辊轴承的摩擦，则轧件对上辊作用的合压力为 P_1，其方向应指向辊心[图 4-4(b)]。由平衡对称条件对下辊的作用合力为 P_2，P_2 应与 P_1 大小相等($P_1 = P_2 = P_H$)，而方向相反且位于同一直线上。因此，作用在下轧辊上的轧制力矩为：

$$M_2 = P_H \cdot a_2 = P_H \cdot (D + h)\sin\varphi \qquad\qquad (4-12)$$

4.2.2　轧制力矩的确定方法

确定轧制力矩的方法有以下三种：

(1)按金属作用在轧辊上的轧制压力 P 计算轧制力矩；

(2)按金属作用在轧辊上的切向摩擦力计算轧制力矩；

（3）按轧制时的能量消耗确定轧制力矩。

1. 按金属作用在轧辊上的轧制压力计算轧制力矩　对于轧制板带材等矩形断面，按金属作用在轧辊上的轧制压力确定轧制力矩比较精确。轧制压力确定以后，计算轧制力矩还要知道合压力作用角 φ，或合压力作用点到轧辊中心连线的距离。知道 φ 角时可按合压力作用方向确定力臂 a 的值，或将 φ 角及轧制压力 P 和张力差的数值代入（4-8）和（4-10）式，直接计算轧制力矩的数值。

在实际中，常用力臂系数 $x = \varphi/a$ 来确定合压力作用角 φ 或合压力作用点位置。

$$\varphi = xa$$

在简单轧制时，力臂系数可表示为：

$$x = \frac{\varphi}{\alpha} \approx \frac{\alpha}{l} \qquad (\varphi \approx \frac{\alpha}{R}, \alpha \approx \frac{l}{R})$$

式中：α——接触角；

　　R——轧辊半径。

此时，力臂 a 可表示为变形区长度 l 的函数，由上式得：

$$a = lx$$

所以简单轧制情况下，转动两个轧辊所需的轧制力矩为：

$$M = 2P \cdot x \cdot l = 2 \cdot P \cdot x \cdot \sqrt{R \cdot \Delta h} \qquad (4-13)$$

用上式计算轧制力矩时，关键在于确定力臂系数 x 的值。力臂系数 x 可根据实验数据确定，实验证明厚薄轧件 x 值不同。x 也称合力作用点系数，对厚轧件单位压力峰值靠近轧件入口处，合力作用点位置也偏向入口侧，其 x 值应大于 0.5。薄轧件则相反，合力作用点偏向出口侧，x 小于 0.5。

由大量实验数据统计，其 x 值为：

热轧铸锭时，$x = 0.55 \sim 0.60$；

热轧板带时，$x = 0.42 \sim 0.50$；

冷轧板带时，$x = 0.33 \sim 0.42$。

轧辊弹性压扁时的轧制力矩计算：轧辊弹性压扁后，轧件给轧辊的合压力作用点向出口方向移动，可见力臂 a 与未压扁时不同。如图 3-4 所示，假设合压力作用点在压扁弧的中点上，则力臂 a 可用下式计算：

$$a = \frac{l'}{2} - x_2 = \frac{1}{2}(\sqrt{R\Delta h + x_2{}^2} + x_2) - x_2 = \frac{1}{2}(\sqrt{R\Delta h + x_2{}^2} - x_2)$$

此时作用在两个轧辊上的轧制力矩为：

$$M = 2P \cdot a = P(\sqrt{R\Delta h + x_2{}^2} - x_2)$$

将上式中的轧制压力 P 用接触面积及平均单位压力表示，可得考虑轧辊压扁时，作用在两个轧辊上的轧制力矩：

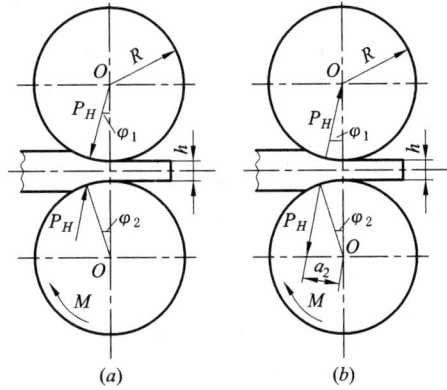

图 4-4　单辊传动时作用力的方向

（a）轧辊对金属的作用力；（b）金属对轧辊的作用力

$$M = \bar{p}BR\Delta h \qquad\qquad (4-14)$$

当力臂系数 $x = 0.5$ 时,(4-13)和(4-14)式形式相同。但实际上,轧辊压扁时,轧辊半径增大,接触弧长增加,外摩擦的影响增大,导致单位压力增加,所以轧辊弹性压扁将使轧制力矩增大。

2. 按金属作用在轧辊上的切向摩擦力计算轧制力矩 轧制力矩等于前滑区与后滑区的切向摩擦力与轧辊半径乘积的代数和,即

$$M = 2R^2\left(-\int_0^\gamma t\,\mathrm{d}\theta + \int_\gamma^a t\,\mathrm{d}\theta\right)$$

在忽略轧辊弹性压扁时上式是正确的。由于不能精确地确定摩擦力的分布及中性角 γ,这种方法不便于实际应用。

3. 按能量消耗曲线确定轧制力矩 轧制所消耗的功 $A(\mathrm{kW\cdot h})$ 与轧制力矩之间的关系为:

$$M = \frac{A}{\theta} = \frac{A}{\omega t} = \frac{AR}{vt} \qquad\qquad (4-15)$$

式中: θ——轧件通过轧辊期间轧辊的转角, $\theta = \omega t = \dfrac{v}{R}\cdot t$;

ω——角速度, s^{-1};

t——轧制时间, s;

R——轧辊半径, m;

v——轧辊圆周速度, $\mathrm{m/s}$。

轧制功 A 通常用实验确定,结果比较正确。将测定的主电机在轧制某一产品时消耗的总能量和每道次消耗的能量,并依次计算各道次总延伸系数和吨产品能耗,以曲线形式给出这些数据。这种表示轧制一吨产品的能量消耗与总延伸系数的关系,或者表示一吨产品的能量消耗与轧件厚度减小的关系曲线,称为能耗曲线(图4 -5)。图中纵坐标为每吨产品的能量消耗,横坐标为总延伸系数或轧件厚度。

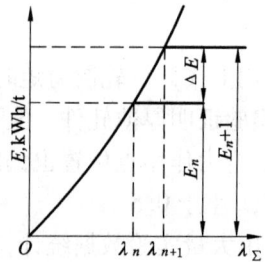

图 4-5 轧制时的单位能耗曲线

假定轧件在某一轧制道次之前总延伸系数为 λ_n,该道次之后总延伸系数为 λ_{n+1},可见该道次内轧制一吨产品所消耗的能量可表示为: $\Delta E = E_{n+1} - E_n$, $\mathrm{kW\cdot h/t}$,如果轧件重量为 G,则该道次的总能耗为:

$$E = (E_{n+1} - E_n)G \quad \mathrm{kW\cdot h} \qquad\qquad (4-16)$$

因为轧制时能量消耗一般是以电机负荷大小测量的,其曲线中还包括有轧机传动机构、轧辊轴承等摩擦消耗的能量,但除去了轧机的空转消耗。所以,按能耗曲线确定的力矩将为轧制力矩 M 和附加摩擦力矩 M_f 的总和。由(4-15)和(4-16)式,得

$$\left(\frac{M}{i} + M_f\right) = \frac{3.6\times10^6(E_{n+1} - E_n)\cdot G\cdot R}{v\cdot t} \quad \mathrm{N\cdot m} \qquad\qquad (4-17)$$

如果用 $G = F_h\cdot L_h\cdot\rho$, $t = \dfrac{L_h}{v_n} = \dfrac{L_h}{v(1 + S_h)}$ 代入上式,整理后得:

$$\left(\frac{M}{i} + M_f\right) = 1.8 \times 10^6 (E_{n+1} - E_n)\rho \cdot F_h \cdot D(1 + S_h) \quad \text{N} \cdot \text{m} \qquad (4-18)$$

式中：E_n、E_{n+1}——计算道次轧制前后的单位能耗，$\text{kW} \cdot \text{h/t}$；

$\quad \rho$——轧件的密度，t/m^3；

$\quad F_h$——该道次后轧件横断面积，m^2；

$\quad S_h$——前滑值；

$\quad i$——从轧辊至电动机的减速比；

$\quad D$——轧辊直径。

如果忽略前滑的影响，则得：

$$\left(\frac{M}{i} + M_f\right) = 1.8 \times 10^6 (E_{n+1} - E_n)\rho \cdot F_h \cdot D \quad \text{N} \cdot \text{m} \qquad (4-19)$$

如果能耗曲线是在一定的设备和工艺条件下测得的，而同一金属在不同的设备、工艺条件下其能耗曲线不同。因此，应用能耗曲线计算轧制力矩时，应与能耗曲线的条件相同或十分接近，计算结果才比较可靠。具体实测的单位能耗曲线可查有关手册。

4.3 轧制负荷图及主电机功率计算

力矩随时间而变化的图称负荷图。轧制负荷图是指一个轧制周期内，主电机轴上的力矩随时间而变化的负荷图。因为轧制各道次主电机轴上的力矩大小不同，而且变速轧机一个道次中的力矩也是变化的。所以，采用负荷图能直观地看出轧制负荷随时间的变化规律，并根据负荷图求出平均力矩，以便选择或校核电机功率。

轧制负荷图分静负荷图和静负荷与动负荷的合成负荷图两种情况。

4.3.1 静负荷图

所谓静负荷图是指静力矩随时间变化的负荷图。要绘制静负荷图，首先要决定轧件在整个轧制时间内的传动静负荷，即静力矩，然后决定各道次的轧制时间和间歇时间。

图4-6为两种基本的静负荷图。图中纵坐标为轧制静力矩，由(4-2)式确定，即

$$M_c = \frac{M}{i} + M_f + M_0$$

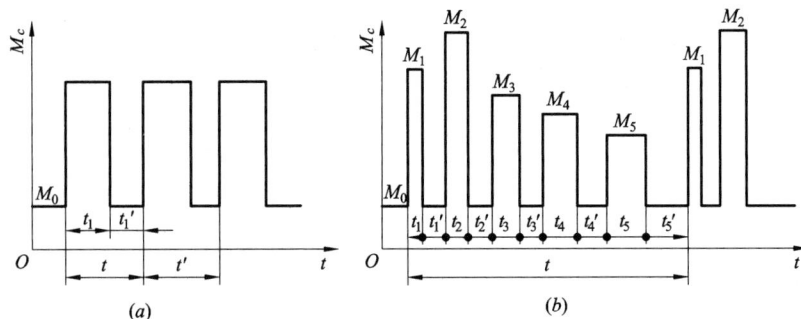

图 4-6 静负荷图

(a)1个轧件只轧1道； (b)1个轧件轧5道

横坐标为轧制周期所需的时间 t，即各道次的轧制时间 t_n 与间歇时间 t_n' 的和。所谓一个轧制周期是指某一个轧件从第 1 道次进入轧辊时到下 1 个轧件第 1 道次进入轧辊时为止。经过这样一个轧制周期，负荷随时间的变化规律又重新出现。

每道次轧制时间 t_n 可用下式确定：

$$t_n = \frac{L_h}{v_h}$$

式中：L_h——轧后轧件长度；

v_h——轧件出辊的平均速度，若忽略前滑则等于轧辊圆周速度。

两道次间的间歇时间 t_n'，由轧制设备与工艺条件来确定。即轧件被送入轧辊所需时间，它包括轧件沿辊道的移动，辊缝调整，轧机反转或人工送料等，可计算时间或采用现场实测数据。

一个轧制周期所需的时间是所有轧制时间与间歇时间之和：$t = \sum t_n + \sum t_n'$

4.3.2 可逆式轧机的负荷图

可逆式轧机，其轧辊既能实现反转又能调速。为了充分发挥轧机的生产能力与满足工艺要求，采用调速轧制。即低速咬入，然后加速至稳定速度轧制，即将轧完时减速至低速抛出，如图 4 - 7(a) 所示。

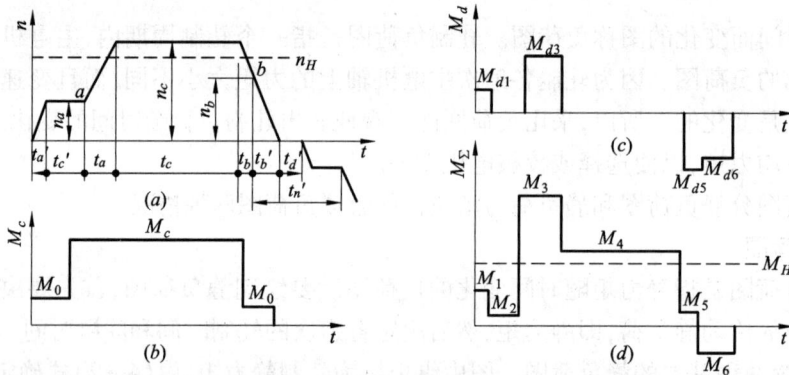

图 4 - 7 可逆轧机的轧制速度与负荷图
(a)速度图；(b)静负荷图；(c)动负荷图；(d)合成负荷图

轧件通过轧辊的时间由三部分组成：加速、稳定轧制及减速时间。由于轧制过程有速度变化，所以负荷必须考虑动力矩 M_d，此时可逆轧机的负荷图是由静负荷图［4 - 7(b)］与动负荷图［4 - 7(c)］的合成，如图 4 - 7(d) 所示。

如果用 a 和 b 表示电动机加速期与减速期的加速度，则各轧制期间的传动总力矩为：

咬入后加速期：

$$M_3 = M_c + M_{d3} = \frac{M}{i} + M_f + M_0 + \frac{GD^2}{375} \cdot a \qquad (4-20)$$

稳定轧制等速期：

$$M_4 = M_c = \frac{M}{i} + M_f + M_0$$

减速至抛出期：

$$M_5 = M_c - M_{d5} = \frac{M}{i} + M_f + M_0 + \frac{GD^2}{375} \cdot b \qquad (4-21)$$

如果以 t_a、t_c 和 t_b 表示咬入后加速、稳定轧制速度和减速至抛出期的时间,则一道次轧制总时间 $t_n = t_a + t_c + t_b$。各段时间按下式计算:

$$t_a = \frac{n_c - n_a}{a}; \qquad t_b = \frac{n_c - n_b}{b}$$

稳定轧制等速期的时间 t_c 由轧件长度 L_h 确定:

$$t_c = \frac{60 L_h}{\pi D n_c} - \frac{1}{n_c}(\frac{n_a + n_c}{2} \cdot t_a + \frac{n_b + n_c}{2} \cdot t_b) \qquad (4-22)$$

可逆轧机在空转时,同样也分加速期、等速期与减速期。由于直流他激电动机做主传动时,加速度 a 和 b 可视为常数。所以空转时各期间的空转总力矩为:

加速期: $M_1 = M_0 + M_{d1} = M_0 + \frac{GD^2}{375} \cdot a \qquad (4-23)$

稳定等速期: $M_2 = M_0$

减速期: $M_6 = M_0 - M_{d6} = M_o - \frac{GD^2}{375} \cdot b \qquad (4-24)$

如果以 $t_a{'}$、$t_c{'}$ 和 $t_b{'}$ 表示空转加速、稳定等速与减速期的时间,停机反转时间为 $t{'}_d$,则道次间的总间歇时间 $t_n{'} = t_a{'} + t_c{'} + t_b{'} + t_d{'}$。各段空转时间按下式计算:

$$t_a{'} = \frac{n_a}{a}; \qquad t_b{'} = \frac{n_b}{b}$$

当 $t_n{'}$ 确定后,可近似求出空转稳定等速期的时间 $t_c{'}$。

加速度 a 和 b 的数值取决于主电机的特性及其控制线路。对于板坯轧机可取 $a = 30 \sim 80 \mathrm{r/min \cdot s}$, $b = 50 \sim 120 \mathrm{r/min \cdot s}$。有时为了简化计算,可取加速与减速期的加速度相等,并把咬入和抛出的转速取相同值计算。此外,空转时若忽略动力矩影响,用空转力矩 M_o 代替计算更简便。

根据所计算的各个期间的总力矩和时间,可绘制可逆式轧机的轧制负荷图[图 4-7 (d)]。

4.3.3 电动机的校核及功率计算

1. 等效力矩计算及电动机校核 电机传动负荷图确定之后,便可对电动机进行发热和过载校核。即一方面由负荷图计算出等效力矩不超过电动机的额定力矩,来校核电机发热;另一方面负荷图中最大力矩不能超过电动机的最大力矩和持续时间。

由图 4-6(b)可见轧机工作时,电动机的负荷是间断式的不均匀负荷。而电动机的额定力矩是指电动机在此负荷下长期工作,温升在允许范围内的力矩,且温升与时间有关。因此,必须计算负荷图中的等效力矩,其值按下式计算:

$$\overline{M} = \sqrt{\frac{\sum M_n^2 t_n + \sum M{'}_n^2 t{'}_n}{\sum t_n + \sum t{'}_n}} \qquad (4-25)$$

式中: $\overline{M}$——等效力矩,即均方根力矩,N·m;

$\sum t_n$——轧制周期内各段轧制时间的总和,s;

$\sum t_n{'}$——轧制周期内各段间歇时间的总和,s;

M_n——各段轧制时间对应的总力矩,N·m;

M'_n——各段间歇时间对应的空转总力矩,N·m。

电动机温升条件:$\overline{M} \leqslant M_H$ (4 - 26)

电动机过载条件:$M_{\Sigma max} \leqslant kM_H$ (4 - 27)

式中:M_H——电动机的额定力矩;

$M_{\Sigma max}$——轧制周期内最大总力矩;

k——电动机的允许过载系数,对直流电动机,$k = 2.0 \sim 2.5$,交流同步电动机,$k = 2.5 \sim 3.0$。具体数值查相应电机的技术特性。

电动机在允许最大力矩 kM_H 下工作时,其允许持续时间应在 15s 以内,否则电动机温升将超过允许范围。

2. 电动机的功率计算　对于新设计的轧机,不是校核电动机,而是根据等效力矩和所要求的电动机转速,计算电动机的功率来选择电动机的。电动机功率按下式计算:

$$N = \frac{1.03\overline{M} \cdot n}{\eta} \qquad kW \qquad (4 - 28)$$

式中:n——电动机的转速,r/min;

η——由电机到轧机的传动效率。

当直流电动机的转速超过其基本转速(额定转速)时电机的校核:当实际转速超过基本转速时,电机能给出的力矩减小,应对超过基本转速部分对应的力矩加以修正。此时,力矩图为梯形时,其等效力矩按下式计算:

$$\overline{M} = \sqrt{\frac{{M_1}^2 + M_1 M + M^2}{3}} \qquad (4 - 29)$$

式中:M_1——转速未超过基本转速时的力矩;

$M = M_1 \dfrac{n}{n_H}$——转速超过基本转速时乘以修正系数后的力矩;

这里:n——超过基本转速时的转速;

n_H——电动机的额定转速。

电动机过载条件为:

$$M_{\Sigma max} \leqslant \frac{n_H}{n} kM_H \qquad (4 - 30)$$

5 板带材纵向厚度精度控制

本章将讨论轧机的弹性特性与轧件的塑性特性,并运用弹塑性曲线分析轧制过程中影响纵向厚度的因素,揭示板厚控制的原理和实际板厚控制方法,阐述板厚自动控制的基本型式与原理,从而实现板带材高精度轧制。

5.1 轧机的弹性特性和弹跳方程

5.1.1 轧机的弹性变形

轧制时轧辊承受的轧制压力,通过轧辊轴承、压下螺丝等零部件,最后由机架来承受。所有受力部件都会产生弹性变形,其总变形量可达几个 mm。随着轧制压力的变化,轧机弹性变形量也随之变化,引起辊缝大小和形状的变化,前者导致纵向厚度波动,影响产品的厚度精度。辊缝形状变化将影响板形与横向厚差。

轧机工作机座主要部件的弹性变形分别为:机架的弹性变形(立柱为拉伸,上下横梁受弯曲);轧辊产生弹性弯曲与压扁,两者相加构成轧辊的弹性变形;压下螺丝的压缩;轴承部分的变形等。根据实测与计算可知,总弹性变形量中轧辊辊系的弹性变形量最大,占 40% ~ 50%,其次是机架占 12% ~ 16%,轧辊轴承的变形占 10% ~ 15%,压下系统占 6% ~ 8%,其余的占 15% ~ 20%。

轧辊的弹性变形是指轧辊在中心线呈现弯曲变形,以及轧辊与轧件接触部分的弹性压扁,或者多辊轧机轧辊相互接触部分的压扁。轧机工作机座弹性变形如图 5 - 1 所示。

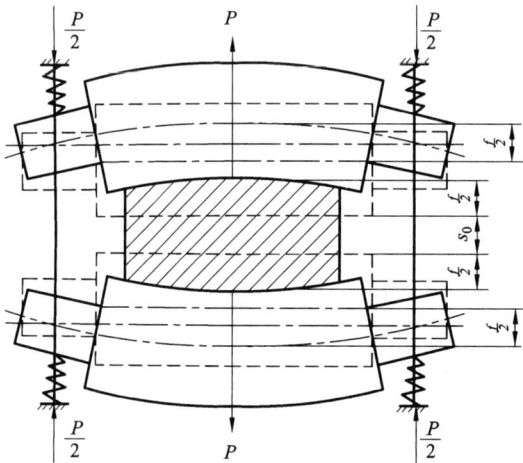

图 5 - 1 工作机座变形示意图

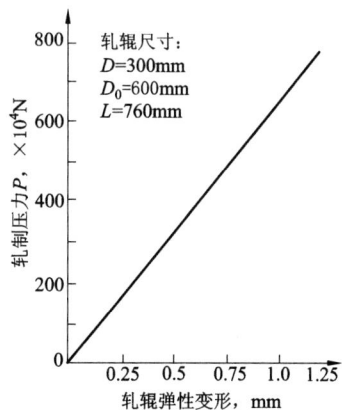

图 5 - 2 轧辊弹性曲线

5.1.2 轧机的弹性特性曲线

轧机的弹性特性曲线是轧辊的弹性曲线与机架和轴承的弹性曲线之和。

轧辊在轧制压力作用下产生弹性压扁与弯曲,便构成轧辊的弹性变形。如果将轧辊的弹性变形与压力的关系绘成图表,它们之间近似地呈直线关系。图5-2表示4辊轧机的轧辊弹性曲线,它的弯曲很小完全可以看作一条直线。

轧机机架和轴承等在压力作用下产生的弹性变形,也可以和轧辊一样相对于轧制压力作一条弹性曲线(图5-3)。

图中的曲线最初阶段并非直线,而呈明显的弯曲,其原因是各部件之间装配表面不平和公差的存在,形成了配合间隙。当压力增加到一定值时,轧制压力与各部件弹性变形的关系可看作直线。实际上,由于轧辊接触变形的影响,在高负荷下仍然存在非线性关系。如果所有配合部分认为是紧配合,则理论上可视为直线。

应指出,小弯曲段并不稳定,即换辊后配合间隙有变化,导致辊缝实际零位难以确定。生产中采用预压靠的办法,将辊缝仪清零;或用压下电机电流值为标准,但此法不够精确。

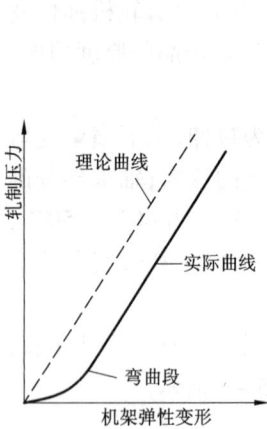

| 图5-3 机架(包括轴承)弹性曲线 | 图5-4 小型4辊轧机弹性曲线 | 图5-5 由刚度系数计算弹性变形 |

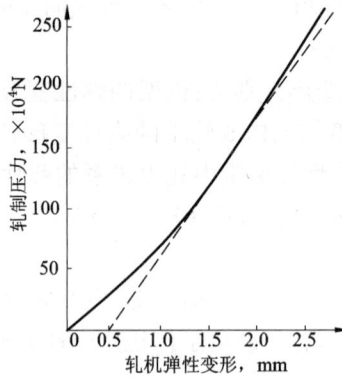

机架断面虽然很大,但由于机架立柱很高,其总的弹性变形量仍然不可忽略。例如一个中型4辊轧机在$(400 \sim 500) \times 10^4$N压力下,机架变形可达1mm。如果轧机机座在同样负荷下其弹性变形量小于1mm,即可称为刚度良好的轧机。

轧机的弹性曲线是轧辊的弹性曲线与机架和轴承等的弹性曲线之和。小型4辊轧机的典型弹性曲线如图5-4所示。

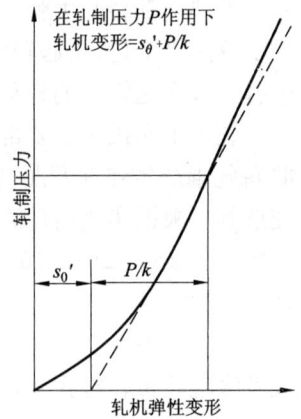

如果忽略此曲线最初和最终阶段的弯曲,即近似视为直线。延长直线段与横坐标轴交于s'_0处,其弹性曲线的斜率k称为轧机的刚度系数。k的物理意义是:在一定条件下,表示使辊缝增大1mm所需的力,单位用N/mm表示。轧机的刚度是指该轧机抵抗弹性变形的能力。刚度系数k是描述轧机刚度大小的参数,也是轧机的技术特性之一。轧机的弹性变形量可用刚度系数k来计算,即P/k。考虑弹性曲线弯曲段的辊缝值为s'_0,如图5-5所示,则轧机的弹性变形量ε可表示为:

$$\varepsilon = s'_0 + P/k \qquad (5-1)$$

5.1.3 轧机的弹跳方程

轧制过程轧辊对轧件施加压力,使轧件产生塑性变形其厚度变薄,同时,轧件给轧辊以大小相等、方向相反的力并传到机座各部件上,使它们产生弹性变形,导致辊缝增大。即由原始辊缝(空载辊缝)s_0增大到实际辊缝(承载辊缝)s,使轧出厚度增加。如果忽略轧件的弹性恢复量,那么轧出厚度$h = s$,使辊缝增大称为弹跳或辊跳(图5-6)。图中虚线表示原始辊缝为s_0的轧辊位置,当轧件进入轧辊后,受轧制压力作用,轧辊的实际位置为实线。同时轧辊产生弯曲变形和不均匀压扁,导致辊缝形状变化,将引起横向厚度不均与板形恶化。

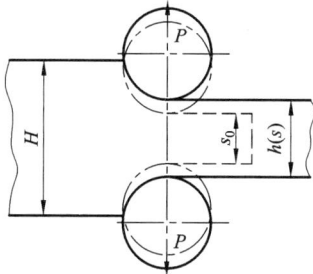

图5-6 弹跳现象

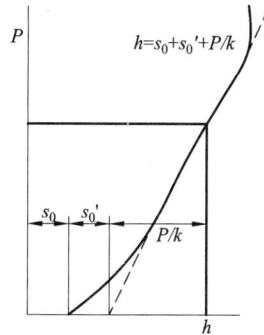

图5-7 轧件尺寸在弹性曲线上的表示

如果考虑轧机的原始辊缝s_0,那么弹性曲线将不由零开始而向右平移(图5-7)。根据图中曲线,可直接读出在一定辊缝和负荷下所能轧出的轧件厚度h:

$$h = s = s_0 + s'_0 + P/k \qquad (5-2)$$

如果把弹性曲线看作一条直线,即忽略弹性弯曲段的部件间隙值s'_0,上式可写成:

$$h = s_0 + P/k \qquad (5-3)$$

式中:h——轧件轧出厚度;

s_0——轧辊原始辊缝;

s——轧辊实际辊缝;

s'_0——初始负荷下各部件间的间隙值;

P——轧制压力;

k——轧机的刚度系数。

(5-3)式为轧机的弹跳方程,它忽略了轧件的弹性恢复量,说明轧件的轧出厚度为原始辊缝与轧机弹跳量之和,从而把轧件与轧辊的关系及轧制过程紧密地联系起来了。运用弹跳方程,可以分析轧制工艺与设备因素的变化对轧出厚度的影响,它是板厚控制的基本方程。

弹跳方程是以直线关系为基础建立的,实际上稍呈弯曲,由于轧机负荷是在一定范围内波动,所以误差不大。但是,轧制过程中工艺因素的变化与设备精度等,仍然影响方程的精度。如轧件和轧辊温度升高,直接影响原始辊缝s_0的值,而且温度随轧制条件而变化,使s_0成为一个变量。此外,轧辊的偏心度、椭圆度、轧辊磨损都会带来一定误差,而且轧辊偏心引起的厚度偏差还难以纠正。轧机刚度系数k,也随轧件宽度、轧制速度等变化而有所波动,影响纵向厚度精度。

5.2 轧件的塑性曲线

所谓塑性曲线,是指在某个预调辊缝 s_0 的情况下,轧制压力与轧件轧出厚度之间相互关系的曲线。如图 5-8 所示,其纵坐标为轧制压力,横坐标为轧件厚度。塑性曲线可用测压及测出对应的轧出厚度,或理论法近似计算来绘制。

塑性曲线的意义在于分析轧件原始厚度相同时,由于某一工艺因素的变化,对轧制压力与轧出厚度之关系的影响。如图 5-9 所示,当被轧金属变形抗力较大(曲线 2)时,则比变形抗力较小(曲线 1)的曲线要陡。若保持压力不变,则轧出厚度 $h_2 > h_1$。如果要轧出厚度不变,那么变形抗力较大的金属其轧制压力应增大。

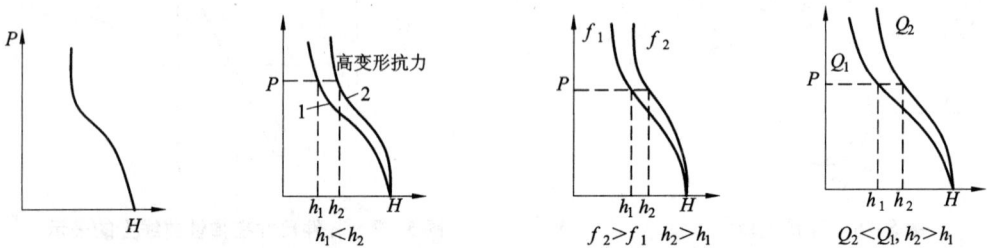

图 5-8 轧件塑性曲线 图 5-9 变形抗力的影响 图 5-10 摩擦系数的影响 图 5-11 张力的影响

图 5-10 反映外摩擦的影响,当 $f_2 > f_1$ 时,摩擦系数大的塑性曲线要陡,压力相同时轧出厚度也大。要使轧出厚度不变,则摩擦系数越大,所需轧制压力越大。因此,生产中选择润滑效果较好的润滑剂或合理加强润滑,可以在相同的原始辊缝下轧出较薄的轧件。

张力的影响如图 5-11 所示,张力越大,轧出厚度越薄。要求轧出同一厚度时,张力越大则轧制压力越小。轧件原始厚度 H 变化,对轧制压力与轧出厚度的影响,同样可以用塑性曲线分析。

5.3 轧制时的弹塑性曲线

5.3.1 弹塑性曲线

轧制时的弹塑性曲线,是轧件的塑性曲线与轧机弹性曲线的总称。即把它们画在一个图上表示两者相互关系的曲线(图 5-12),也称 $P-H$ 图。图中两线交点的横坐标为轧件轧出厚度,纵坐标为对应的轧制压力。

应用弹塑性曲线能直观地分析轧制时的各种因素对轧出厚度的影响。它揭示了轧制过程轧辊和轧件相互作用的内在矛盾,是厚度控制的理论基础。

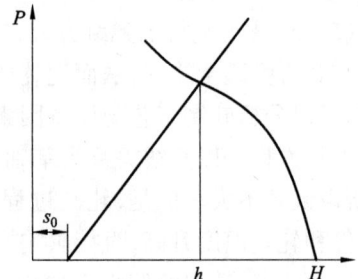

图 5-12 轧制弹塑性曲线

5.3.2 辊缝转换函数

实际上弹塑性曲线在已知条件下,可以定量表示上述轧制过程的特点。操作工人很了解,如果要多压下 0.05mm,那么调整压下的距离就要大于 0.05mm,否则达不到多压下 0.05mm 的目的。如果轧件较软(如退火料),调压下只要比 0.05mm 稍多一点,反之轧件较硬(如有一定加工硬化),则要调更多一些。

反映辊缝调整量 δs 与厚度变化量 δh 的关系函数叫做辊缝转换函数,以 $\Theta = \delta h/\delta s$ 表示。它反映了轧机的弹性效果,又称压下效率。

辊缝转换函数的大小及其变化,可用弹塑性曲线来说明(图5–13)。当厚度轧到 h 需要的压力为 P_A,如以调整压下改变产品厚度,当压下 δs 距离时,弹性曲线与塑性曲线的交点由 A 变到 B,轧出厚度为 h',压力由 P_A 增到 P_B 即增加 δP,厚度变化 δh。

在微量变化情况下,可把 AB 曲线视为直线段,此塑性曲线段的斜率为 M,则可用下式表示:

$$M = \frac{\delta P}{\delta h} \qquad (5-4)$$

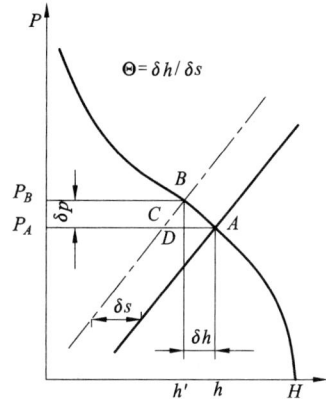

图5–13 辊缝转换函数

M 表示轧件的塑性系数,或称轧件的刚度,它反映轧件抵抗塑性变形的能力大小。其物理意义是:在一定条件下,轧件发生 1mm 压缩塑性变形所需的力,单位是 N/mm。金属材质或轧制条件不同,则 M 值也不同。

由图5–13可知,$AC = AD + DC = \delta s$,$AD = \delta h$,$DC = \delta P/k$

则有:

$$\delta s = \frac{\delta P}{k} + \delta h \qquad (5-5)$$

把(5–4)式代入上式得

$$\delta s = \frac{M \cdot \delta h}{k} + \delta h \qquad (5-6)$$

或

$$\frac{\delta s}{\delta h} = \frac{M}{k} + 1 = \frac{M+k}{k} \qquad (5-7)$$

所以

$$\Theta = \frac{\delta h}{\delta s} = \frac{k}{M+k} \qquad (5-8)$$

式中:k——轧机的刚度系数。

例如辊缝转换函数为 1/4,即 $\Theta = \delta h/\delta s = 1/4$,或者 $\delta s = 4\delta h$。这说明辊缝调整量(压下调整距离)应为厚度变化量的 4 倍,才能消除厚度差。假如厚度变化量为 0.05mm,那么压下调整量要为 0.20mm,才能消除上述厚度差。

由(5–8)式可知,当轧机刚度一定时,轧制变形抗力高的金属,或接近终轧道次,即 M 很大,此时压下调整量必须相当大,才能减小或消除厚度差 δh;当 M 接近无穷大,则 $\Theta \to 0$ 时,无论调多大压下轧件也不能再轧薄了;金属变形抗力较小时,M 很小,$\Theta \approx 1$,压下调整量等于或稍大于厚度波动量即可。

当轧件的刚度 M 一定时,轧机刚度大则压下调整量小;当 k 趋近无穷大,则 $\Theta \approx 1$,$\delta s = \delta h$ 或 $s_0 = h$,轧出厚度等于所调的原始辊缝;当 k 很小时,$\Theta < 1$,压下调整量要很大才能减小或消

除厚度差。

由此可见,辊缝转换函数(5-8)式是进行压下调整,改变辊缝,实现板厚控制的基本方程之一。

5.4 轧机刚度及其调节

5.4.1 轧机的刚度

轧机各部件受轧制压力作用产生弹性变形,总的弹性变形量最终表现在辊缝上,使辊缝大小(或称轧辊开度)和形状(或称横向开度)发生变化,对轧制产品的精度有很大影响。轧机的刚度是表示该轧机抵抗轧制压力引起弹性变形的能力,又称轧机模数。因此,研究轧机刚度与板带材产品精度及其控制具有重要的意义。

轧机刚度包括纵向刚度和横向刚度。

轧机的纵向刚度,是指该轧机抵抗轧制压力引起轧辊弹跳的能力。轧机总弹性变形的一部分,使两轧辊轴线产生相对平移,辊缝大小发生变化,影响产品纵向厚度。本章讨论纵向刚度,简称轧机刚度,其大小用刚度系数 k 表示。由(5-3)式,轧机的弹跳方程可表示如下形式:

$$P = k(h - s_0)$$

则有
$$k = \frac{P}{h - s_0} \qquad\qquad (5-9)$$

轧机的横向刚度,是指该轧机抵抗轧制压力引起轧辊弹性弯曲和不均匀压扁的能力。轧机总变形的另一部分是轧辊的弹性弯曲和不均匀压扁,使轧辊呈凹形(原轧辊为平辊),辊缝形状发生变化,影响产品横向厚度与板形。横向刚度的大小用刚度系数 k_p 表示,k_p 的物理意义是:表示轧件中部与边部生产 1mm 厚度差所需的力,单位是 N/mm。轧机横向刚度是研究板形和横向厚度差时的重要参数。

5.4.2 轧机刚度系数 k 的确定

1. 确定刚度系数 k 的方法　确定刚度系数 k 有两种方法:理论计算法和实测法。

理论计算法是根据刚度的定义,求轧机总的弹性变形值,然后由轧制压力确定刚度系数 k。给定不同的轧制压力,分别求得与之对应的总变形量,就可作出轧机的理论弹性曲线,此曲线的斜率为轧机的刚度系数 k。这种方法计算繁琐,比较困难,不易保证精度。实际上,刚度系数很容易通过实测求得。

轧机刚度系数实测法主要有轧制法和调节压下螺丝法两种:

(1)轧制法是通过轧制不同厚度和宽度的板材来测定轧机刚度的。即给定一个原始辊缝 s_0 后,轧制不同厚度和宽度的板材,分别测出轧制压力和板材轧出厚度。根据(5-9)式,以轧制压力为纵坐标,总弹性变形量 $(h - s_0)$ 为横坐标,把相同板宽的测量结果,描出一条曲线。这些曲线是该轧机轧制不同板宽时的弹性曲线,曲线的斜率就是轧机刚度系数 k。

这种方法简单,而且与轧制条件相符,适合各种轧机尤其中小轧机。由于轧机部件之间存在间隙,且随轧制条件而变化,因此要注意正确确定原始辊缝 s_0。当直接测定辊缝时,可采用较小的预压紧力消除间隙的影响,使辊缝置零。还可以轧制铅板确定 s_0,即轧出厚度 $h = s_0$。此外,测量轧出厚度 h 时,因此辊弯曲沿板宽厚度不均,所以板厚测点要固定位置。

（2）调节压下螺丝法（自压靠法）是不轧制金属，让两个工作辊直接压靠，边旋转轧辊边调节压下螺丝，同时记录压下调节量与相对应的压力。压下螺丝开始压靠后的移动量就是此压力下的轧机总变形量。根据压下调节量与压下作用力之间的关系，作出轧机的弹性曲线，曲线斜率为轧机刚度系数 k。这种方法无轧件通过轧辊，且辊身长度相当板宽，这与实际轧制条件不同，会导致轧辊变形不均。但换辊后可随时标定轧机刚度，适宜大型轧机上使用。应注意的是压下螺丝的移动量作为计算标准，而且实际板宽条件下的 k 值应修正后得到。

2. 影响刚度系数 k 的因素 轧机的刚度不是轧机固有的常数，它是随轧件宽度和轧制速度（影响轴承油膜厚度）等变化而改变的。

轧件宽度对轧机刚度的影响：轧制不同宽度的轧件，当轧制压力相同时，单位宽度上的压力大小不同，它将决定工作辊沿板宽方向的压扁量不相同。而且不同宽度的轧件，会造成工作辊与支承辊间接触压力沿辊身长度方向分布不同。因此，工作辊与支承辊接触变形量和支承辊弯曲变形量都会发生变化，而影响轧机刚度。应指出，沿辊身长度方向其均匀压扁量的变化是影响纵向刚度的；而不均匀压扁量与弯曲变形量的变化则影响横向刚度。因此，这里讨论轧件宽度对轧机刚度的影响，实际上包含有横向刚度。轧件越窄轧机刚度越小（图 5 – 14）。轧件宽度 B 对刚度系数的影响一般可写成：

$$k_B = k_L - \beta(L - B) \tag{5 – 10}$$

式中：L——轧辊辊身长度；

B——轧件宽度；

k_L——用调节压下螺丝法测得的刚度系数，即 $B = L$ 时的刚度系数；

k_B——轧件宽度为 B 时的刚度系数；

β——刚度修正系数（宽度影响系数）。

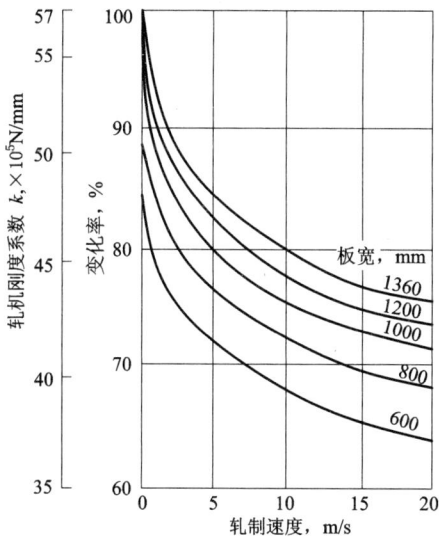

图 5 – 14 板宽与轧制速度对轧机刚度系数的影响

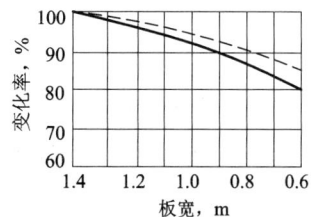

图 5 – 15 板宽与 k 的变化率曲线

板宽与轧机刚度系数变化率的关系（图 5 – 15），若求轧件宽度为 B 的刚度系数，也可用 $B = L$ 时的刚度系数 k_L 直接乘以 k 的变化率。图中虚线表示计算值，实际表示测定值。

轧制速度对轧机刚度的影响是通过轧制速度的变化，影响轴承油膜厚度变化，导致辊缝大小变化而影响轧机刚度的。由图 5 – 14 可知，同一宽度轧件随轧制速度增加，轧机刚度系数减小。因为低速时支承辊动压轴承油膜厚度减小，轧制压力作用下轧辊辊缝增大，随轧制速度增加，轴承油膜厚度增大，导致辊缝减小。

5.4.3　轧机的可调刚度

轧机刚度随轧制速度与轧件宽度等因素的变化，范围较小，对已有轧机可以认为 k 值基本不变。通常把轧机本身抵抗弹性变形能力的刚度称为自然刚度。

生产中，影响产品精度的因素及控制目的不同，对轧机刚度的大小要求不一样，有时需要刚度大，有时需要刚度小。例如，单机架轧机上轧制成品，前几道次控制纵向厚差为主需要刚度大，而后面道次控制板形为主刚度要小（但横向刚度要大）。尤其连轧机上前几机架和后面机架取不同的刚度值，才能获得最佳控制效果，从而得到尺寸精度高和板形良好的产品。因此，生产中需要改变轧机的刚度，即要有可调刚度的轧机。

所谓轧机的可调刚度，是指轧制过程中因轧制压力波动而引起的辊缝变化，能得到不同程度的补偿。由于液压压下具有调节速度快（目前比电动压下要快近 20 倍），控制精度高等优点。因此通过自动控制系统，不断调节压下，利用不同的辊缝改变量，抵消因轧制压力波动而使轧机产生的弹跳量。即可随时进行调整补偿，使轧出厚度不变，故引出了可调刚度的概念。可调刚度系数用 k_c 表示，单位是 N/mm。

轧制过程中，由于某些因素的变化，而引起轧制压力 P 波动，导致轧出厚度变化。如果原始辊缝 s_0 不变，由弹跳方程(5 – 3)式，则产生的厚度偏差为：

$$\delta h = \frac{\delta P}{k} \tag{5 – 11}$$

为了消除厚度偏差 δh，必须相应地调整辊缝，其调整量 δs（辊缝补偿量）应与轧机弹跳量 $\delta P/k$ 成正比，且方向相反，则引入补偿量为：

$$\delta s = -c\,\frac{\delta P}{k} \tag{5 – 12}$$

那么，经过补偿后其厚度偏差 $\delta h'$ 为(5 – 11)和(5 – 12)式之和，则

$$\delta h' = \frac{\delta P}{k} - c\,\frac{\delta P}{k} = \frac{\delta P}{k/(1-c)}$$

令

$$k_c = \frac{k}{1-c} \tag{5 – 13}$$

则

$$\delta h' = \frac{\delta P}{k_c} \tag{5 – 14}$$

式中：k_c——轧机可调刚度系数；

　　　c——轧辊位置的补偿系数（刚度可调节系数）；

　　　k——轧机的自然刚度系数。

实际工作过程如图 5 – 16 所示，4 辊轧机由安装在压下螺丝端头上的测压仪，测出轧制压力 P，并与给定压力 P_0 比较得到 δP。辊缝由液压缸推动下支承辊轴承座来调节（液压压上），辊缝 s 由安装在下支承辊轴承座的位移传感器测量，并与 s_0 比较得到 δs。δP 乘以 $1/k$ 后再与 δs 比较，如果 $\delta h'$ 不等于零，则控制系统输出一信号给伺服阀，使液压缸动作，直到 $\delta h' = 0$ 伺服阀停止动作。这只要在 $\delta P/k$ 信号之后，控制系统中加上比例系数可调的乘法器，很容易改变

c 的大小,而 k_c 随之变化,可实现轧机刚度可调控制。

补偿系数 c 的变化区间为 $-\infty < c \leqslant 1$,它表示补偿的程度,即补偿多大程序才能消除厚度偏差 δh。补偿系数 c 与可调刚度系数 k_c 的关系如图 5 - 17 所示。

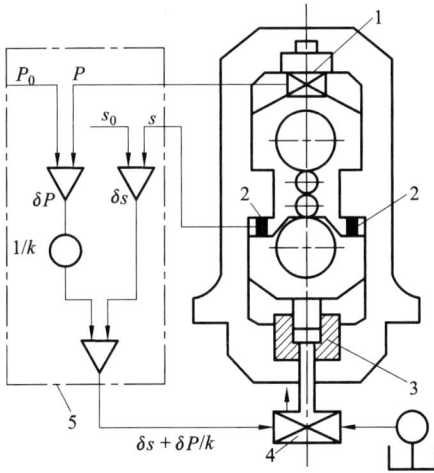

图 5 - 16　板厚控制工作过程

1——测压仪;2——位移传感器;3——液压缸
4——电液伺服阀;5——控制装置

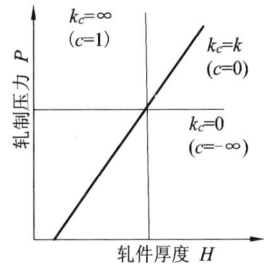

图 5 - 17　轧机刚度可调特性

当 $c = 1$ 时, $k_c = \infty$,即轧机的可调刚度为无穷大(最硬)。由(5 - 14)式得 $\delta h' = 0$,这表示轧机的弹跳量全部得到补偿,完全能够消除厚度偏差,轧出厚度保持不变,即所谓"恒辊缝轧制"(等厚轧制过程)。

当 $c = 1$ 时, $k_c = k$, $\delta h = \delta P/k$,即轧机的可调刚度等于轧机的自然刚度,不进行补偿,即无控制轧制过程。

当 $c = -\infty$ 时, $k_c = 0$,即轧机的可调刚度为零(最软),表示完全没有消除偏差的能力。其轧制压力保持不变,即所谓"恒压力轧制"。压力不变则辊型稳定,为控制板形所用。

实践证明,要使补偿系数 $c = 1$ 是很困难的。目前一般可达到 $c = 0.9$ 左右,即轧机可调刚度最大等于 10 倍的轧机自然刚度。

一般来说,轧机刚度越大,消除纵向厚度偏差的能力越强。提高轧机刚度,可采用液压压下实现板厚自动控制;改善轧辊和机架材质,并改进其结构和尺寸;采用预应力轧机等措施。

5.5　影响板带材纵向厚度的因素

影响纵向厚度的主要因素有:坯料尺寸与性能,轧制速度、张力、润滑等轧制工艺条件,以及轧机刚度等。

5.5.1　坯料尺寸与性能的影响

当其他条件不变时,轧件原始厚度变化对轧出厚度的影响。如图 5 - 18 所示,轧件原始厚度增加(或减小),轧出厚度也随之增加(或减小),产生厚度偏差 δh。坯料厚度越不均匀,轧出厚度也越不均匀。如热轧坯料因头尾温降大,变形抗力增加,使轧出厚度增大,当冷轧时头尾通过轧辊要调整压下,减小辊缝以减小厚度偏差。

当轧机刚度一定时,轧制硬软不同的金属,如图 5 - 19 所示。对厚而软的轧件[图 5 - 19 (a)],由图可知, $\delta h \approx \delta s$,表明压下调整量小便可控制厚度偏差。如退火坯料轧第 1、2 道次,调整比较容易,认真控制厚度偏差相当重要,否则超差在往后道次中难以控制。轧制薄而硬的轧件[图 5 – 19(b)],虽然 δh 很小,而相应的辊缝调整量 δs 很大。这说明在同样条件下,对薄而硬的轧件,压下调整量必须相当大才能减小或消除厚度偏差。

5.5.2 轧制工艺条件的影响

前后张力、轧制速度及润滑等轧制工艺条件的影响,将影响轧制压力大小,从而引起厚度偏差。

张力是以影响变形区的应力状态,改变塑性变形抗力而起作用的。如图 5 – 11 所示,若原始辊缝不变时,张力增大轧出厚度减小;反之张力减小则轧出厚度增加,而且后张力比前张力影响大。生产中,为防止张力波动出现厚度不均,应保持恒张力轧制,或限制张力波动值不超过一定范围。如单机架带材轧机,当带材头部咬入至卷取前一段无前张力(后张力未完全建立或不稳定),或尾部将脱离开卷机至抛出轧辊一段后张力减小至消失(前张力也逐渐减小)。这种头尾段失张或张力较小会造成带材厚度增加,可采取调压下减小辊缝的办法,减小厚度偏差。

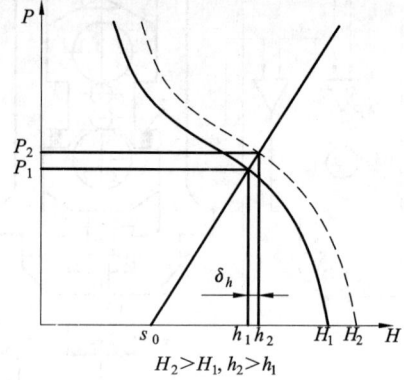

图 5 – 18 坯料厚度变化的影响

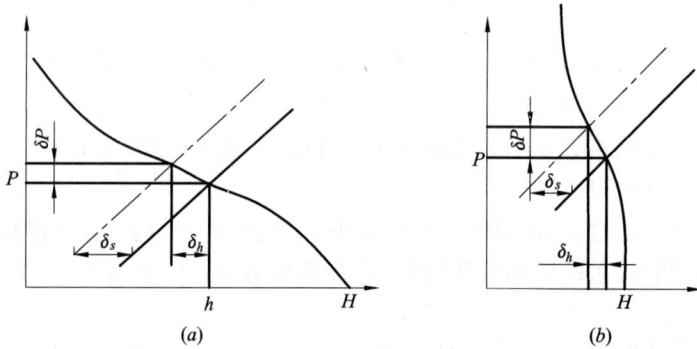

图 5 – 19 轧制软硬不同金属的情况

(a)厚软金属,(b)薄硬金属

轧制速度是通过影响摩擦系数、变形抗力及轴承油膜厚度,以改变轧制压力或辊缝大小影响轧出厚度的。通常随轧制速度升高,摩擦系数减小,变形抗力降低。但轧制速度升高,引起变形速度增加,使变形抗力增大,二者作用相反。变形速度对冷轧变形抗力影响不大,热轧比较显著。轧制速度变化对摩擦系数的影响,热轧较小而冷轧很显著。冷轧时,随轧制速度增加摩擦系数减小,轧制压力降低,则轧出厚度变薄。相反,轧制速度减小,轧出厚度增加。生产中,变速轧机上带材头尾段加减速轧制,或焊接带卷过焊缝时减速等,使轧出厚度产生波动,可用调整压下的办法减少这种影响。

轧制速度升高,轴承吸油量增加,油压增大(动压轴承),油膜变厚导致上下轧辊靠近,辊缝减小压下量加大,轧出厚度变薄。相反,轧制速度减小,油膜变薄,轧出厚度变厚。油膜厚度

80

与轧制速度的关系,如图 5 - 20 所示。

润滑条件的影响,表现在轧制时摩擦系数的变化对轧出厚度的影响。

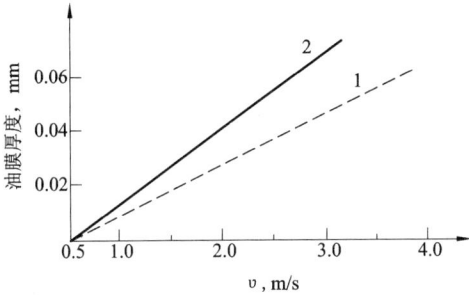

图 5 - 20　油膜厚度与轧制速度的关系

1——轧机 $4\phi250/750 \times 800$ mm;

2——3 机架连轧机最后机架 $4\phi400/1000 \times 1000$ mm

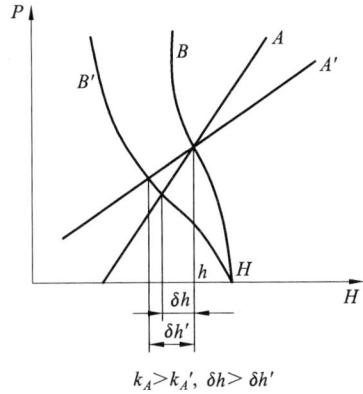

图 5 - 21　工艺参数变化时轧机刚度对
厚度偏差的影响

5.5.3　轧机刚度的影响

轧机刚度对轧出厚度的影响很大。一般来说,轧机刚度越大,在一定压力作用下轧机弹跳量越小,轧出厚度偏差越小,产品尺寸精度高。但不是任何情况下都是如此,应分以下两种情况讨论:

一种是与轧机外部条件有关的工艺参数(坯料厚度、轧制温度、张力、摩擦系数、屈服极限等)变化,引起轧制压力波动造成的厚度偏差,轧机刚度越大,轧出厚度偏差就越小(图 5 - 21)。图中的弹性曲线 A 和 A',其刚度系数为 $k_A > k'_A$。由于某工艺参数变化使塑性曲线由 B 变为 B',轧出厚度偏差,刚度大的为 δh,刚度小的为 $\delta h'$,且 $\delta h < \delta h'$。这说明工艺参数变化时,轧机刚度越大,厚度偏差就越小。因为原始辊缝 s_0 一定,由弹跳方程可知,$\delta h = \delta P/k$,k 越大厚度偏差越小(压力波动一定)。

另一种是与轧机内部条件有关的参数(轧辊偏心、轴承油膜厚度等)变化,引起原

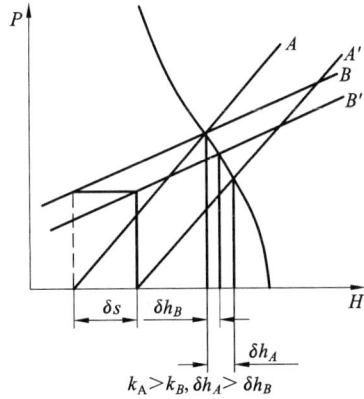

图 5 - 22　轧辊偏心时轧机刚度对厚度偏差的影响

始辊缝 s_0 变化所产生的厚度偏差。轧机刚度小的厚度偏差小,刚度大的轧机反而厚度偏差大。如图 5 - 22 所示,当轧辊偏心引起辊缝变化都等于 δs 时,其厚度偏差,刚度大的(k_A)为 δh_A,刚度小的(k_B)为 δh_B,显然 $\delta h_B < \delta h_A$。除用弹塑性曲线分析外,由辊缝转换函数可知,k 小的厚度偏差也小。从减小纵向厚度偏差的角度,希望轧机刚度越大越好,但刚度大的轧机,轧辊偏心造成的厚度偏差越大。即使液压轧机采用控制系数补偿,也难以完全消除它的影响。

因此,解决轧辊偏心等影响,最根本的办法是提高轧机制造精度与轧辊研磨精度。

此外,轧制过程的轧辊热膨胀、轧辊磨损,也会引起原始辊缝的变化,影响轧出厚度偏差。

综上所述,为了提高板带材纵向厚度精度,必须不断提高轧机刚度和轧机制造精度;当轧机刚度一定时,必须保证来料厚度与性能均匀;保持轧制时的张力与润滑条件稳定。但实际生产情况很复杂,完全保证以上条件很困难。因此,在轧制过程中,必须随着各种因素的变化,对板厚进行快速、准确地控制。

5.6 板厚控制原理及方法

5.6.1 板厚控制的原理

轧制过程各种因素对板带材纵向厚度精度的影响,总的来说有两种情况:一是对轧件塑性特性曲线形状与位置的影响;二是对轧机弹性特性曲线的影响。结果使两线之交点位置发生变化,产生了纵向厚度偏差。

从 $P-H$ 图可看出,无论什么轧制因素变化,要得到轧出厚度 h 相等的产品,必须使轧机的弹性曲线和轧件的塑性曲线,始终交到从 h 所作的垂直线上。这条垂直线相当于轧机刚度为无穷大时的弹性曲线,又称等厚轧制线。所谓板厚控制的原理,指轧制过程中,不管轧件的塑性曲线如何变化,也不管轧机的弹性曲线怎样变化,总要使它们交到等厚轧制线上,就可以得到厚度恒定的板带产品。

5.6.2 板厚控制方法

通过调整辊缝、张力、轧制速度等方法,达到控制板厚的目的。

1. 调整压下改变辊缝 调压下是板带材厚度控制最主要的方式。这种板厚控制的原理,是调整轧机弹性曲线的位置,但不改变曲线的斜率,常用来消除轧件和工艺方面的因素,影响轧制压力而造成的厚度偏差。如在电动-机械压下轧机上,用移动压下螺丝改变辊缝的办法控制或消除厚度偏差。

由图 5-23 可知,当来料厚度由 H_1 增加到 H_2,塑性曲线 B 变为 B',产生厚差 δH,如果原始辊缝或其他条件不变,此时压下量增加,使轧制压力由 P_1 增加到 P_2,轧出厚度由 h_1 增加到 h_2,出现了厚度差 δh。如果要想轧出厚度 h_1 不变,就必须进行控制。如采用调压下(落压下)使辊缝由 s_{01} 减小到 s_{02},即弹性曲线 A 向左平移到 A' 位置,并与塑性曲线 B' 相交于等厚轧制线上,可以消除厚度偏差 δh,此时轧制压力增加到 P_3。

如果来料厚度减小,与此相反,要提升压下螺丝,增大辊缝,即弹性曲线向右平移,并与变化后的塑性曲线相交于等厚轧制线上,消除负偏差 δh。

如图 5-24 所示,生产中如果来料退火不均,造成轧件性能不均匀(变硬),或润滑不良使摩擦系数增大,或张力变化(变小),以及速度变化(减小)等,都会使塑性曲线斜率变大。塑性曲线的形状由 B 变为 B',其他条件不变时,同样轧出厚度产生偏差 δh,此时可调整压下减小辊缝来消除。

调整压下减小辊缝的板厚控制方法,所移动的压下距离 δs,由辊缝转换函数可知,当塑性曲线很陡(薄而硬的轧件)即 M 很大,或弹性曲线斜率小,即轧机刚度不大时,则移动压下控制板厚的效率很低。压下效率低,压处移动的距离 δs 很大,但能消除 δh 的作用很小,大部分转变成轧机的弹性变形,严重时甚至不起作用。因此,对冷连轧薄板带最后几个机架,为了消除

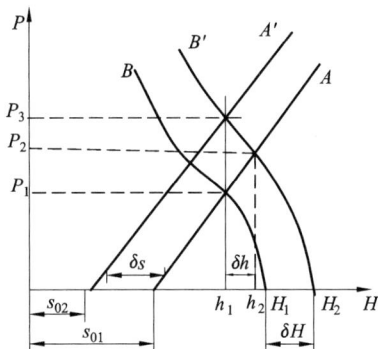

图 5 – 23 调压下图示(坯料厚度变化 δH 时)

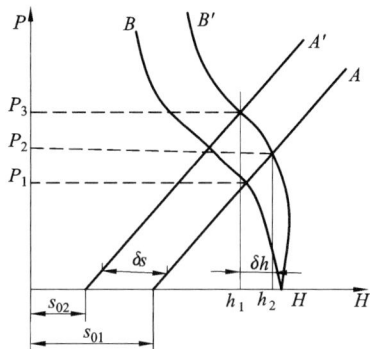

图 5 – 24 调压下图示(变形抗力、张力、速度及润滑条件等变化时)

δh,调压下不如调张力效率高,响应快。调整压下对于轧辊热膨胀与磨损等缓慢变化的因素虽然有效,但对轧辊偏心等周期性高频变化量则无能为力。

铝箔精轧时,轧辊实际上是压紧的,即轧前预先施以压紧力(预压力),从而消除轧机弹性变形对轧出厚度的影响,又称无辊缝或负辊缝轧制。在这种情况下,调压下改变辊缝来控制厚度将不起作用,此时压下装置的主要作用在于平衡轧辊两端的压力。厚度控制主要靠调整前后张力、润滑剂和轧制速度来实现。

2. 调整张力   调整张力是通过调节前后张力改变轧件塑性曲线的斜率,消除各种因素对轧出板厚的影响,来实现板厚控制的(图 5 – 25)。

如当来料厚度波动(增加)时,产生厚度偏差 δH,原始辊缝及其他条件不变,轧出厚度产生偏差 δh。要使轧出厚度 h_1 不变,可以加大张力,使塑性曲线 B' 变为 B''(改变斜率),并与弹性曲线 A 相交于等厚轧制线上,实现了不改变原始辊缝使轧出厚度不变。这种方法在冷轧薄板带时用得较多,尤其是箔材轧制。热带卷连轧中,由于张力变化范围有限,张力稍大易产生拉窄(出现负宽展)或拉薄,使控制效果受到限制。因此,热轧一般不采用调整张力控制板厚,但有时在末架也采用张力微调控制厚度。

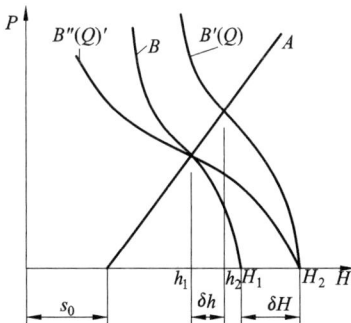

图 5 – 25   调张力图示(增加张力 $Q' > Q$ 时)

调整张力控制板厚的方法,反应迅速、有效而且精确。但是,对较厚的带材并不适宜,因需要足够大的张力,则要加大卷筒功率,既不经济也比较困难;对热轧或冷轧较薄的带材,为防止拉窄或拉断,张力的变化不能过大。因此,调整张力控制板厚其调整范围较小,一般不单独应用,通常采用调压下与调张力相互配合的方法。当厚度波动较小,如成品轧制道次,能在张力允许变化的范围内调整过来,可采用张力微调,而且后张力对板厚影响大。当厚度波动较大时,改用调压下的方法控制。冷连轧中,前几机架采用压下粗调,后几机架调整张力实现精调。

3. 调整轧制速度 轧制速度的变化会引起张力、摩擦系数、轧制温度及轴承油膜厚度等因素的变化。如果改变轧制速度是通过摩擦系数的变化,而改变轧制压力使塑性曲线的斜率发生改变,这种方法与调整张力的原理相同。

如铝箔轧制,在速度控制系统中,将厚度偏差信号通过测厚仪的输出装置,传送给主传动的速度给定系统,用以自动调整箔材厚度。热带钢连轧机上,近年来采用了"加速轧制"与厚度自动控制系统相配合的方法。通过加速轧制,减少了带坯进入精轧机组的头尾温度差,保证终轧温度一致,从而减少了头尾温差造成的厚度偏差。

应指出,由于轧制速度调整范围较小,调整轧制速度控制板厚的方法只适于微调。而且调速通过改变摩擦系数引起轧制压力变化,来改变塑性曲线斜率的过程反应较慢。

总之,生产中为了达到精确控制厚度的目的,往往要根据轧制设备、工艺条件等,将多种厚控方法结合起来使用,以便取得更好的效果。此外,如轧辊偏心,应从提高轧机机械加工精度和轧辊研磨精度着手;由工艺因素变化导致的厚度偏差,可选用刚度较大的轧机;合理设计 4 辊轧机工作辊相对于支承辊的偏移量,保证轧辊工作稳定性,有利于提高纵向厚度精度;生产工艺过程,应重视各道轧制工序的厚度控制,尤其是轧制成品前的坯料,否则造成较大偏差,使轧成品时更难控制;铸锭加热或中间退火要保证温度均匀;铸锭或坯料铣面厚度要均匀;合理地进行冷却润滑,保持轧辊的适当温度,等等,以提高产品的纵向厚度精度。

调整压下、张力与速度的厚控方法,其中最主要又常用的还是调压下。调压下改变辊缝的装置有电动和液压两种型式。电动压下装置的运动部件惯性大,调节过程慢、精度低,已不适应高速度、高精度轧制生产的要求。液压压下装置是以液压作动力,通过液压缸的动作代替电动压下,实现辊缝调整的装置。采用液压压下(或液压压上)和厚度自动控制,可任意改变轧机的可调刚度,实现"恒辊缝"和"恒压力"轧制,获得纵向厚度精度高及板形好的产品。

5.7 板厚自动控制

板带材厚度自动控制系统是通过测厚仪、辊缝仪、测压头等传感器,对带材实际轧出厚度连续而精确地检测,并根据实测值与给定值的偏差,借助于控制回路或计算机的功能程序,快速改变压下位置调整辊缝,或调整张力和速度,把厚度控制在允许范围内的自动控制系统,简称 AGC(Automatic Gage Control)系统。根据轧制过程中对厚度的调节方式不同,一般分为:反馈式、厚度计式、前馈式、张力式和液压式等厚度自动控制系统。

5.7.1 反馈式板厚自动控制

用测厚仪测厚的反馈式厚度自动控制系统,简称反馈式 AGC 或监控 AGC,控制原理框图见图 5 - 26。带材轧出后,由测厚仪测出实际厚度 h,并与给定厚度 h_0 相比较,得到厚度偏差 $\delta h = h - h_0$。如果 δh 不等于零,由(5 - 7)式,即辊缝调节量 δs 与厚度偏差 δh 的关系为:$\delta s = \frac{k + M}{k} \delta h = c_p \cdot \delta h$。把 δh 转换为 δs 并输出给压下机构作相应的辊缝调节,以消除厚度偏差 δh。为了适应不同材质和尺寸的软件其 M 的变化,模拟式控制回路中设有调节比例系数 c_p 的电位器。

用测厚仪进行厚度控制时,为便于对测厚仪的维护与防止其损坏,测厚仪常装在离辊缝一定距离的地方。这样厚度偏差的检测与辊缝控制量,不是在同一时间内发生,所以实际轧出厚度的波动不能得到及时反映。即测出的板厚不是轧制时正在辊缝中的板厚,而是到达测厚仪处的板厚,结果使整个厚控系统的操作都有一定的滞后时间 t,即

$$t = \frac{L}{v_h}$$

式中：L——轧辊中心线到测厚仪的距离；

v_h——轧件的出辊速度。

由于该系统存在时间滞后,根据时间 t 以后检测的 δ_h 进行辊缝控制时,实际轧出厚度 h 可能已经有所变化。因此,控制效果较差,控制精度低。为了消除时间滞后,提高轧制精度,出现了厚度计式的板厚自动控制系统。

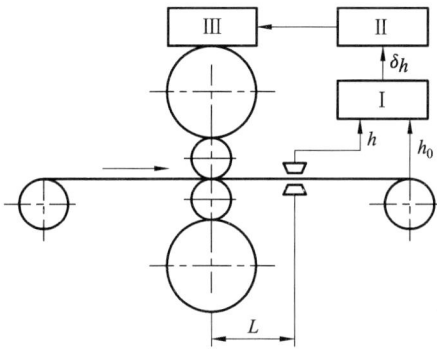

图 5-26 反馈式 AGC 图示

Ⅰ——厚度差的运算；Ⅱ——厚度自动控制装置；
Ⅲ——压下机构；h——实测厚度；h_0——给定厚度

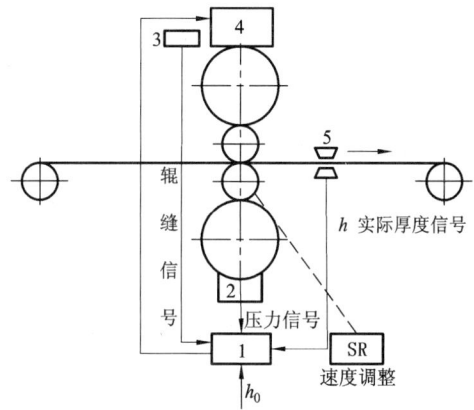

图 5-27 厚度计式 AGC 图示

1——厚度自动控制装置；2——压力传感器；
3——空载辊缝计；4——压下装置；5——测厚仪

5.7.2 厚度计式板厚自动控制

近代较新的厚控系统,是把轧辊本身当作间接测厚装置。如图 5-27 所示,厚度计 AGC 系统是根据实测的轧制压力和原始辊缝值,按弹跳方程计算轧出厚度,作为厚度的实测值 h,并与设定值 h_0 比较进行厚度控制的,也称为轧制力 AGC。

首先测出轧制压力 P 和原始辊缝 s_0,然后按弹跳方程 $h = s_0 + P/k$,计算得出板厚。整个运算在厚度计(数字计算装置)中进行,厚控系统基本信号是轧制压力 P,被调节量为辊缝。这种方法所测出的板厚是正在辊缝中的板厚,因此,消除了前一种测厚仪直接测厚的传递滞后时间。其控制过程是：设定板厚 h_0,通过厚度计检测出的实际板厚 h,两者之间其厚度偏差为 δh,即

$$\delta h = h - h_0, \text{而 } h = s_0 + P/k$$

则有

$$\delta h = s_0 + P/k - h_0$$

式中：s_0——通过空载辊缝仪测定的原始辊缝值；

P——由压力传感器测得的轧制压力。

把上述各值输入到厚度计中,并分别转换成电气量相加。相加结果为零,则说明辊缝中的

板厚与设定板厚相等,即无厚度偏差($\delta h = 0$),此时系统中无信号输出,如果相加后 δh 不等于零,此时 AGC 系统便有信号输出,去调整压下改变辊缝,或者调整张力、轧制速度直到输出量为零,即消除了板厚偏差。

厚度计板厚自动控制,消除了检测滞后的影响,所以,在冷热连轧或单机轧制的厚控系统中得到广泛应用。但是,这种方法用弹跳方程算出的板厚 h,与实际辊缝中的板厚也会有误差。因为实际测出的原始辊缝 s_0,是从压下螺丝或者液压缸柱塞等某一点测得的,它反映不出轧辊偏心、轧辊热膨胀、轧辊磨损以及轴承油膜厚度变化等,导致原始辊缝变化后的真实辊缝。即原始辊缝零点产生漂移。为了消除这种影响,必须经常用测厚仪测出实际轧出板厚,并对原始辊缝零点进行修正,这种厚度计 AGC 系统称为简单 AGC 系统。为了克服简单 AGC 系统辊缝测量误差,可加入各种补偿环节,以抵消上述各因素的干扰,便出现了完善的厚度计 AGC 系统。

5.7.3 前馈式板厚自动控制

无论用测厚仪还是用测厚计测厚的反馈式板厚自动控制系统,都还存在控制上的传递或过渡滞后,因而限制了控制精度的进一步提高。特别是来料厚度波动较大时,更会影响轧出厚度的精度。为了克服此缺点,在现代化轧机上采用了前馈式厚度自动控制系统,简称前馈 AGC 或预控 AGC 系统。

如图 5-28 所示,它的控制原理是用机架入口处的测厚仪,或以前一机架作为测厚计,测量带材轧前厚度 H,并与设定厚度 H_0 相比较,如有厚度偏差 δH,可预先估计出可能产生的轧出厚度偏差 δh。为消除此偏差,确定所需的辊缝调整量 δ_s。根据 δH 的检测点进入本机架的时间和移动 δs 的时间,提前对本机架进行厚度控制,使厚度的控制点正好落到 δH 的检测点上。

δH、δh 和 δs 的关系,可根据 $P-H$ 图确定出 $\delta h = (\dfrac{M}{k+M})\delta H$ 的关系,然后由辊缝转换函数(5-7)式导出了前馈式 AGC 控制原理式:

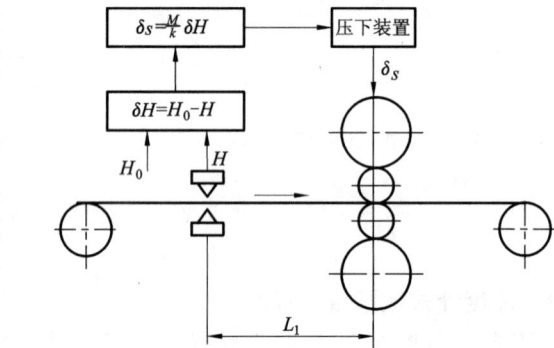

图 5-28 前馈 AGC(以测厚仪为信号源)图示

$$\delta s = \frac{M}{k}\delta H \tag{5-15}$$

由于前馈式板厚控制属于开环控制,因此控制效果不能单独进行检查,一般是将前馈与反馈式厚度控制系统结合使用。

5.7.4 张力式板厚自动控制

张力的变化可显著改变轧制压力,从而改变轧出厚度。用调整张力的方法控制厚度,惯性小反应快且易稳定。在成品机架,由于轧件的塑性系数 M 很大,靠调节辊缝控制厚度,效果往往很差,所以常采用张力 AGC 进行厚度微调。

张力 AGC 是根据精轧机出口侧 X – 射线测厚仪测出的厚度偏差,来微调机架之间带材上的张力,借以消除厚度偏差的板厚自动控制系统。

张力微调可由两个途径来实现:一是根据厚度偏差值,调节精轧机的速度;二是调节活套机构的给定转矩,其控制框图如图 5 – 29 所示。由 X – 射线测厚仪测出带材厚度偏差后,通过张力控制器 TV,经开关 K_1 和 K_2,依 K_2 的不同位置,将控制信号分别传输给主电动机的速度调节器或活套张力调节器。

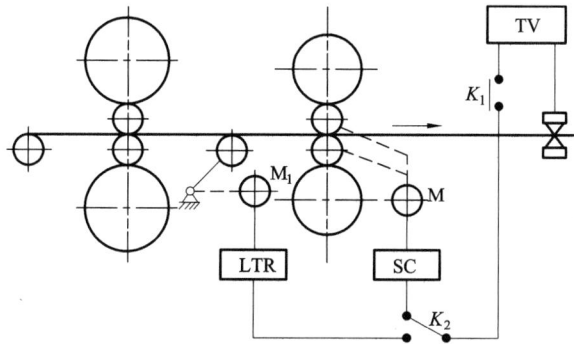

图 5 – 29 张力 AGC 图示

TV——张力微调控制器;M——主电机;SC——主电机速度调节器;

M$_1$——活套支持器的电动机;LTR——活套张力调节器

由于张力变化范围小,调节范围有限,因此轧制过程中,往往是调张力与调压下的厚度控制相配合使用。当板厚偏差较大时,采用调压下的方式;板厚偏差较小时,便采用张力微调控制板厚。

上述几种板厚自动控制系统,各有不同特点,现代化轧机上常采用几种厚控系统联合使用,控制效果好。例如,厚度计式的板厚自动控制系统,对较大的厚度差能明显地作出反应,而对较小的厚度差则反应不够灵敏。为进一步提高控制精度,必须采用 X – 射线测厚仪监控或张力 AGC 等。

5.7.5　液压式板厚自动控制

液压 AGC 是借助于轧机刚度可调原理,通过伺服阀调节液压缸的油量和压力,控制轧辊的位置,对带材进行厚度自动控制的系统。液压压下系统中,采用高精度的电液伺服阀,能根据位置检测和压力检测所发出的微弱电信号,精确地控制流入油缸的油量,从而控制轧辊辊缝和板厚偏差。

目前,现代化高速轧机上,以辊缝位置和轧制压力作为主反馈信号,以入口测厚作为预控,以出口测厚作为监控的板厚自动控制系统应用最广泛,现以 1700mm 5 机架冷连轧机为例,进一步说明厚度自动控制系统的实际应用。整个机组采用电子计算机控制,并具有完整的自动控制系统。所有机架都采用电液伺服阀直接控制辊缝,即辊缝位置控制系统基本相同,以第 1 机架为例加以说明。

在轧机操作侧和传动侧的牌坊上,各有一个压下油缸,两侧各有一处既有联系,又能独立工作的控制系统。在系统中有辊缝位置、轧制压力和轧出厚度检测信号等,构成3个反馈回路与主控制回路组成闭环控制系统,在入口处有开环的预控系统。其原理框图如图5-30所示。

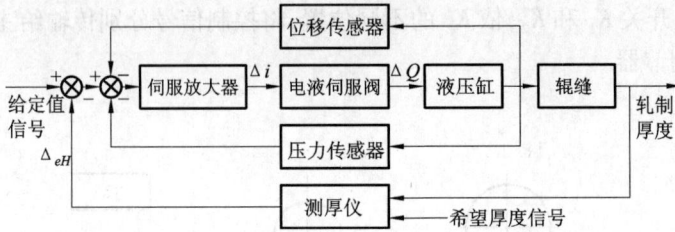

图5-30　液压轧机板厚自动控制原理框图

位置主回路:带坯进入轧机前,其厚度偏差经预控测厚系统测出,以给定量 ΔeH 表示并输给伺服放大器放大,然后转换成电流信号 Δi 输给电液伺服阀,伺服阀获得此信号后,转换成液压油的流量 ΔQ,输给压下油缸,实现初始辊缝给定,构成液压轧机控制系统的主回路。该回路并与相应的反馈回路联动,即接受反馈回路送来的指令信号,实现辊缝控制。

位置反馈回路:用位移传感器检测压下油缸的实际位移量信号,并与输入信号进行比较,若有差值经伺服放大,则以 Δi 输给电液伺服阀,此时伺服阀有流量输出,使液压缸动作,实现辊缝控制。每个液压缸上有两个对称布置的位移传感器,取其所测位移的平均值反馈给控制系统,避免油缸倾斜时的测量误差,提高控制精度。

压力反馈回路:它是利用轧机刚度可调原理,控制轧辊的位置。用压力传感器或测压仪,连续检测轧制压力信号,并与给定压力比较得到 δP,再经轧机刚度选择(改变轧辊位置的补偿系数 c 值),得到辊缝补偿量 δs(5-12式),并与位移传感器检测的轧辊实际位置信号(5-11式)进行比较。若有差值则通过控制装置,控制位置主回路伺服阀和液压缸柱塞的位置,使辊缝作相应的调整。从而补偿轧制力波动引起轧机弹跳造成的辊缝变化,控制带材出口厚度不变或在允许偏差范围,构成压力反馈回路,用压力传感器测量轧制压力最简便,不受轧机结构限制,但油缸的摩擦有影响,测得的压力与实际轧制压力相差较大。而测压仪可直接测得轧制压力,精度较高,但受轧机结构限制,系统也较复杂。

应指出,可调刚度系数 k_c 的合理选择尤其重要,如来料厚度偏差大,M 值大,选择 k_c 过大会导致轧机过载。同时,δP 增加除使调节幅度增大外,还造成辊型恶化,板形变坏。而且要求轧辊偏心很小。一般来说,要求多机架连轧前几架刚度大,以消除来料偏差的能力强,使用 c = 0.8~0.9,接近实现恒辊缝轧制。而要求后面机架刚度小,以便控制板形。k_c 的具体选定,由设备和工艺条件决定。

厚度反馈回路:由于轧制过程中,轧辊磨损、轧辊热膨胀等影响,使给定辊缝产生了偏差,反映轧出厚度偏离给定值。上述位置反馈和压力反馈都不能消除初始给定量的误差。因此,在轧机出口侧增加测厚仪,测出带材实际轧出厚度与给定值之间的偏差,反馈回去和初始给定量相迭加,修正出精确的辊缝,以提高控制精度,这就是所谓厚度反馈回路,或监控回路。

此外,厚度反馈的响应时间滞后问题,轧制速度较低滞后更严重,因此需要增加一个与轧制速度有关的积分调节器,增加反馈增益,缩短输送时间,预控系统只在第1机架前设置。

偏心补偿:如前所述,支承辊偏心会引起轧出板厚偏差,而且轧机刚度越大影响越大。除提高机械加工精度及轧辊研磨精度外,在冷连轧机的最后一个机架上,还设有支承辊偏心过滤器,用以减少偏心对厚度自动控制系统的干扰。尤其采用压力补偿的厚控系统中,将使轧辊偏心的影响更为严重。

油膜厚度补偿:轴承油膜厚度与轧制速度有关,速度提高使油膜厚度增加,导致辊缝减小,轧出板厚减薄,反之亦然。因此各入机架上都有油膜厚度补偿系统。该系统是用测速发电机测出主电机的速度,经电压变换器送函数发生器,根据不同的轧制速度,输出相应的辊缝补偿值,提高板厚控制精度。

近年来,新技术的应用,进一步提高了控制精度。例如,采用抗干扰性强的同轴磁尺作位移传感器,安装在油缸中心,实现中心控制,从而消除了油缸柱塞偏斜对位移检测精度的影响;把位移传感器安装在工作辊轴承座上,辊缝测量点在工作辊辊身边缘,实现辊缝直接控制,提高了轧机的等效刚度,又克服了支承辊偏心和机架弹性变形等对辊缝的影响;质量流 AGC。此外,采用力马达伺服代替电液伺服阀,提高了液压压下的响应性。

液压 AGC 装置在冷热连轧机和单机架冷轧机上广泛得到应用。为适应轧机生产高度自动化的需要,完善并发展最佳 AGC 系统,逐步采用轧机调整、轧件跟踪、顺序控制、自动监视、数据打印的计算机控制。既实现了高精度控制,又大大提高了生产率。目前其厚度偏差已达微米级精度,约为带材厚度的 $\pm(1\% \sim 2\%)$。

5.8 最小可轧厚度

在一定条件下,生产中最薄能轧到多少,具有很大的实际意义。什么叫最小可轧厚度,为什么不能无限地轧薄,如何才能轧得更薄些,以及最小厚度的确定,这是需要了解的问题。

5.8.1 基本概念

前面讨论金属的塑性特性,当轧件厚度薄到一定程度,塑性曲线成为一条横坐标的垂线时,说明在此轧机上无论施以多大的压力,也不可能使轧件变薄,达到了"最小可轧厚度"的临界条件。所谓最小可轧厚度,是指在一定轧制条件下(轧辊直径、轧制张力、轧制速度、摩擦条件等不变的情况下),无论怎样调整辊缝或反复轧制多少道次(轧件的轧出厚度等于轧前厚度),轧件不能再轧薄了的极限厚度。

不能再轧薄了,即金属在一定条件下不产生塑性变形。由现代轧制理论可知,只有当轧辊对轧件所施加的平均单位压力,达到轧件本身在该变形条件下的变形抗力时,才能使金属受到塑性压缩变形。随着轧制继续进行,轧件不断被压薄而且不断产生加工硬化,此时轧件塑性变形所需施加的外力不断增加。当达到一定程度时,即轧件发生塑性变形所需的平均单位压力,超过轧辊发生弹性压扁所需平均单位压力,结果只能使轧辊产生弹性压扁,而轧件不可能产生塑性变形。轧辊所施加的压力只能使轧辊和轧件产生弹性变形,即出现了压下量为零时的最小厚度。这就是通常所说的轧辊弹性压扁时的最小可轧厚度,如图 5-31(a) 所示。

5.8.2 最小可轧厚度的确定

考虑轧辊弹性压扁时的最小可轧厚度的计算,有不少学者早就进行过研究,提出了一些计算式,其中最简单的是:

$$h_{\min} = aD \tag{5-16}$$

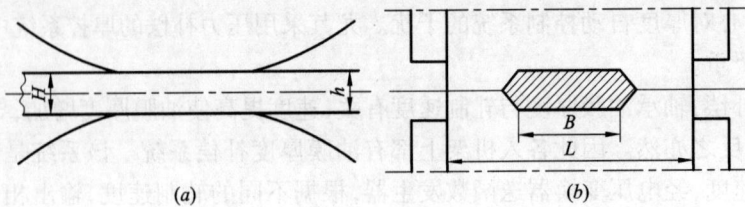

图 5 - 31 最小可轧厚度

(a)轧辊压扁时最小可轧厚度;(b)轧辊接触时最小可轧厚度

式中:h_{min}——轧件最小厚度;

D——工作辊直径;

a——系数, $a = \dfrac{1}{2000} \sim \dfrac{1}{1000}$。

上式只考虑最小可轧厚度是辊径的单一函数,显然很不全面,但简单而使用方便,所以仍有人用它。实际上,目前铝箔轧制中,系数 a 相当于1/20000或更小。

斯通把自己的平均单位压力计算式(3 - 51)和希契柯克压扁弧长公式(3 - 14)联立求解,其对应的压下量为零,便得出斯通最小可轧厚度计算式,即:

$$h_{min} = \frac{3.58Df(K - \bar{q})}{E} \tag{5 - 17}$$

上式明确指出,最小可轧厚度与轧辊直径 D、摩擦系数 f 及轧件变形抗力 K 成正比,而与轧辊的弹性模数 E 和前后张力成反比,这完全符合实际。至于系数3.58的确定,由于推导的出发点不同,或者只考虑部分因素的影响,有人认为此值过大。

根据以上分析,生产中要想轧制更薄的板带材,应该有效地减小金属的实际变形抗力,如减小工作辊直径,采用高效率的工艺润滑剂,适当加大张力,采取中间退火消除加工硬化。此外,提高轧机刚度,有效地减小轧机弹跳量以及轧辊的弹性压扁。在表面质量许可的前提下,可以采用两张或多张叠合轧制。高强度合金还可采用包复轧制,即将轧件上下表面包覆一层塑性好的金属。因为塑性好的金属变形大,它作用给中层硬金属的拉应力促使其变形而进一步轧薄,往后可用压光或抛光方法改善金属表面质量。或用新型摆式轧机等方法,均可使轧件进一步轧薄。

如图5 - 31(b)所示,最小可轧厚度是轧辊轴向上除轧件本身所占据的辊身部分外,辊身其余部分完全接触的情况。在一定条件下,这时轧件也不可能压薄,这种情况称为轧辊接触时的最小可轧厚度。其值可用下式计算:

$$h_{min} = \frac{2(1 - v^2)}{\pi E} \bar{p} l' [2 - \ln(\frac{l'^2}{B^2} \cdot \frac{L + B}{L - B})] \tag{5 - 18}$$

式中:l'——轧辊压扁后变形区长度;

L——轧辊辊身长度;

B——轧件宽度;

$\bar{p}$——平均单位压力;

90

E——轧辊的弹性模数；

v——轧辊的波松系数。

目前,对最小可轧厚度研究较多,其中除考虑上述因素影响外,还考虑轧制速度改变对摩擦系数、轧制厚度的影响,以及不同粘度的润滑油膜对最小可轧厚度的影响等。

6 板形与横向厚度精度控制

板形与横向厚度精度是板带材产品重要的质量指标。本章将讨论板形与横向厚差的基本概念,影响板形的因素,辊型设计与控制,板形控制新技术等内容。

6.1 板形与横向厚差

6.1.1 辊型与辊缝形状

辊型是指轧辊辊身表面的轮廓形状。原始辊型指刚磨削的辊型,如图 6-1 所示。通常用辊身中部的凸度 c 表示辊型大小,当 c 为正值是凸辊型;c 为负值是凹辊型;c 为零是平辊型,即圆柱形辊面形状。

实际上,辊型凸度最大值表示轧辊辊身中部与辊身边缘的半径差。其大小由轧辊的弹性变形(弯曲挠度、压扁)和不均匀热膨胀决定。然后经轧辊专用磨床(可磨凸度)磨削成一定的轮廓曲线,而得到所需的原始辊型。

工作辊型或称承载辊型,它是指轧辊在受力和受热轧制时的辊型。轧制过程影响因素很复杂,而且设备、工艺条件又不断变化,原始辊型很难使工作辊型保持为理想的平辊型。因此,实际轧制过程中,工作辊型同样会出现凸辊型、凹辊型与平辊型。

辊缝形状:如果上下两个工作辊型为凸辊型,对应的辊缝形状呈凹形,轧后金属横断面呈凹形;反之,工作辊型为凹辊型,其辊缝呈凸形,轧后金属横断面呈凸形;若工作辊型为理想的平辊型,平直的辊缝形状,轧后金属横断面呈矩形。因此,除来料横断面形状之外,板形与横向厚差主要决定于工作辊缝形状。

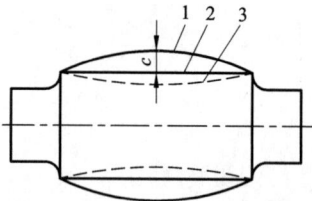

图 6-1 原始辊型表示法

1——凸辊型;2——平辊型;
3——凹辊型

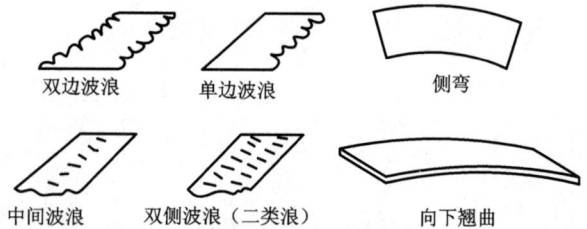

双边波浪   单边波浪   侧弯

中间波浪   双侧波浪(二类浪)   向下翘曲

图 6-2 板形缺陷示意图

6.1.2 板形及其表示方法

1. **板形** 板形通常是指板带材的平直度。即板带材各部位是否产生波形、翘曲、侧弯及瓢曲等。板形的好坏取决于板带沿宽度方向的延伸是否相等。这一条件由轧前坯料横断面厚度的均匀性,及辊型或实际辊缝形状所决定。

波形指板带材纵向呈起伏的波浪,波浪有双边波浪、中间波浪、单边波浪等。冷轧薄板带常产生局部的折皱(又称压折)。如图6-2,当板带两边延伸大于中部,则产生对称的双边波浪。反之,如果中部延伸大于两边部,则产生中间波浪。若两边的压下量不一致,压下量大的一边延伸大,则产生单边波浪或侧弯(镰刀弯)。当波浪在轧件横向、纵向同时增大,单元波浪的面积较大,板形凸凹形的轮廓近似成椭圆或圆形时,通常称为瓢曲。在轧件两边缘与中间的两侧均有波浪称双侧波浪(二类浪)。轧件离开轧辊出口处后向上或向下,或者沿宽向出现的弧形弯曲叫翘曲。

板形缺陷的产生是由于轧件沿宽度方向上的纵向延伸不均匀,出现了内应力的结果。延伸较大部分的金属被迫受压,延伸较小部分的金属被迫受拉,拉应力作用不会引起板形缺陷。但是,当延伸较大的部分所受附加压应力超过一定临界值时,则会出现类似受压杆件丧失稳定那样,表现出在附压应力作用下,该部分板材将产生不同形式的弯曲,形成波形、瓢曲等板形缺陷。侧弯部分受压应力未达到一定的临界值,不呈现波浪或瓢曲。沿宽向纵向延伸越不均匀,轧后轧件内部残余应力就越大,板形缺陷就越严重,尤其是薄板带。

应指出,只要板带材存在残余的内应力,就称为板形不良。虽然这个应力存在,但不足以引起板形缺陷,则称"潜在的"板形不良,如果应力足够大,以致引起板带波形等,则称"表观的"板形不良。在张力作用下,冷轧带材有时并未发生波形等,但张力去除后,带材仍将出现明显的波浪,或经纵剪后出现侧弯或浪皱,属潜在的板形不良。

由此可见,为了获得良好的板形,轧制时必须保证轧件沿宽度方向各点的纵向延伸相等,或压下率相等。

2. 板形的表示方法 定量表示板形,既是生产中衡量板形质量的需要,也是研究板形问题和实现板形自动控制的前提条件。根据研究的角度和控制思路不同,采取不同的方式定量描述板形。其中波形表示法既方便又直观,如图6-3所示,将带材

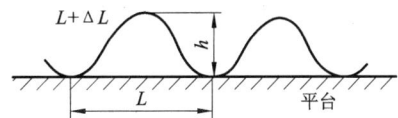

图6-3 板材的波浪度

切取一段置于平台上,如将其最短纵条视为一直线,最长纵条视为一正弦波,可将带材的不平度 λ 表示为:

$$\lambda = \frac{h}{L} \times 100\% \qquad (6-1)$$

式中:h——波幅;

L——波长。

当 λ 值大于1%时,波浪及瓢曲比较明显,一般生产中要求矫平后的产品 λ 值应小于1%。

若波形曲线部分长为 $L + \Delta L$,并视为正弦曲线,则曲线部分和直线部分的相对长度差,可由线积分求曲线长度后得出,即

$$\frac{\Delta L}{L} = \left(\frac{\pi}{2} \cdot \frac{h}{L}\right)^2 = \frac{\pi^2}{4}\lambda^2 \qquad (6-2)$$

相对长度差表示法:(6-2)式表示了不平度 λ 和最长、最短纵条相对长度差之间的关系,它表明板带波形可以作为相对长度差的代替量。只要测出板带波形,就可以求出相对长度差。美国是用板带宽度上最长和最短纵条上的相对长度差表示,单位是百分数。加拿大铝公司也是取横向上最长和最短纵条之间的相对长度差作为板形单位,称为 I 单位,相对长度差等于 10^{-5} 时为一个 I 单位。板形的不平度或称板形偏差,可由下式求得:

$$\sum_{st} = 10^5 \left(\frac{\Delta L}{L} \right) \qquad\qquad (6-3)$$

例如,不平度为1%时,由(6-2)和(6-3)式计算,板形偏差换算成以Ⅰ作单位则为25Ⅰ。冷轧铝材的典型板形偏差:轧制产品为50Ⅰ,矫平产品25Ⅰ,拉伸矫平产品10Ⅰ。国外近来用板形自动控制系统,冷轧板不平度从30Ⅰ提高到10Ⅰ,经拉弯矫可达3Ⅰ单位。

6.1.3　横向厚差

板带材横断面厚度偏差,称为横向厚差(板凸度)。忽略板材边部减薄的影响,通常横向厚差是指板材横断面中部与边部的厚度差。横向厚差决定于板材横断面的形状,如图6-4所示。矩形断面的横向厚差为零,属于用户希望的理想情况。楔形断面是一边厚另一边薄,其横向厚差主要是两边压下调整不当,或轧件跑偏(不对中)引起的。而对称的凸形或凹形断面,分别表现出中部厚两边薄,或中部薄两边厚。多数情况是中部厚两边薄,其横向厚差主要是轧制时承载辊缝形状造成的,即金属沿横向的纵向延伸不均。如不考虑轧件的弹性恢复,可认为板材的横向厚差,实际上等于工作辊缝在板宽范围内的开口度差。

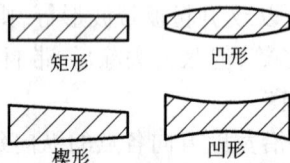

图6-4　板带材的横截面形状

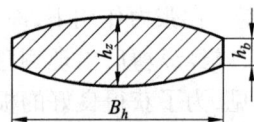

图6-5　板材横向厚度差图示

横向厚差或板凸度的大小,通常用轧件横断面中部厚度 h_z 与边部厚度 h_b 的差值表示。如图6-5,轧制后其横向厚差 δ 为:

$$\delta = h_z - h_b \qquad\qquad (6-4)$$

对于凸形断面 δ 为正,凹形断面 δ 为负,生产中要使 δ 为零,但获得理想的矩形断面很困难,一般根据不同产品、规格等要求,控制在允许的偏差范围内。为了有利于轧件的稳定和对中,有时希望板材断面有少许凸度,但会降低横向厚度精度,尤其较薄板带材影响更大。

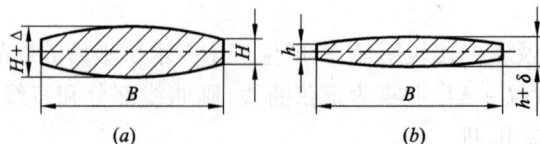

图6-6　板带轧前轧后厚度变化

(a)轧前;(b)轧后

6.1.4　板形与横向厚差的关系

如前所述,为了保证良好的板形,必须使板带材沿宽度方向上各点的纵向延伸相等。如图6-6所示,设轧前板带边部的厚度为 H,而中部厚度为($H+\Delta$),轧后其边部厚度为 h,中部厚度为($h+\delta$)。根据板形良好的条件,若忽略宽展,那么中部的延伸应该等于边部的延伸,即板

94

形良好的条件是：

$$\frac{H+\Delta}{h+\delta}=\frac{H}{h}=\lambda \tag{6-5}$$

通过比例变换得：

$$\lambda=\frac{H}{h}=\frac{\Delta}{\delta}\text{或}\delta=\frac{\Delta}{\lambda} \tag{6-6}$$

式中：λ——延伸系数；

$\quad\Delta$——轧前板材横向厚差；

$\quad\delta$——轧后板材横向厚差。

从(6-6)式可知，若坯料横向厚差越大，为获得轧出轧件良好板形，则轧后横向厚差也越大。因此，对热轧开坯或冷粗轧，就要对横向厚差严格控制，有利于提高成品的厚度精度。从上式还可以得出一个重要结论：要想从原来就有横向厚差的热轧坯料，在获得良好板形的同时，又想得到没有横向厚差的冷轧产品是不可能的，其横向厚差只能与压下率成比例地减小而不能完全消除。也就是说，只要保证板形良好的条件下轧制，则轧后的横向厚差δ总小于坯料厚差Δ，要想减小产品横向厚差δ，只有加大冷轧的压下率。

但是如上述板形良好的轧件，横向厚差不一定小。因为这与坯料横向厚差的大小有关。反之，轧后横向厚差小，板形不一定好，因为与坯料断面形状和尺寸有关。还可从控制的实质来理解，板凸度控制是改变凸度（改变断面形状），而板形控制是不改变断面形状，相反要保持轧制前后横断面的相似性。如果进出辊缝的板材断面尺寸形状不相似，就必然造成板形不好。板形与板凸度的控制概念如图6-7所示。

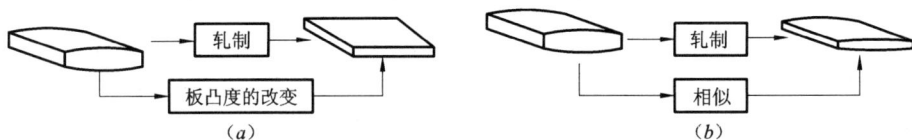

图6-7　板形状与板凸度的控制概念

(a)板凸度的控制；(b)板形状的控制

板形与板凸度控制既存在矛盾性，又有一致性。当坯料横向厚差和板形较好的情况下，两者控制具有一致性，即板形良好，厚差也小。反之，当坯料的板形与横向厚差不好的情况下，两者控制体现出矛盾性，即保证板形好，就保证不了横向厚差小，反之亦然。可见要两者齐备，必须有较好的坯料精度。

生产中，热轧头几道次以控制横向厚差为主，因为轧件厚，刚性大，对不均匀变形造成翘曲失稳的敏感性小，波浪很少见。而后几道次板材变薄，板形的影响变突出，应以控制板形为主。冷轧特别是板带既宽又薄，对不均匀变形的敏感性特别大，微小的延伸差会引起板形大幅度恶化。所以，对于冷轧尤其冷轧薄板带主要是严格控制板形。冷轧只要对坯料的横向厚差提出一定要求，按板形良好条件进行控制，就可以保证板形与横向厚差都符合一定要求。因此，往后主要讨论板形问题。

6.2 辊型设计

板形的好坏与横向厚度精度,主要决定于轧制时的工作辊型和辊缝形状。通过辊型设计与辊型(板形)控制相配合,获得较理想的工作辊型及辊缝形状。

6.2.1 影响辊缝形状的因素

凡是影响辊缝形状的一切因素,都要影响板形与横向厚差。轧制过程影响辊缝形状的因素很复杂,主要有:

1. 轧辊的弹性弯曲　在轧制压力作用下,轧辊产生弹性弯曲变形,使辊缝的中部尺寸比边部大,形成凸辊缝形状。凡是影响轧制压力的因素(金属变形抗力、轧辊直径、摩擦条件、压下量、轧制速度、张力等),均影响轧辊的弹性弯曲,改变辊缝形状。当其他条件一定时,轧制压力变化越大,其影响越大。通常轧辊弯曲变形对辊缝形状的影响最大。

2. 轧辊的热膨胀　轧制时轧件变形功转化的热量,摩擦和高温轧件传递的热量,使轧辊温度升高。冷却润滑液、空气和与轧辊接触的部件,又会使轧辊温度降低。由于轧辊受热和冷却条件沿辊身长度是不均匀的。通常靠近辊颈部分冷却好受热少。所以辊身中部比边部热膨胀大,形成热凸度,呈凹形辊缝形状。热凸度值近似按下式计算:

$$\Delta R_t = mRa(t_z - t_b) \tag{6-7}$$

式中:t_z、t_b——辊身中部和边部温度,℃;

　　　R——轧辊半径,mm;

　　　m——考虑轧辊心部与表面温度不均匀的系数,可取 $m = 0.9$;

　　　a——轧辊线膨胀系数,钢辊 $a = 1.3 \times 10^{-5}$,铸铁辊 $a = 1.1 \times 10^{-5}$,1/℃。

3. 轧辊的弹性压扁　轧件与工作辊之间,工作辊与支承辊之间均产生弹性压扁。决定辊缝形状不是弹性压扁的绝对值,而是压扁量沿辊身长度方向的分布情况。假如单位压力沿轧件宽度均匀分布,则变形区工作辊的弹性压扁在辊身中部的分布也是均匀的,只是轧件边部由于宽展等原因,其压扁值小。对轧件边部局部变薄的影响,通常在辊型设计中不予考虑。工作辊与支承辊之间,由于接触长度大于轧件与工作辊的接触长度,其压力分布是不均匀的,结果引起轧辊之间弹性压扁值沿辊身长度方向分布不均。实践表明,轧件宽度和辊身长度的比值 B/L,以及工、支辊直径的比 D/D_0 愈小,则两辊间压力分布的不均匀性愈大,沿辊身压扁值的分布不均匀性也愈大。因为辊身中部压扁量大,使工作辊型凸度减小。假若沿辊身长度方向为均匀压扁,则只改变辊缝大小,不影响板形。

4. 轧辊的磨损　工作辊与轧件、工作辊与支承辊之间的摩擦使轧辊产生磨损。影响轧辊磨损的因素很多,例如轧辊与轧件的材质,辊面硬度和粗糙度,轧制压力与轧制速度,润滑与冷却条件,前滑与后滑,工、支辊之间的滑动速度等,均影响轧辊的磨损速度。其磨损量沿辊身长度方向的分布不均,通常是辊身中部大于边部。轧辊磨损量不仅影响因素复杂,而且是时间的函数,理论上计算很困难,只能靠实测值找出磨损规律。通常采取改变工艺进行补偿。

5. 其他方面的影响　如轧辊的原始辊凸度,来料板凸度,板宽和张力等,对辊缝形状和板形都会产生一定影响。来料断面形状和工作辊缝形状相匹配,是获得良好板形的重要条件。板宽的变化,实质上是通过影响轧机横向刚度,而改变辊缝形状的。张力的波动,引起轧制压力变化,并影响轧辊的热凸度,导致辊缝变化。

6.2.2 辊型设计方法

如前所述,轧制时,由于轧辊的弹性弯曲与弹性压扁、轧辊不均匀热膨胀及轧辊磨损等影响,使空载时的平直辊缝在轧制时变得不平直了(凸或凹),致使板带的横向厚度不均和板形不良。为了补偿上述因素所造成的影响,可以事先将轧辊设计并磨削成一定的原始凹凸度,使轧辊在工作状态仍能保持平直的辊缝。

至于轧辊磨损,只能根据不同产品安排不同轧制顺序,合理控制辊型,更换新辊或支承辊磨损靠增加工作辊凸度等方法补偿。

可见,工作辊的原始辊型主要由轧辊的弹性变形(挠度)和热凸度决定。辊型设计是预先计算一定条件下轧辊的弯曲挠度,不均匀热膨胀和不均匀压扁值,然后取其代数和,得原始辊型应磨削的最大凸度值,用下式表示:

$$c = f_p - \Delta R_t + \Delta f_{L'} \tag{6-8}$$

式中:c——磨削的原始辊型凸度值;

$\quad f_p$——轧辊在轧制压力作用下的弯曲挠度;

$\quad \Delta R_t$——辊身中部的热凸度值;

$\quad \Delta f_{L'}$——轧辊不均匀压扁的挠度差。

1. 轧辊弯曲挠度的计算 轧辊挠度计算是设计辊型的重要依据之一。轧辊挠度即在轧制压力作用下,沿轧辊轴线方向辊身中部相对于辊身边缘(或轧件边缘)的位移量。对2、4辊轧机来说,弯曲挠度在辊型中占主要地位。

(1)2 辊轧机挠度计算:假设轧件位于轧制中心线而且单位压力沿板宽均匀分布,则两轴承反力相等,受力弯曲呈抛物线规律。由《材料力学》可知,轧辊直径与支点间的距离比较相差不大,因此,把轧辊视为短而粗的简支梁,在计算轧辊挠度时,应考虑切力所引起的挠度,轧辊的挠度应由两部分组成:

$$f_p = f'_p + f''_p$$

式中:f'_p——弯矩所引起的挠度;

$\quad f''_p$——切力所引起的挠度。

如图6-8所示,如果忽略辊颈的影响,根据卡氏定理求解,辊身中部与辊身边缘的挠度差按下式计算:

$$f'_p = \frac{P}{6\pi ED^4}(12aL^2 - 4L^3 - 4B^2L + B^3) \tag{6-9a}$$

$$f''_p = \frac{P}{\pi GD^2}\left(L - \frac{B}{2}\right) \tag{6-9b}$$

取 $G = \dfrac{2}{5}E$ 代入(6-9b)式,将(6-9a)和(6-9b)式相加,得出辊身中部与辊身边缘的挠度差:

$$f_p = \frac{P}{6\pi ED^4}\left[12aL^2 - 4L^3 - 4B^2L + B^3 + 15D^2\left(L - \frac{B}{2}\right)\right] \tag{6-10}$$

式中:P——轧制压力,N;

$\quad D$——辊身直径,m;

$\quad L$——辊身长度,m;

a——轧辊两边轴承受力点之间的距离,m;

E、G——轧辊材料的弹性模量及剪切模量,MPa;

B——轧件宽度,m。

对上下两个轧辊,因对称其总挠度为 $2f_p$。挠度差 f_p 实际上表示辊缝形状的改变量。

(2)4 辊轧机挠度计算:如前所述,工作辊与支承辊间相互弹性压扁沿辊身长度分布不均,这种不均匀压扁所引起的工作辊的附加挠

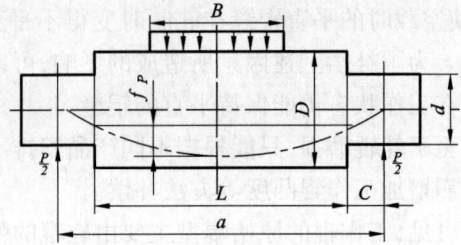

图 6 – 8 轧辊弯曲挠度计算

度 $\Delta f_L'$(即辊身中部与边缘压扁量的差值)是不能忽略的。因此,4 辊轧机工作辊的弯曲挠度,不仅取决于支承辊的弯曲挠度,而且还取决于工作辊与支承辊之间不均匀弹性压扁所引起的附加挠度。假设轧制时,支承辊和工作辊的实际辊型凸度为零,则工作辊和支承辊的挠度关系由下式确定:

$$f_p = f_{p0} + \Delta f_{L'} \qquad (6-11)$$

式中:f_p——工作辊的弯曲挠度;

f_{p0}——支承辊的弯曲挠度;

$\Delta f_{L'}$——支承辊与工作辊间不均匀压扁所引起的挠度差。

工作辊的挠度按下式计算:

$$f_p = \bar{q}\,\frac{\varphi_1 B_0 + A_0}{\beta(1+\varphi_1)} \qquad (6-12)$$

支承辊挠度按下式计算:

$$f_{p0} = \bar{q}\,\frac{\varphi_2 A_0 + B_0}{\beta(1+\varphi_2)} \qquad (6-13)$$

式中:$\bar{q}$——工作辊与支承辊间单位长度上的压力,$\bar{q}=P/L$;

φ_1、φ_2——系数,可按下式计算:

$$\varphi_1 = \frac{1.1n_1 + 3n_2\xi + 18\beta k}{1.1 + 3\xi}, \varphi_2 = \frac{1.1n_1 + 3\xi + 18\beta k}{1.1n_1 + 3n_2\xi};$$

A_0、B_0——设 $A_0 = n_1\left(\dfrac{a}{L}-\dfrac{7}{12}\right)+n_2\xi$,$B_0 = \dfrac{3-4u^2+u^3}{12}+\xi(1-u)$,$\left(u=\dfrac{B}{L}\right)$

其中:a——两轴承受力点间的距离,L——辊身长度,B——轧件宽度。

工作辊与支承辊之间不均匀弹性压扁所引起的挠度差为:

$$\Delta f_{L'} = \frac{18(B_0-A_0)\bar{q}k}{1.1(1+n_1)+3\xi(1+n_2)+18\beta k} \qquad (6-14)$$

其中:

$$k = \theta\ln 0.97\,\frac{D+D_0}{\bar{q}\theta}, \theta = \frac{1-v^2}{\pi E}+\frac{1-v_0^2}{\pi E_0}$$

式中:D、D_0——工作辊、支承辊直径。

上述各式中符号 n_1、n_2、ξ 和 β 所代表的参数列于表 6 – 1 中。

2. 辊型设计 辊型设计一般有两种作法:一是按(6 – 8)式计算辊身中部的最大凹凸度

值,然后按抛物线规律在轧辊磨床上磨削出凹凸度辊型。另一种是根据热凸度与挠度合成的结果,可确定磨辊的凹凸度曲线,即可得出沿辊身长度任意断面上的凹凸度值。

轧辊不均匀热膨胀产生的热凸度曲线,可近似地按抛物线规律计算,即

$$f_{tx} = \Delta R_t \left[\left(\frac{2x}{L} \right)^2 - 1 \right] = - \Delta R_t \left[1 - \left(\frac{2x}{L} \right)^2 \right] \qquad (6-15)$$

式中:f_{tx}——距辊身中部为 x 的任意断面上的热凸度;

L——辊身长度;

ΔR_t——辊身中部的热凸度值,按(6-7)式计算;

x——从辊身中部起到任意断面的距离,当 $x = 0$,表示辊身中部;$x = L/2$,表示辊身边缘。

表6-1　n_1、n_2、ξ 和 β 参数计算

轧辊材料		全部钢辊	工作辊铸铁,支承辊锻钢
	E、G、γ 值	$E = E_0 = 215600\text{MPa}$ $G = G_0 = 79380\text{MPa}$ $\gamma = \gamma_0 = 0.30$	$E = 16660\text{MPa}, E_0 = 215600\text{MPa}$ $G = 6860\text{MPa}, G_0 = 79380\text{MPa}$ $\gamma = 0.35, \gamma_0 = 0.30$
符号代表的参数			
$n_1 = \dfrac{E}{E_0} \left(\dfrac{D}{D_0} \right)^4$		$n_1 = \left(\dfrac{D}{D_0} \right)^4$	$n_1 = 0.773 \left(\dfrac{D}{D_0} \right)^4$
$n_2 = \dfrac{G}{G_0} \left(\dfrac{D}{D_0} \right)^4$		$n_2 = \left(\dfrac{D}{D_0} \right)^4$	$n_2 = 0.864 \left(\dfrac{D}{D_0} \right)^4$
$\xi = \dfrac{kE}{4G} \left(\dfrac{D}{L} \right)^2$		$\xi = 0.753 \left(\dfrac{D}{L} \right)^2$	$\xi = 0.674 \left(\dfrac{D}{L} \right)^2$
$\beta = \dfrac{\pi E}{2} \left(\dfrac{D}{L} \right)^4$		$\beta = 34600 \left(\dfrac{D}{L} \right)^4$	$\beta = 26700 \left(\dfrac{D}{L} \right)^4$
$\theta = \dfrac{1 - \gamma^2}{\pi E} + \dfrac{1 - \gamma_0^2}{\pi E_0}$		$\theta = 0.263 \times 10^{-5} [\text{MPa}]^{-1}$	$\theta = 0.296 \times 10^{-5} [\text{MPa}]^{-1}$

轧制压力引起的轧辊挠度曲线,也可以近似地按抛物线规律计算,即

$$f_{px} = f_p \left[1 - \left(\frac{2x}{L} \right)^2 \right] \qquad (6-16)$$

式中:f_{px}——距辊身中部为 x 的任意断面上的挠度;

f_p——辊身中部与边缘的挠度差,对2辊轧机(6-10)式计算,4辊轧机的工作辊按(6-12)式计算。

将轧辊的挠度曲线与热凸度曲线叠加,得出考虑在轧制压力和不均匀热膨胀的综合作用下,轧辊原始辊型的凹凸度曲线,即

$$C_x = f_{px} + f_{tx}$$

由(6-15)和(6-16)式得:

$$C_x = (f_p - mRa\Delta t) \left[1 - \left(\frac{2x}{L} \right)^2 \right] \qquad (6-17)$$

式中:Δt——辊身中部与计算断面的温度差。

如果 C_x 为正值,说明轧制压力引起的挠度大于不均匀热膨胀产生的热凸度,原始辊型应磨削成凸度曲线;若 C_x 为负值,则相反,原始辊型应磨削成凹度曲线。

6.2.3　辊型的合理选择与配置

必要的理论计算使辊型的初步设计有较充分的依据。但理论计算值是在特定条件下求得

的,局限性大,其准确程度决定于公式的正确性与原始参数的可靠性。因此,理论计算常作为参考。实际生产条件既复杂而又不断发生变化,必须根据生产情况进行辊型的合理选择与配置,才能取得好的效果。

1. 辊型的合理选择　辊型的合理选择,可以提高板形与横向厚度精度,充分利用设备,操作稳定,以及有效地减轻辊型控制的工作量,强化轧制过程,提高生产率。如在同一套轧机上需要轧制多种规格的产品,可把宽度与变形抗力相近的组合在一起,共一套辊型比较合理。这样,只要为数不多的几组辊型,可基本满足多品种轧制要求。轧辊的磨损,如前所述,随磨损量增加,可增加工作辊的凸度以补偿支承辊磨损的影响,因为支承辊的换辊周期比工作辊长得多。多数情况,一套行之有效的辊型制度都是经过一段时间的试生产,反复比较实际效果之后才能最后确定,并随生产条件的变化作适当改变。确定合理辊型,要重视收集和研究国内外相同或相近的轧机及轧制条件下行之有效的辊型制度。

一般来说,热轧辊磨削成一定凹度。凹辊型不仅有利于轧件咬入,减少轧件边部拉应力造成裂边的倾向,而且防止轧件跑偏,增加轧制过程的稳定性。冷轧通常是凸辊型,因为轧辊挠度比热膨胀的影响大得多。有色金属板带材生产,常采用的轧辊辊型实例见表6-2至表6-5。冷轧硬合金,凸度取上限;冷轧软合金,凸度取下限。

表6-2　热轧重有色合金采用的轧辊辊型

轧机尺寸	轧件尺寸(厚×宽),mm	辊型,mm	轧制合金品种
2φ850×1500	6~180×330~1000	-(0.25~0.45)	铜、镍及其合金
2φ750×1500	6~150×600~750	-(0.35~0.40)	铜、镍及其合金
2φ457×864	4~80×190~700	-(0.10~0.18)	铜、镍及其合金
2φ460×760	4~25×380~600	-(0.03~0.20)	锌及其合金
2φ365×800	5.5~100×600	-0.50	铜及铜合金
2φ360×780	3~25×600	-0.20	锌及其合金
3φ750/650×1100	6~150×330~800	-(0.20~0.38)	铜、镍及其合金
3φ600/520×1000	6~150×620	-(0.34~0.38)	铜、镍及其合金
3φ270/270×600	4~60×240	-0.40	铜及铜合金
3φ230/230×500	3.5~40×100~300	-(0.10~0.12)	铜及铜合金

表6-3　热轧铝合金采用的轧辊辊型

顺序	设备型号	轧件尺寸范围,mm	辊型,mm
1	4φ700/1250×2000	6~8×1000~1500	工作辊 +(0.04~0.07) 支撑辊 -(0.20~0.25)
2	4φ750/1400×2800	6~8×1060~2560	工作辊 +(0.08~0.12) 支撑辊 -(0.24~0.28)
3	2φ550×1300	6~8×440~1050	工作辊 ±0.00

表 6－4 重有色合金冷轧时采用的辊型

轧 机 尺 寸 (辊数 ϕ 辊身直径×辊身长度)	轧 机 性 能		轧件尺寸(厚×宽) mm	轧 辊 凸 度,mm	
	许用压力,$\times 10^4 N$	轧制速度 m/s		上工作辊	下工作辊
$2\phi 600 \times 1000$	600	0.45 ~ 3.00	16 ~ 4 ×650	+ 0.12	+ 0.12
$2\phi 600 \times 1000$	700	0.26 ~ 0.32	12 ~ 6 ×650	+ 0.25	+ 0.25
$2\phi 550 \times 800$	500	0.50	15 ~ 1.35 ×640	+ 0.10 ~ + 0.25	+ 0.10 ~ + 0.25
$2\phi 457 \times 864$	300	0.72	8 ~ 1 ×600	+ 0.06 ~ + 0.12	+ 0.06 ~ + 0.12
$2\phi 457 \times 864$	300	0.72	15 ~ 1 ×450	+ 0.03 ~ + 0.08	+ 0.03 ~ + 0.08
$2\phi 457 \times 762$	200	0.50	3 ~ 0.25 ×510(锌)	+ 0.03 ~ + 0.06	+ 0.03 ~ + 0.06
$2\phi 450 \times 800$	250	0.50	2 ~ 0.5 ×600	+ 0.1 ~ + 0.2	+ 0.1 ~ + 0.2
$2\phi 360 \times 800$	—	0.80	3 ~ 0.25 ×380(锌)	+ 0.05 ~ + 0.06	0
$2\phi 300 \times 400$	200	0.50	2 ~ 1 ×310	+ 0.07	+ 0.07
$2\phi 260 \times 350$	100	0.50	1.5 ~ 0.25 ×220	+ 0.03 ~ + 0.04	+ 0.03 ~ + 0.04
$2\phi 175 \times 240$	80	0.30	0.1 ~ 0.05 ×120	+ 0.025 ~ + 0.04	+ 0.025 ~ + 0.04
$2\phi 140 \times 200$	40	0.30	0.3 ~ 0.1 ×150	+ 0.01 ~ + 0.02	+ 0.01 ~ + 0.02
$4\phi 400/1000 \times 1500$	1000	0.25 ~ 1.45	2 ~ 0.8 ×1000	+ 0.05	+ 0.05
$4\phi 400/1000 \times 1000$	1000	0.83 ~ 2.00	6 ~ 2 ×650	+ 0.05 ~ + 0.07	0
3 ~ 4$\phi 400/1000 \times 1000$ I 架	1000	0.25 ~ 2.84	6 ~ 1 ×700	+ 0.09	0
3 ~ 4$\phi 400/1000 \times 1000$ II 架	1000	0.41 ~ 4.10	6 ~ 1 ×700	+ 0.07	0
3 ~ 4$\phi 400/1000 \times 1000$ III 架	1000	0.50 ~ 5.00	6 ~ 1 ×700	+ 0.05	0
$4\phi 250/750 \times 800$	400	0.50 ~ 4.00	2 ~ 0.4 ×610	+ 0.03 ~ + 0.08	0
$4\phi 160/470 \times 450$	100	0.50 ~ 0.75	0.5 ~ 0.1 ×310	+ 0.02	+ 0.02
$4\phi 150/500 \times 400$	120	0.50 ~ 6.00	1 ~ 0.1 ×300	+ 0.02 ~ + 0.05	0
$4\phi 125/200 \times 350$	80	0.35	0.03 ~ 0.01 ×300	+ 0.03	+ 0.03
$4\phi 50/150 \times 240$	65	0.25	0.3 ~ 0.15 ×125	+ 0.05	0
$6\phi 160/350 \times 450$	130	0.50 ~ 1.50	1.0 ~ 0.1 ×210	+ 0.01 ~ + 0.02	+ 0.01 ~ + 0.02
$12\phi 40 \times 260$	60	0 ~ 2.50	1.0 ~ 0.05 ×200	+ 0.015	+ 0.015
$20\phi 6.35 \times 135$	10	0 ~ 2.50	0.15 ~ 0.005 ×100	+ 0.025	0

注:表中凸度值均指磨辊后轧辊中部半径减去辊身边缘半径所得的差。

表 6－5 冷轧铝合金时采用的辊型

序 号	轧 机 型 号	机架号	轧 辊 凸 度,mm
1	$\phi 650 \times 1500$ 2 辊冷轧机	1	+ 0.12 ~ + 0.16
2	$\phi 750 \times 1700$ 2 辊可逆冷轧	1	+ 0.10 ~ + 0.12(压块片等) + 0.10 ~ + 0.35(压加工硬化板)
3	$\phi 500/1250 \times 1700$ 4 辊可逆冷轧机	1	上工作辊: + 0.025 ~ + 0.055 下工作辊和支承辊为平辊(0)
4	$\phi 500/1250 \times 1680$ 串联式 3 机架连轧机	1	工作辊: + 0.35 ~ + 0.5
		2	工作辊: + 0.3 ~ + 0.4
		3	工作辊: + 0.2 ~ + 0.3
5	$\phi 500/1400 \times 2800$ 4 辊可逆冷轧机	1	上工作辊: + 0.06 ~ + 0.10 下工作辊和支承辊为平辊(0)

2. 辊型配制　辊型配置正确与否,对生产操作,工艺控制,产品质量和产量都有很大影响。

热轧重有色金属及其合金,通常轧制温度高,轧辊辊身温差较大,因而热凸度影响占主导地位,2辊轧机一般上下辊均有凹度。热轧轻合金,一般轧制温度较低,2辊轧机一般采用平辊型。

冷轧辊型配置一般有下列三种方法(图6-9):两个工作辊均无凸度;两个工作辊都有凸度;只有一个工作辊有凸度,另一个工作辊无凸度和配置方法,此时需要把两个工作辊的凸度都要加到一个工作辊上。冷轧辊型配置方法的比较,见表6-6。

2辊轧机,一般采用上辊有凸度而下辊无凸度,或上下辊均有凸度的配置方法。

4辊冷轧机,大多采用工作辊有凸度,支承辊为平辊型的配置方法。如总凸度较大,则上下工作辊同时配置凸度;如总凸度较小,上工作辊有凸度,而下工作辊无凸度。

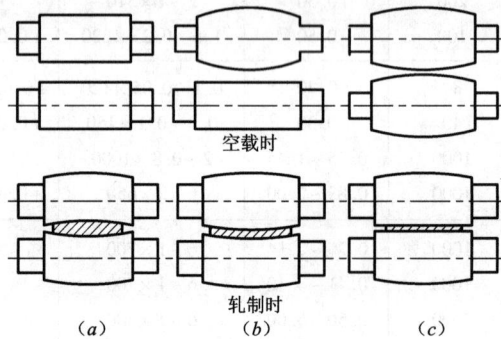

图6-9　轧辊辊型配置

(a)两个工作辊无凸度;(b)一个上工作辊有凸度;(c)两个工作辊有凸度

表6-6　冷轧机各种辊型配置方法的比较

比 较 项 目	辊 型 配 置 方 法		
	上下辊均为圆柱形	上下辊均为凸形辊	上辊为凸形辊,下辊为圆柱形
轧辊的研磨	磨床可采用普通外圆磨床,结构简单,研磨方便	轧辊研磨后有凸度,并要求上下辊凸度顶点对中及配对	要求上辊研磨后有凸度,上辊与下辊不能互换
安装及换辊	方便	要求轴向调整	较方便
根据轧制条件调整辊型	不容易	较容易	容易
对产品的影响	不利于保证板形及容易厚度不均,卷取时易卷不紧及串动	板形平直	辊缝稍有凹形,对板形影响很小,易于卷紧
适用性	用于轧机能力小、轧制速度低及窄轧件的情况	用于辊型总凸度大的2辊轧机厚、中板粗轧及薄板中轧和叠轧	使用较广泛,用于薄板带中轧及精轧

102

6.3 辊型控制

辊型控制实质上就是控制板形。原始辊型的设计、合理选择与配置是辊型控制的基础。实际上,原始辊型不能随轧制条件的改变而变化。因此,轧制时只有随时调整和正确控制辊型,才能有效地补偿辊型变化,获得高精度产品。

板带轧机广泛采用的辊型控制方法,概括起来,有调温控制与变弯矩控制。变弯矩控制中的液压弯辊,是目前现代化轧机上应用最广泛的辊型调整方法。

6.3.1 调温控制法

合理控制辊温的辊型调整方法称为调温控制法,又称热凸度控制法。这种方法通常沿辊身设有分段的调温装置,给轧辊冷却或加热,改变并控制辊身的温度分布,以达到控制辊型的目的。

调温控制辊型的方法有:冷却液分段控制,辊内通水冷却,分段加热或预热轧辊,轧辊感应加热等。

冷却液分段控制:其方法常用乳液、水或油作冷却润滑剂,冷却液的作用是带走轧辊的热量,防止辊身过热,同时也起润滑作用。只要改变沿辊身长度方向冷却液的流量与压力分布,就可以改变各部分的冷却条件,从而控制轧辊的热凸度。这种控制装置分手动和自动两种方式。

手动的方式是将冷却液喷嘴分成3个或5个,甚至更多个区段,各段的流量、压力通过专门的阀门用手动调整实现控制。例如某1700冷连轧机,第1至第4机架分成3段,中间段7个喷嘴,两侧各5个;第5机架19个喷嘴分5段,中间段7个喷嘴,两侧各段为3个。每段有一个旋钮由操作工控制,冷却液的流量可在最大流量和最大流量一半之间调节。

冷却液分段自动控制系统(图6-10),该系统中逻辑运算部分,依据板形检测信号来控制各阀门流量,以改变冷却液喷射模型,达到控制辊型的目的。各阀门还有手动调节装置进行辅助控制。目前已达到了每个喷嘴的流量可调,其喷嘴间距为50mm以内的水平。

铝及铝合金热轧,通常采用乳液;铜及铜合金热轧,通常用水作冷却液。冷轧趋向于全油冷却润滑。生产中,如轧件出现中间波浪,说明凸度太大,此时应增大辊身中部的冷却液流量,或减小辊身边部的冷却液流量,使辊身中部热凸度减小;当出现双边波浪,则与此相反;其他板形缺陷视具体情况控制相应的喷嘴流量,达到控制辊型(板形)的目的。

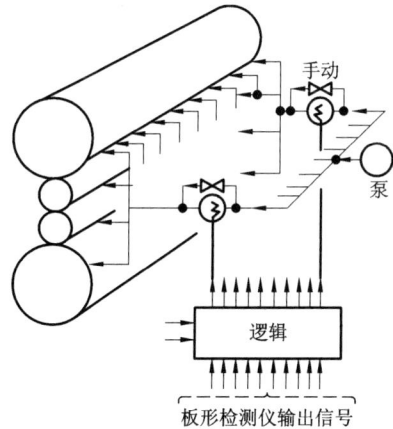

图6-10 冷却液分段自动控制系统

此外,还采用辊内通水冷却的方法,如铝箔低速轧机,在辊中心孔内插入一根四周带孔的铁管,向管内通水冷却轧辊。因冷却强度低,不适用高速轧机。镁及镁合金板带控制,通常不采用冷却润滑,而常用煤气分段预热轧辊。根据需要调整煤气火焰的大小来控制辊型,但影响轧辊的寿命。

用冷却液控制辊型,反应较慢,现代高速轧机上用它难以进行有效而及时的控制。因此,出现局部感应加热或预热轧辊控制辊型的实验方法。

应指出,控制热凸度是辊型控制不可缺少的手段,特别是对较复杂的局部波浪等,效果更好。但轧辊本身热容量较大,升、降温过渡时间长,反应慢,而且急冷急热易损坏轧辊。因此,对现代高速轧机,单靠这种缓慢的调温控制法是不能满足要求的。

6.3.2 变弯矩控制法

控制轧辊弹性变形为手段的辊型调整方法称为变弯矩控制法。这种方法反应比较迅速,通常是通过改变道次压下量、轧制速度与张力,从而改变轧制压力,以此改变轧辊弯曲挠度,及时补偿辊型的变化。

如果辊型凸度较小以致出现边部波浪时,则适当减小压下量,或增大张力特别是后张力。这样轧制压力降低,使轧辊挠度减小,以补偿辊型凸度的不足。此外,提高轧制速度,增加变形热,升高辊温,来增大辊型凸度,低速下影响较明显。改变速度,控制辊型,只有变速轧机才能采用。如果出现中间波浪,与上述调整方法相反。

但是,张力的调整范围小,纠偏能力弱,有时增加张力看来板带平直,一旦取消张力,潜在的板形不良就暴露出来。减少压下量是工艺制度迁就辊型的不合理做法,对热轧来说,因轧制温度限制,有时不允许这样做,既使允许道次增加也影响轧机产量。调整压下量、轧制速度及张力控制辊型,不仅反应慢,而且还影响纵向厚度精度。因此,从60年代中期开始采用新的辊型控制方法,即液压弯辊,实现辊型快速调整。

6.3.3 液压弯辊

液压弯辊是利用安装在轧辊轴承座内或其他处液压缸的压力,使工作辊或支承辊产生附加弯曲,实现辊型调整的方法。液压弯辊的原理是通过液压缸给轧辊施加液压弯辊力(附加弯曲力),使轧辊产生附加挠度,以便快速地改变轧辊的工作凸度,而补偿轧制时的辊型变化。

液压弯辊,根据弯曲的对象和施加弯辊力的部位不同,通常可分为弯曲工作辊和弯曲支承辊,每种弯曲又分正弯和负弯。

1. **弯曲工作辊** 采用弯曲工作辊时,液压弯辊力通过工作辊轴承座传递到工作辊辊颈上,使工作辊发生附加弯曲。弯辊力 F_1 与轧制压力 P 的方向相同,称为正弯工作辊[图6-11(a)]。在弯辊力的作用下,使工作辊挠度减小,即增大了轧辊的工作凸度,防止双边波浪。但这种结构只能向一个方向弯曲工作辊,在某些情况下,单纯用正弯显得调整能力不足。另外,液压缸装在工作辊轴承座内,或利用平衡上工作辊的液压缸,在更换工作辊时拆开高压管路接头很不方便。因此,采用负弯工作辊装置。

在工作辊轴承座与支承辊承座之间安装液压缸,对工作辊轴承座施加一个与轧制压力方向相反的弯辊力 F_1,称为负弯工作辊[图6-11(b)]。在弯辊力的作用下,使工作辊挠度增大,即减小了轧辊的工作凸度,防止中间波浪。将液压缸安装在支承辊轴承座内,无需拆装高压管接头,换辊方便,并改善了液压缸的工作环境。

应指出,采用负弯工作辊的方法,当轧件咬入、抛出及断带时,液压系统需要切换,以便保持上辊平衡,防止轧辊发生冲突。实践证明,实现正、负弯曲工作辊,既有利于操作,又扩大辊型调整范围。

为了使用方便,简化轴承座结构,增大弯辊能力,排除对板厚控制干扰等,已采用多种弯辊

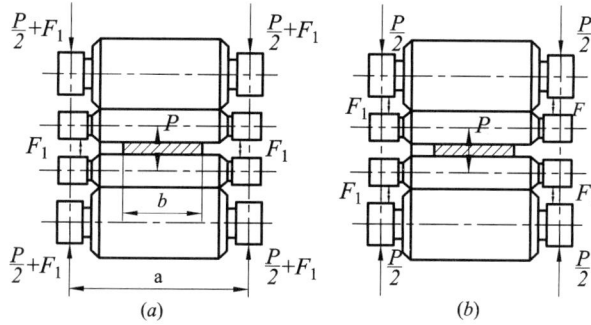

图 6-11　弯曲工作辊的方法

(a)减小工作辊的挠度;(b)增加工作辊的挠度

结构。例如,将液压缸安装在轧机牌坊凸缘内的三个不同位置,分别作用在工作辊轴承座的压板下,可以实现上辊正弯和下辊正、负弯;将工作辊正、负弯液压缸安装在支承辊轴承座上,其优点是正弯时的弯辊力不经过压下装置,使压下和弯辊互不干扰,这对板厚、板形控制都有利。

2. 弯曲支承辊　弯曲支承辊的弯辊力不是施加在轧辊轴承座上,而是施加在支承辊轴承座之外的轧辊延长部分(图 6-12)。这种结构最重要的优点是可以同时调整纵向和横向的厚度差。弯辊力 F_2 与轧制压力的方向相同,以减小支承辊的挠度,称正弯支承辊;反之称负弯支承辊。

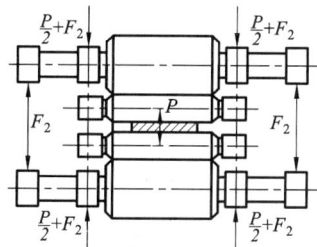

图 6-12　弯曲支承辊

弯曲支承辊方法,轧机结构复杂而庞大。因为支承辊比工作辊的刚度大得多,前者弯辊力较大,大的正弯辊力会增加压下装置和机架的负荷与变形,引起纵向厚度变化。但是,支承辊的弯曲能得到较好吻合轧辊挠度(抛物线型)的辊型。

由于支承辊的弯曲刚度大,所以弯曲支承辊主要适用于辊身长度 L 和支承辊直径 D_0 比值较大的轧机。当 $L/D_0 > 2$ 时,最好用弯曲支承辊,当 $L/D_0 < 2$ 时,一般用弯曲工作辊。弯辊力可用计算方法或参考经验数据选取,一般弯曲工作辊的最大弯辊力(两端之和)约为最大轧制压力的 15% ~ 20% ,支承辊的最大弯辊力约为最大轧制压力的 20% ~ 30% 。

3. 液压弯辊的优缺点　液压弯辊的优点:它不仅能快速、准确地调整辊型,而且调整的范围较大;能满足高速度、高精度轧制要求,实现板形自动控制;减少换辊次数,降低辊耗;提高生产率和成品率;液压弯辊与液压压下相配合,可实现板带纵、横向厚差及板形在线联合自动控制。

但是,液压弯辊控制辊型有以下缺点或局限性:液压弯辊控制对称波浪有效,但不能解决较复杂的板形缺陷(双侧波、局部波等);在板宽之外,4 辊轧机的工作辊和支承辊之间的接触应力限制了弯辊效果的发挥;弯辊力不仅使轧机有关部件负荷增加,降低其使用寿命,有时还影响轧出板厚,所以液压弯辊调整范围的进一步扩大也受到限制;对宽轧件液压弯辊难以影响到板材中部,其板形控制效果不大;目前液压弯辊只有与合理的原始辊型,以及调温控制等相配合,或是改进弯辊结构,才能发挥最大的功效。

6.4 板形控制新技术

从 70 年代开始,对板形和板凸度自动控制系统的研究与应用,取得显著进展。采用新型结构轧机、张应力分布控制板形,特别是板形检测技术的发展,实现了板形自动控制,大大提高了板形精度。

6.4.1 新型结构轧机

1. HC 轧机　HC 轧机是 70 年代日本日立公司和新日本钢铁公司联合研制的新式 6 辊轧机。所谓 HC(High Crown)轧机,即高性能辊型凸度控制轧机。该轧机是在普通 4 辊轧机的基础上,在支承辊与工作辊之间安装一对可轴向移动的中间辊,而成为 6 辊轧机[图 6-13(b)],而且两中间辊的轴向移动方向相反。

如图 6-13(a)所示,一般 4 辊轧机工作辊和支承辊之间的接触部分在板宽之外,形成一个有害的弯矩,使工作辊弯曲,其大小随轧制压力而变化,最终影响板形。另外,有害弯矩抵消了相当一部分弯辊力的作用,结果阻碍了液压弯辊效果的发挥。实践证明,采用双阶梯或双锥度支承辊,工作辊与支承辊在板宽之外的区域脱离接触,从而减少或消除了有害弯矩的影响。但支承辊长度不能随板宽改变而变化,实际应用受到限制。基于这种认识,通过反向移动上下中间辊,将工作辊与支承辊的接触长度,调整到与板宽接触长度相近,可以消除这个有害弯矩的不良影响,由此而设计了 HC 轧机。

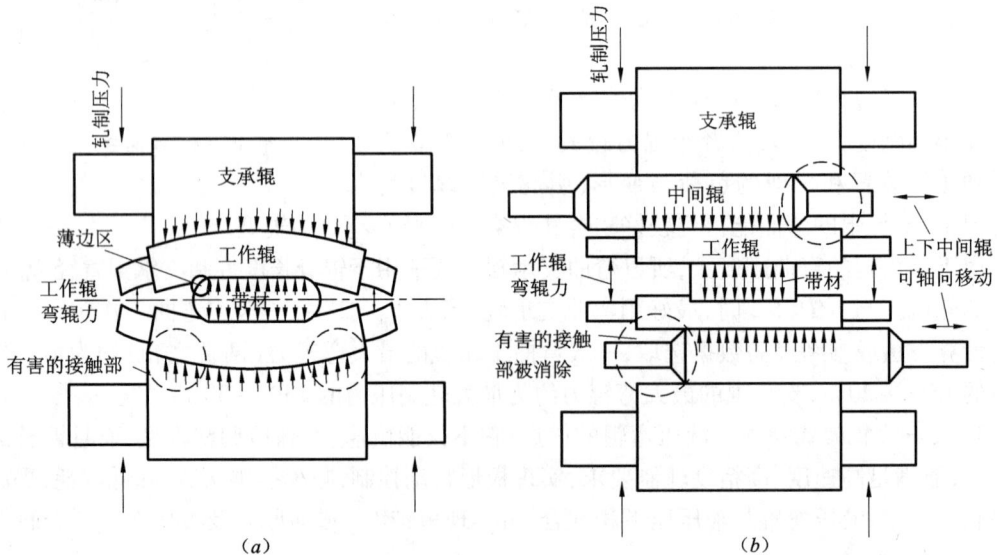

图 6-13　轧辊变形情况比较

(a)一般 4 辊轧机;(b)HC 轧机

从 1974 年起,先后在冷热轧生产中采用了 HC 轧机,实践证明,HC 轧机的优点:(1)轧机的横向刚性大,板形稳定性好。通过调整中间辊的轴向移动量,控制工作辊的挠度,即改变轧机的横向刚度。当中间辊调到适当位置时,工作辊的挠度不受轧制压力变化的影响。因此,HC 轧机板形稳定性好,而且轧机横向刚度相当于无限大;(2)增强了弯辊效能,板形控制性好。HC 轧机设有液压弯辊装置。因为工作辊一端是悬臂的(消除了有害接触长度),所以只用很小的弯辊力就能明显地改变工作辊的挠度,使板形和板凸度发生明显变化,增强了弯辊效能。另外,中间辊可轴向移动,使同一轧机上能控制的板宽范围扩大;(3)HC 轧机具有上述两种调整手段,可使原始辊凸度减少,甚至使用平辊,因此减少了磨辊和换辊次数降低辊耗;(4)轧机的生产率和产品的成品率高。HC 轧机显著提高了板形质量,并能实现大压下量少道次轧制,减少或取消中间退火。此外,还减少板边变薄及裂边,使切向损失少。但是,HC 轧机结构复杂且投资大。通常移动中间辊实现粗调而弯辊实现微调。

2. 双轴承座工作辊弯曲装置(DC - WRB) 双轴承座工作辊弯曲装置,是一项改善液压弯辊控制能力的新技术,近些年在日本先后于热轧和冷轧生产中得到应用。如图 6 - 14 所示,DC - WRB 与单轴承座工作辊弯曲装置(WRB)相比,其主要区别是每侧使用两个独立的轴承座,内轴承座主要承受平衡力,外侧轴承座承受弯辊力,且分别进行单独控制。

单轴承座工作辊弯曲装置存在以下三个问题:(1)平衡与弯辊共一个液压缸,使弯辊控制能力受限;(2)轴承座的应力与变形分布不均,大大降低轴承寿命;(3)负弯和低于平衡压力的正弯,在咬入、抛出或断带时要切换液压系统,导致轧制过程不稳定。为此,将平衡与弯辊两种功能及其液压系统分开,便设计了 DC - WRB。

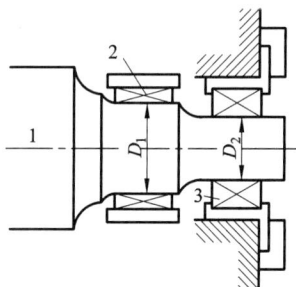

图 6 - 14 DC - WRB 辊颈部分安装情况
1——工作辊;2——主要承受径向负载的轴承;
3——承受径向、侧向负荷的轴承;D_1——粗直径辊颈;D_2——细直径辊颈

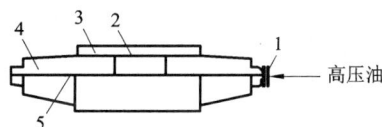

图 6 - 15 VC 轧辊结构示意图
1——旋转接手;2——液压腔;3——辊套;
4——芯轴;5——油孔

这种结构的优点:(1)因为内外轴承座分开,弯辊力独立调整,所以提高了板形控制能力,延长轴承使用寿命;(2)外轴承座用于弯辊,弯曲力臂大,而且外侧辊颈小,能采用厚套轴承,承载能力大,可以增大弯辊效果;(3)内轴承座主要承受平衡力,以保证轧辊平衡。而且操作方便,使用正负弯,能保证轧制过程稳定;(4)与 WRB 相比较,一般板凸度控制能力扩大 2.5 倍,板形控制范围为 3.5 倍,容易实现现有轧机的改造。

3. VC 轧辊 VC 轧辊是日本住友金属工业公司研制的板形控制新装置。VC 轧机(Variable Crown Mill),即轧辊凸度可瞬时改变的轧机。如图 6 - 15 所示,可变凸度轧辊是一种组合式轧辊。轧辊由芯轴和轴套装配而成,芯轴和辊套之间有一液压腔,腔内充以压力可变的高压油。随轧制过程工艺条件变化,不断调整高压油的压力改变轧辊的膨胀量(轧辊凸度),以获得良好的板形。

VC 轧辊可用于 2 辊轧机的工作辊和 4 辊轧机的支承辊,适宜冷、热轧。它不仅控制板凸度能力较大,与液压弯辊配合,还可以控制较复杂的板形缺陷。

4. FFC 轧机　80 年代初,日本研制的新型 5 辊轧机,即平直度易控制轧机(Flexible Flatness Control Mill),简称 FFC 轧机。它具有垂直、水平方向控制板形功能。如图 6－16 所示,如果产生中部波浪或双边波浪,由上工作辊 2 和中间支承辊之间的液压弯辊装置控制;其他板形缺陷,通过侧弯系统控制。侧弯系统是用分段支承辊 6,通过侧向弯曲辊 5 在水平面内弯曲下工作辊 3 来完成的。分段支承辊由装在同一轴上的 6 个惰辊组成,其轴上安装液压缸 7,侧弯力通过分段支承辊,经侧向弯曲辊传递到下工作辊任意位置上,以克服由于上下工作辊之间的偏移而引起的水平力,实现水平控制。

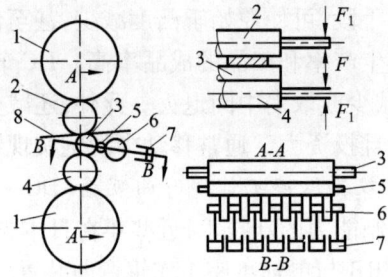

图 6－16　FFC 轧机控制结构简图
1——支承辊;2——上工作辊;3——下工作辊;4——中间支承辊;5——侧向弯曲辊;6——分段支承辊;7——液压缸;8——轧件

这种轧机还有 4 辊和 6 辊之分,其板形控制能力较强,甚至可采用平辊型轧制。

5. CVC 轧机　西德施罗曼－西马克公司于 1982 年开发了连续可变凸度轧机 (Continuously Variable Crown),简称 CVC 轧机。轧辊辊型由抛物线曲线变成全波正弦曲线,近似瓶形,上下辊相同,而且装置成一正一反,互为 180°。通过轴向反向移动上下轧辊,实现轧辊凸度连续控制(图 6－17)。当上下轧辊位置如图 6－17(a)时,辊缝略呈 S 形,轧辊工作凸度等于零(中性凸度);当上辊向右下辊向左移动量相同[图 6－17(b)],中间辊缝变小,轧辊工作凸度大于零,称正凸度控制;相反,如果上辊向左下辊向右移动量相同[图 6－17(c)],轧辊工作凸度小于零,称负凸度控制。

CVC 轧机有 2 辊、4 辊和 6 辊之分。S 型轧辊可作工作辊,或中间辊,6 辊轧机就有这两种形式。CVC 轧机既有辊凸度调整范围大,又能连续调节的特点,再加上液压弯辊系统,扩大了板形控制范围。

此外,在 HC 轧机基础上,除中间辊轴向移动外,还增加了工作辊的水平调节,以及中间辊的正负弯曲装置,发展了水平、垂直控制的 HC 轧机,称 HVC 轧机。还有控制轧制时力矩分配的方法,控制工作辊水平弯曲的新型轧机,即泰勒(Taylor)轧机,等等。

6.4.2　张应力分布控制板形

前面讨论的板形控制技术是通过改变工作辊辊缝形状影响板形的。张应力分布控制板形,是通过控制张应力沿板宽的分布,主经影响辊缝中金属的纵向流动,促使延伸均匀改善板形的。

实验证明,改变沿板宽的张应力分布,可改善板形。而且前张应力比后张应力的不均匀分布对板形影响更大;并发现控制辊(TDC)作用在带材边部,比作用在带材中部更容易造成张应力不均匀分布。

基于上述结论,在日本钢管福山厂 2 号全连续冷轧机末架上,首先应用了 TDC 新技术。安装的 TDC 装置结构(图 6－18)。图中控制辊可垂直升降和倾斜,升降高度和倾斜角度分别由下面和上面的两液压缸控制,TDC 辊装在带材边部,而且靠带材的摩擦作用使它转动。根据板形检测装置输出的不同信号,通过调整 TDC 辊提升高度和倾斜角度,对带材边部施以不同的力,从而改变出口在力沿板宽的分布,达到控制板形的目的。

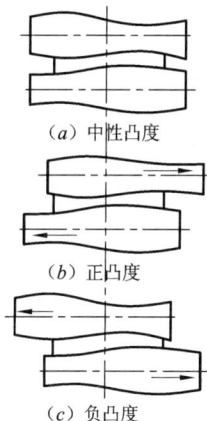

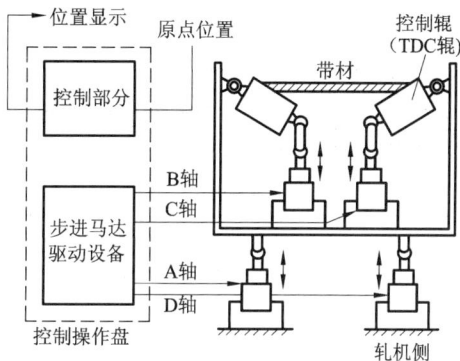

图6-17　连续变化的辊凸度(CVC轧机)　图6-18　张应力分布控制装置图示(控制辊的驱动系统)

该装置与液压弯辊相配合板形控制能力很强。实践证明:在机架出口侧安装TDC装置控制板形的效果比一般液压弯辊大2~3倍;应用该装置使液压弯辊的效果增大;改变倾角和提升高度控制灵活,可控区域比液压弯辊宽。可见,张应分布控制是一种有发展前途的板形控制技术。

6.4.3　板形检测与板形自动控制简介

生产中各种板形状况,只有靠板形检测装置获取,并经板形控制系统合理的处理,发出正确的指令,控制执行机构(如液压弯辊)工作,才能达到控制板形的目的。可见,板形检测是提高板形质量,实现板形自动控制的重要环节。

1. 板形检测　板形检测装置的型式很多,目前已达30余种。按带材与板形检测仪的关系分接触式和非接触式两类,按其工作原理,还可分若干类。下面简单介绍三种板形检测方法:

(1)辊式测张法:因为带材内的张应力沿板宽的分布与带材的纵向延伸有关,所以通过沿量沿板宽张应力分布大小,可以测出板形状况。辊式测张法属接触式,其中有多段组合张力辊和压磁式板形检测仪。多段组合张力辊板形仪(图6-19),它由多个测量辊组成,在每个测量辊悬臂上装有压力传感器。当轧出的带材通过测量辊时,压力传感器便测出沿板宽的张应力,即测出了板形。

压磁式板形仪(图6-20),它由一个与轧辊辊身长度相等的测量辊作为测定部分,在测量辊上沿周向刻有若干个均匀分布的通环槽,槽内装有宽度为52mm的压磁式压力传感器,外面用钢环套上。根据带材宽度,测量辊可分若干段,分段宽度为52mm,近几年已发展为段宽25mm的高分辨度接触式板形仪。当带材绕过测量辊时,沿宽向各部分延伸不同引起张应力不均,将被压力传感器分别测出,并在显示装置上反映出来,或送到控制系统中实现板形自动控制。

(2)透磁率法:透磁率法是一种非接触式的磁性板形仪(图6-21),它的检测对象是带材中的张应力。因为带材张应力分布不均引起磁性材料导磁率发生变化,所以利用导磁性的变化,可以测出带材中张应力的变化和分布,测定带材的板形。其装置由上下一组成对探测头构

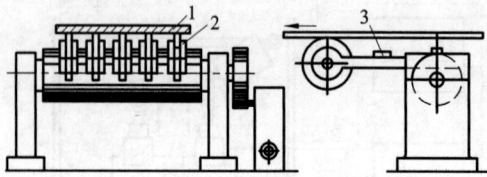

图 6-19　多段组合辊板形仪

1——带材；2——测量辊；3——压力传感器

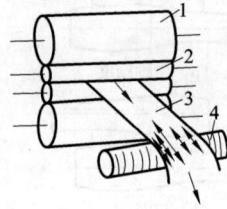

图 6-20　接触压磁式板形仪

1——支承辊；2——工作辊；3——带材；4——测量辊

成,上探测头为励磁线圈,下探测头为感应线圈,每对探头测量宽度约为60mm,其对数多少依板宽而定。磁通通过被测带材,感应线圈的输出电压是带材所受张应力的函数。此应力值通过电子装置反映到显示屏上,其测量结果也可输到控制系统,实现板形自动控制。这种测定方法只能用于具有导磁性能的金属。

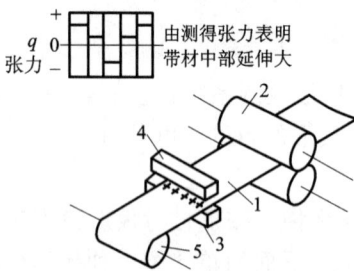

图 6-21　非接触式的磁力板形仪

1——带材；2——轧辊；3——下探头；
4——上探头；5——卷取机

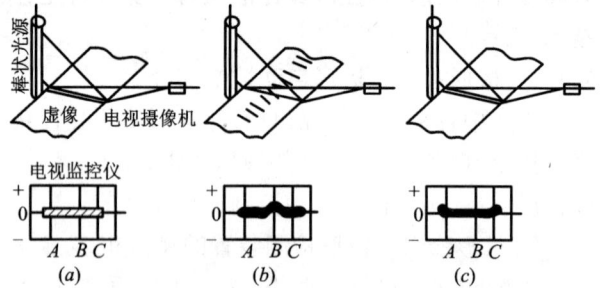

图 6-22　光学式板形检测装置的原理

(a)平直；(b)中波；(c)边波

(3)棒状光源法:它是利用光学的原理测定板形的方法。当不带张力或小张力轧制时,板形缺陷能直接反映在板面上,可用直接观测波形的方法测定板形。如图6-22所示,棒状光源法是利用电视摄影机摄取棒状强光源在板面上形成的条状映像,它的形状就反映了板形的状况。如图6-22(a)带材平直,其反射后所形成的虚像为水平线;图6-22(b)的中波,成像在对应中波的位置上发生凸起或凹入;带材产生边波如图6-22(c),其成像在两边发生向上或向下弯曲。可见,带材波形越高,则成像偏离正常位置越大,虚像的位移量与带材不平度成正比。

2. **板形自动控制简介**　实现板形自动控制,首先要有控制板形的手段,如液压弯辊、DC-WRB、TDC、HC、FFC 装置等,属执行机构。其次,要有可靠的高精度板形检测装置,取得准确的板形信号。在上述两者之间装备板形控制系统,根据工艺条件和板形信号比较、运算,发出合理的指令对执行机构进行调整,实现板形控制。

板形控制系统主要分开环和闭环两种。开环系统一般根据不同带宽和不同轧制条件下的

110

板形情况,设定弯辊力或冷却液的流量和压力等,进行板形控制,比较简单,可用目测手动操作。

但是,在有板形检测装置的情况下,可以通过检测、控制、执行机构组成闭环回路,进行反馈控制。例如,光学板形仪和液压弯辊装置构成的自动控制系统,如图6-23。

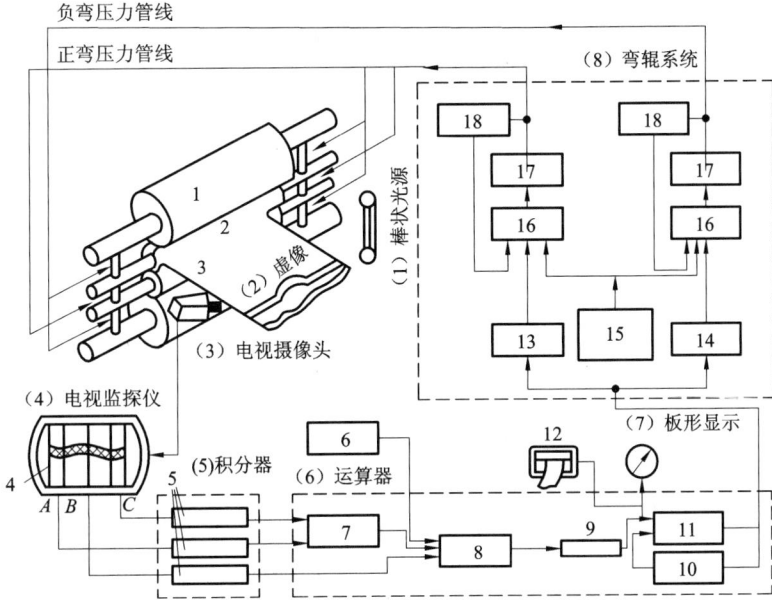

图6-23 光学式板形检测装置的自动控制系统

1——支撑辊;2——工作辊;3——带材;4——取样线;5——积分器;6——板形设定;
7——运算放大器1/2(A+C);8——运算放大器1/2(A+C)-B;9——存储器;10——
积累存储器;11——运算放大器;12——记录器;13——正极性运算;14——负极性运算;
15——弯辊力设定;16——伺服控制;17——伺服阀;18——压力传感器

该系统电视摄像头摄取的光学信号,经电视监控仪三条脉冲调幅线A、B、C,用来监视宽度方向各点的位移量。然后将相应位移量输入到相应的积分器中,经过运算放大在板形指示仪表及记录器上给出定量的板形值。同时将此信号送入弯辊控制系统,其伺服阀根据检测信号控制液压缸的压力,调整弯辊力使轧辊发生正弯或负弯,从而控制板形。但是,为了消除弯辊力对板厚的影响,必须同时配备压下修正系统,对厚度进行补偿才能充分发挥液压弯辊的板形控制能力。

近年来,随着板凸度仪的开发与应用。日本采用对带材板形和板凸度进行独立自动闭环控制。如石川岛播磨公司已经把自动平直度控制(Automatnic Flatness Control),应用到铝板带冷热轧机上。板形自动控制(AFC)系统,将冷却液喷射板形控制装置、液压压下AGC相组合构成的AFC系统,与对轧制压力引起的轧辊弯曲进行准确修正的横刚性控制系统并用。从而改善了板材质量,大幅度提高了生产率。

7 板带材生产的基本工艺

7.1 板带材产品及生产工艺流程

7.1.1 产品技术条件

通过热轧或热轧后经冷轧所获得的产品,按横断面形状和交货形状、产品尺寸,分为板材、带材、箔材等。所谓板材(Sheet)是指横断面呈矩形,厚度均一并大于0.20mm,以平直状外形交货的轧制产品。带材(Strip)是指横断面呈矩形,厚度均一并大于0.20mm,以成卷交货的轧制产品。凡由上述板材或带材加工而成的波纹状、花纹状或横断面均匀变化的产品等,都称为板材或带材。箔材(Foil)是指横断面呈矩形,厚度均一并等于或小于0.20mm的轧制产品。上述厚度范围均以铝及铝合金为例。

轧制生产的板、带、箔材产品,一般是供各工业部门进一步加工使用的中间制品。使用单位对加工产品提出了全面的质量要求,这些要求是通过国家拟定产品技术条件来规定的。产品技术条件又称技术标准,技术标准有国家标准(GB)、部级标准(YB)、企业标准(QB)以及供需双方签订的技术协议,此外,为外贸和国际交往需要,近几年逐步采用国际标准(ISO)。

上述技术标准,对板带箔材加工生产提出了全面的质量要求。因此它是组织生产、拟定生产工艺和选择设备的依据,也是在生产或使用过程中检验产品质量的惟一准则。但随着科学技术和生产水平的发展,技术标准使用一定时期后,应根据社会发展的需要,进行定期地修改。产品技术标准主要包括以下内容:

1. **产品分类及应用范围** 有色金属及合金加工产品,按金属及合金系统分类。如铝及铝合金、镁及镁合金、铜及铜合金、钛及钛合金等。按金属及合金性能、使用要求分组。如铝及铝合金分纯铝、防绣铝、硬铝、锻铝组等。按金属及合金中的主要组成元素(或按特殊加工方法)分组。如铜及铜合金分纯铜、无氧铜、铝黄铜、铅黄铜、铝青铜组等。

产品的应用范围,如铝合金板中有飞机蒙皮用的优质板、结构板、涂漆蒙皮板及各种包铝板等。铜及铜合金板带中有汽车水箱带、电缆铜带、雷管带及仪表或弹簧用板带等。

2. **品种** 产品品种包括合金牌号、供应状态、规格,外形尺寸及允许偏差,板带材的不平度等。我国目前生产的重有色金属板、带、箔材尺寸范围见表7-1。供应状态,根据同一种合

表 7-1 重有色金属板带箔材产品尺寸范围

产　品	尺　寸　范　围,mm	厚度允许偏差,mm
热 轧 板	$4 \sim 50 \times 200 \sim 3000 \times 1000 \sim 6000$	$-0.45 \sim 3.5$
冷 轧 板	$0.2 \sim 10 \times 200 \sim 2500 \times 800 \sim 3000$	$-0.06 \sim -0.80$
带　材	$0.05 \sim 1.5 \times 10 \sim 1000 \times 3000 \sim 100000$	$-0.01 \sim -0.14$
箔　材	$0.005 \sim 0.05 \times 10 \sim 300 \times 5000 \sim 500000$	$\pm 0.001 \sim {+0.004 \atop -0.005}$

注:表中的尺寸范围及厚度允许偏差是在一般情况下的要求。

金牌号的产品质量级别,以及机械性能的不同要求,在技术标准中划分不同的供应状态。我国有色金属板、带、箔材部分供应状态见表 7-2。

表 7-2　板带和箔材的供应状态

供 应 状 态 名 称	标准代号	供 应 状 态 名 称	标准代号
热轧成品	R	不包铝(热轧)	BR
退火成品(软态)	M	不包铝(退火)	BM
硬(冷轧状态)	Y	不包铝(淬火、优质表面)	BCO
$\frac{3}{4}$硬、$\frac{1}{2}$硬、$\frac{1}{3}$硬、$\frac{1}{4}$硬	Y_1、Y_2、Y_3、Y_4	不包铝(淬火、冷作硬化)	BCY
特硬	T	优质表面(退火)	MO
淬火	C	优质表面淬火自然时效	CZO
淬火后冷轧(冷作硬化)	CY	优质表面淬火人工时效	CSO
淬火(自然时效)	CZ	淬火后冷轧、人工时效	CYS
淬火(人工时效)	CS	热加工、人工时效	RS
淬火自然时效冷作硬化	CZY	加厚包铝的	J

3. **技术要求**　产品技术要求包括:(1)化学成分:化学成分一般由熔铸车间按技术标准控制;(2)机械性能:一般产品只要求抗拉强度、屈服极限和延伸率。有的产品还要求硬度、高温持久或瞬时强度等;(3)物理性能:大部分产品对物理性能无具体要求,有的产品要求弹性、电阻率等;(4)工艺性能:供深冲或拉深的产品要求作杯突试验,其深冲值应符合标准。试验时试样不允许有明显的裙边,或其制耳率不超过允许范围;(5)金相组织:有的产品要求不同的晶粒度大小、第二相分布、含氧量及过烧情况的金相检验;(6)表面质量:表面质量要求,目前基本上是定性的。如表面要求光滑、清洁,不应有裂纹、皱纹、起皮、气泡、夹杂、针孔、水迹、酸迹、油斑、腐蚀斑点、压入物、划伤、擦伤、包铝层脱落、辊印、氧化等,或者不超过允许范围;(7)产品内部质量:不允许有中心裂纹和分层,对双金属复合材料要求层间结合牢固,经反复弯曲试验不分层等。

此外,对产品的验收规则和试验方法、包装、标志、运输及保管办法等都有具体规定。

板带材产品尽管品种、用途不同,技术要求各不一样,但其共同点可归纳为“尺寸精确板形好,表面光洁性能高”。这概括了板带材产品的主要质量要求,某一产品的整个生产工艺过程,都要保证产品质量,严格按照技术标准组织生产。

7.1.2　生产工艺流程

铸锭经过一系列工序处理,最后加工成板、带、箔材产品。所谓工序是指用某种设备或人力对金属所进行的某个处理过程。把生产某一产品的各道工序按次序排列起来,称为产品的生产工艺流程。生产工艺流程主要根据合金特性、产品规格、用途及技术标准、生产方法、设备技术条件所决定的。

1. **典型生产工艺流程**　一个产品的工艺流程,完全反映了该产品的整个生产工艺过程。图 7-1 及图 7-2,分别表示铝及铝合金、铜及铜合金的板带材产品典型工艺流程。

由典型工艺流程图可知,不同的合金、产品规格、技术要求、生产方法及设备条件等,其生产工艺流程不会相同。即使同一产品,在不同的工厂,因设备、工艺、技术条件不同,工艺流程

半连续铸锭(均匀化)　　　包铝板

蚀洗　　　铣面、铣边

包铝

加热

热轧

切边、切头尾

(块式法)　　　　　　　　　　　　　(带式法)

剪切下料　　　剪切下料　　　卷取

冷轧　　　精整　　　退火

退火　　　检查　　　冷轧

冷轧　　　包装　　　退火

冷轧

预剪

剪切　　　剪切　　　淬火　　　　　　　精整　　　退火　　　淬火

精整　　　退火　　　时效　　　　　　　检查　　　精整　　　时效

检查　　　精整　　　剪切　　　　　　　涂油包装　　检查　　　精整

涂油包装　　检查　　　精整　　　　　　　　　　　　涂油包装　　检查

　　　　　涂油包装　　检查　　　　　　　　　　　　　　　　　涂油包装

　　　　　　　　　涂油包装

Y, Y₂ 板　　M, Y₂ 板　　CZ, CS 板　　R 板　　Y, Y₂ 板　　M, Y₂ 板　　CZ, CS 板

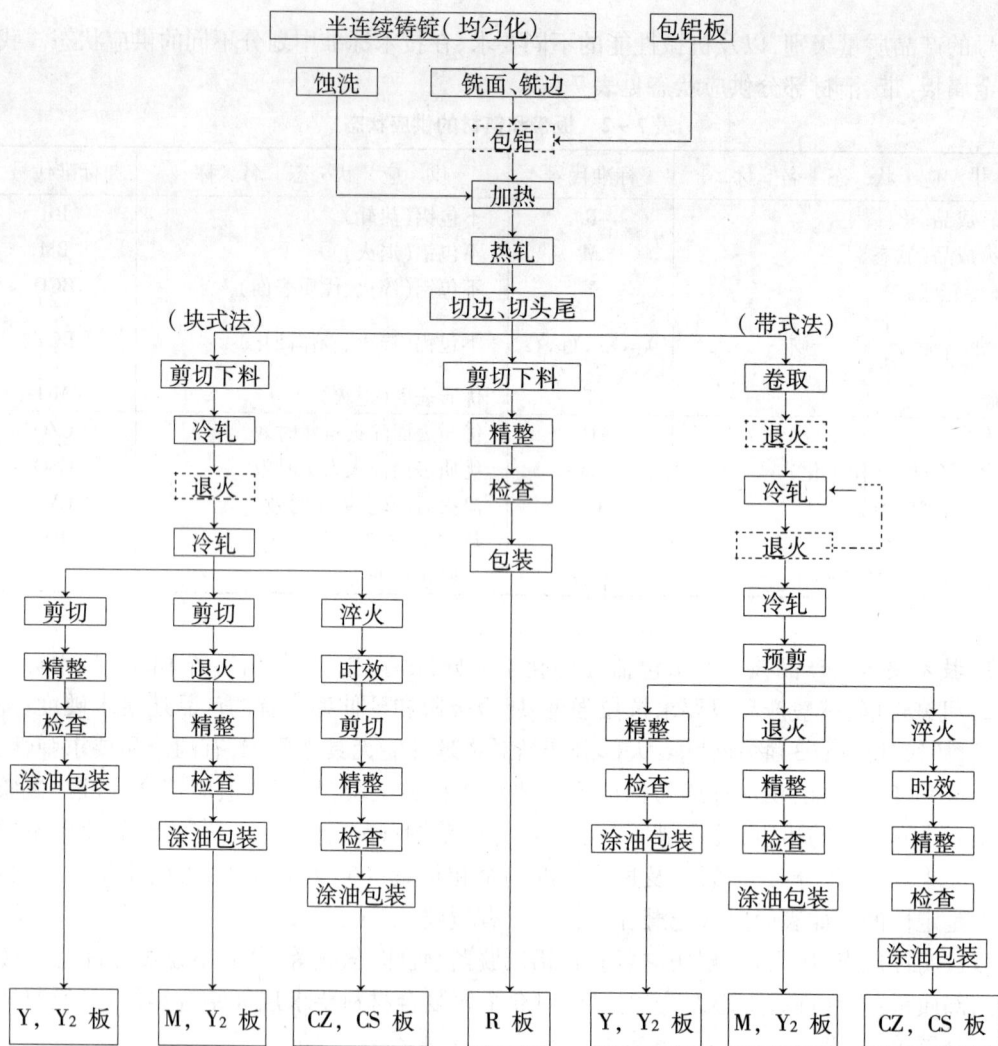

图 7-1　铝及铝合金板带材典型工艺流程

注:实线为常采用的工序,虚线为可能采用的工序

也有差异。但是,生产板带材产品的基本工序,一般包括铸锭的表面处理及热处理、热轧、冷轧、坯料或成品的热处理及表面处理、精整及成品包装等。

2. **确定工艺流程的原则**　根据不同的产品品种、产量、技术要求,合理选择生产方法和铸锭开坯方法,在一定设备条件下是确定生产工艺流程的重要条件。确定工艺流程的原则是:在确保产品质量,满足技术要求的前提下,尽可能简化或缩短工艺流程;根据设备条件,保证各工序设备负荷均衡,安全运转,充分发挥设备潜力;应尽量采用新设备、新工艺、新技术;提高生产率和成品率,降低成本,提高经济效益和社会效益。

3. **板材的生产方法**　板材的生产方法有块式法和带式法两种方式。

块式法是经热轧或冷粗轧(冷通)后剪切成一定长度的板坯,再采用冷轧等工序,直至成品。这种方法,设备及操作简单,投资少,上马快,生产的品种、规格灵活性较大。一般适用于中小型工厂。但是,块式法是一种古老的生产方法,生产率和成品率低,劳动强度大,生产条件差、周期长,产量受限,尤其是生产薄板。对于板材规格较大,尤其较厚的板材,采用块式法生

铸锭(铣面)

加热

热轧

（块式法）

剪切下料　　剪切下料　　铣面或酸洗

酸洗　　　　酸洗　　　　冷轧

冷轧　　　　剪切　　　　卷取或对焊

退火　　　　矫平　　　　退火

酸洗　　　　检查　　　　酸洗

冷轧　　　　包装　　　　冷轧

剪切　　　　　　　　　　退火

光亮退火　退火　矫平　　酸洗

　　　酸洗　检查　　　　冷轧

　　　矫平　包装　　　　切边，剖条

　　　检查　　　　　　　脱脂

　　　包装　　　　　　检查　检查

（带式法）

剪切

矫平　退火　　光亮退火

检查　酸洗

包装　矫平

检查

包装

M，Y_2 板　　Y，Y_2 板　　R 板　　Y，Y_2 带　　M，Y_2 带　　Y，Y_2 板　　M，Y_2 板

包装　光亮退火

包装

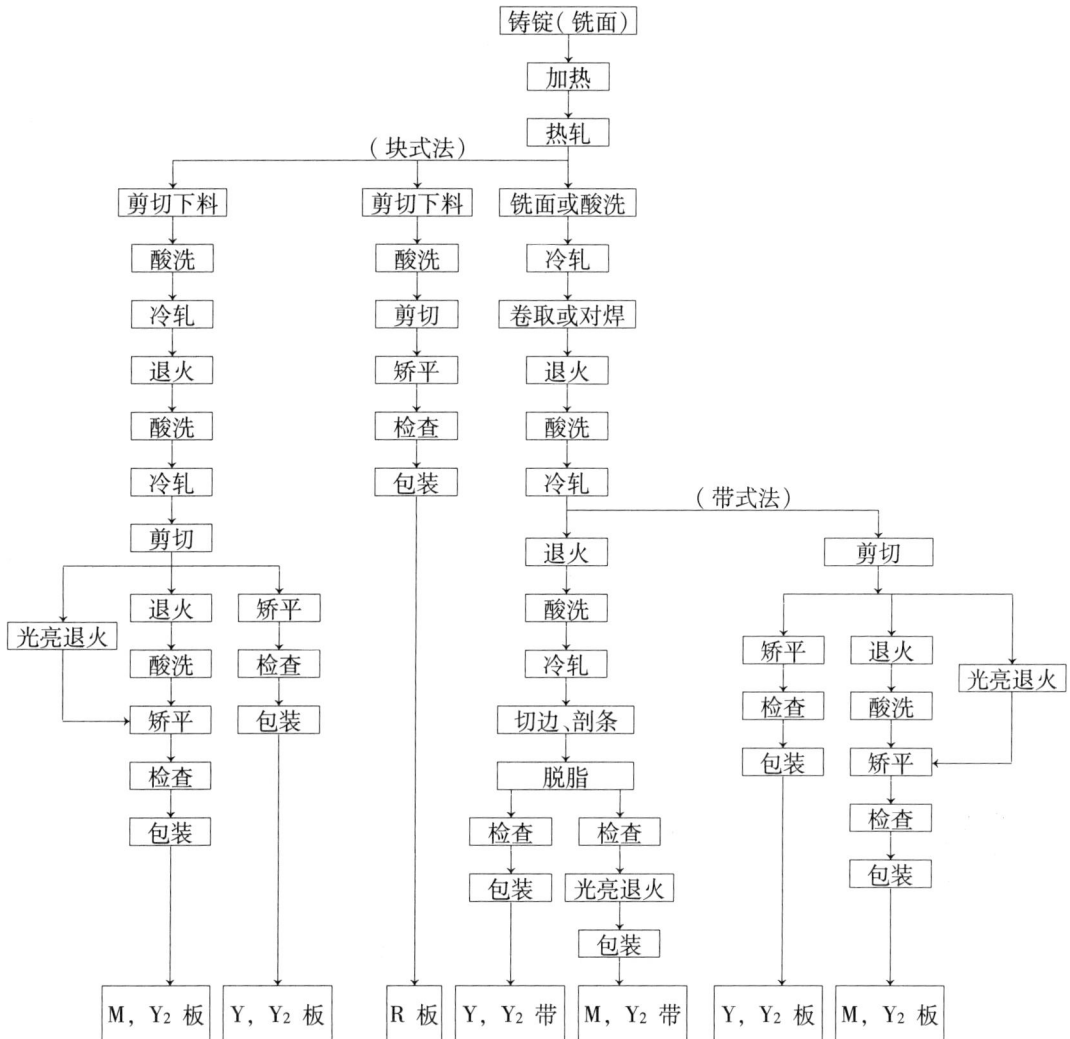

图 7-2　铜及铜合金板带材典型工艺流程

产。

带式法即成卷轧制，最后才横剪成板。这种方法生产板材，可采用大铸锭、高速度轧制，生产率和成品率高。而且容易实现生产过程的连续化、自动化和计算机控制，达到高质量、高效率及劳动强度小。但是，设备较复杂，投资大，建设周期较长，适用于产量大，技术力量较强，品种较单一的大中型工厂。尤其是生产宽而薄的板材，最有效的方法是带式法取代块式法，这已成为国内有色加工厂技术改造的重点之一。

4. 铸锭开坯方法的选择　合理选择不同的铸锭开坯方法是拟定生产方案，确定工艺流程的重要前提。开坯方法不同，工艺流程也不一样。有色金属板带材生产，大部分铸锭采用热轧开坯，即将准备好的铸锭经加热后直接热轧。加热后热轧可采用大铸锭，充分利用金属高温下良好塑性，加工率大，生产率和成品率高。此外，中小厂产量不大，铸锭较小，对加工性能良好的纯铝等，可利用铁模或水冷模铸造后的余热，控制一定温度直接热轧。这种方法，节省能耗，减少生产周期及加热设备，降低成本。

对热轧温度范围具有热脆性的金属，如锡磷青铜等可采用冷轧开坯。因此铸锭厚度较小，

经均匀化退火后冷轧开坯。另一种先进的方法,由水平连续铸造得到较大的卷坯,厚度为 10 ~15mm,经均匀化退火后成卷冷轧,产品质量好,生产率和成品率高。

对某些镍合金、钛、钨、钼等,常采用热锻造或热挤压开坯,再经轧制等工序生产板带材。此外,还可采用把铸造与热轧联系在一起的轧制新技术。例如,连铸连轧法和连续铸轧法生产板带坯料,见 8.2 节。

由上述典型工艺流程,可见有色金属及合金板带材产品,生产工序多、流程长。下面就最基本的工序:铸锭表面处理及热处理、热轧、冷轧、坯料及成品的表面处理和热处理、精整等,进行较详细的讨论。

7.2 热轧铸锭的要求

热轧的铸锭是采用连续、半连续、铁模等铸造方法生产的扁锭。铸锭质量的好坏是生产优质产品的基础。为了保证产品质量和满足加工工艺性能要求,对铸锭尺寸、形状、表面及内部质量,必须有一定要求,并在热轧前进行必要的表面处理和热处理。

7.2.1 铸锭尺寸和形状

确定铸锭尺寸首先根据生产规模确定铸锭的重量,还应考虑合金工艺性能、生产方法、产品规格、设备能力等条件。铸锭尺寸用厚度×宽度×长度,即 $H \cdot B \cdot L$ 表示。

1. 铸锭厚度 合理选择铸锭厚度,与产品最终质量、生产率和成品率关系很大。对同一厚度的产品,铸锭越厚总变形量越大,再经多次冷轧,能保证产品性能要求。厚度较大的产品,宜选择厚度较大的铸锭,否则热轧或冷轧变形量不足,影响产品组织与性能。铸锭厚度大,便于生产过程的连续化,切头、切尾损失少,生产率和成品率高。

铸锭厚度还受合金特性、设备条件限制。如果热轧机能力小,或冷轧开坯的合金,及生产规模不大,其铸锭厚度小。但最小铸锭厚度主要受产品最低加工率的限制,并与铸造条件及铸锭宽度有关。考虑轧机能力,一般轧辊直径与铸锭厚度之比约为 5 ~7 左右。我国目前一般中小厂铸锭厚度在 80mm 以下,大厂达 300mm 左右,国外铸锭最大厚度达 660mm。

2. 铸锭宽度 铸锭宽度主要由成品宽度确定。一般考虑轧制时的宽展量和切边量,然后取成品宽度的整数倍作为铸锭的宽度。铸锭宽度可以用下式计算:

$$B = nb + \Delta b - \Delta B \qquad (7-1)$$

式中:b——成品宽度,mm;

n——成品宽度的倍数;

Δb——总切边量(切边或剖条次数有关),mm;

ΔB——热轧宽展量,mm。

考虑轧辊长度对铸锭宽度的限制,应便于操作与板形控制等,视不同轧制条件而定,一般取辊身长度的80%以下。铸锭宽度受铸造设备和工艺限制。为减少设备,提高铸锭质量,铸锭宽度也可用锭厚确定,一般铸锭的宽厚比约为 3 ~7 左右。

为减少铸造设备,铸锭宽度不宜选多,但是要满足多宽度的要求,通常可采用以下的措施:(1)当成品宽度大于所选铸锭宽度时,如轧机能力允许,可采用横轧。即铸锭纵轴方向与轧辊轴线平行送入轧辊的轧制方法。如半连续铸锭,按不同宽度要求,锯切相应的铸锭长度进行横轧;(2)用块式法生产冷轧板时,可在热轧或冷粗轧后,下料横轧;(3)热轧时先纵轧到所需宽度,再转向90°横轧直至完成。纵轧是指铸锭纵轴方向与轧辊轴线垂直送入轧辊的轧制方法,板带材轧制通常是这种方法;(4)先角轧后纵轧,也能使铸锭展宽而达到所需宽度。所谓角轧是指铸锭纵轴方向与轧辊轴线呈一定角度(15°~45°)送入轧辊的轧制方法。两对角线交替轧制一定道次,至所需宽度然后纵轧,并使轧件形状不致发生歪斜;(5)铁模铸造,设计模子宽度可以调节,也能改变铸锭宽度。

3. 铸锭长度 铸锭长度主要取决于轧制速度、辊道长度及铸造设备等,当铸锭厚度和宽度一定,锭越长卷重越大,生产率和成品率越高。若设备条件允许,在保证终轧温度下,尽可能采用较长的铸锭。根据设备条件,确定铸锭长度要满足产品最终长度的要求,或定尺长度的整数倍(剪掉头尾)。块式法生产,不仅要考虑热轧辊道长度,如果热轧后直接冷粗轧,还要考虑冷轧机前后辊道长度或便于操作等。当铸锭厚度和宽度确定之后,可用铸锭重量计算铸锭长度。

4. 铸锭形状 生产板带材的铸锭,一般为长方形扁锭。铸锭外形应保证沿横向厚度均匀。端头或侧面应规整,或者呈圆弧形等,这不仅防止轧制过程不均匀变形产生裂纹或"张嘴"等缺陷,轧制时还能改善咬入。

7.2.2 铸锭的质量要求

铸锭的质量对产品加工的工艺性能及最终质量影响很大。铸锭质量,除铸锭尺寸与形状应满足要求外,还包括铸锭的化学成分、表面和内部质量应符合技术标准。

1. 化学成分 铸锭的化学成分不符合技术标准,或化学成分不均,不仅恶化加工过程的工艺性能,导致加工困难,而且产品最终组织性能会达不到技术要求。因此,铸锭的化学成分必须符合标准,保证成分均匀。

2. 铸锭表面质量 铸锭表面应无冷隔、裂纹、气孔、偏析瘤及夹渣等缺陷,表面光洁平整。否则,冷隔导致热轧后表面粗糙,或起皮、裂边;裂纹使锭铸内部氧化,热轧开裂、起皮;气孔不能压合,引起表面起皮或起泡;偏析瘤会导致热脆、碎裂或分层等。因此,铸锭表面通常要用机械铣削(铣面)、清洗或修刮等方法,尽可能消除上述缺陷。

3. 铸锭内部质量 铸锭内部缺陷,成分、组织不均,对加工过程及产品质量影响极大,甚至造成大量废品。铸锭内部常见缺陷有偏析、缩孔、裂纹、气孔及非金属夹杂物等。

铸锭化学成分不均匀的现象称为偏析。晶内偏析,一般通过热处理和加工可以消除;晶界偏析是低熔点物质聚集于晶界,使铸锭热裂倾向增大,产品容易发生晶界腐蚀。如高镁铝合金中的钠脆;铜及铜合金中的铋脆等。宏观偏析,即铸锭内外部成分不一致,使铸锭及加工产品的组织和性能不均。如锡青铜和硬铝铸锭中锡及铜的反偏析,引起热脆,容易轧裂。宏观偏析不能靠均匀化退火消除,要特别防止。

铸锭中部和头部等地方,常出现收缩孔洞。细小而分散的缩孔(缩松),轧制时一般可以压合;容积大且聚集有气体和非金属夹杂物的集中缩孔,不能压合只能伸长,而且热轧造成铸锭沿缩孔轧裂或分层,或退火出现起皮、起泡等废品。

铸锭内部裂纹使塑性降低,容易轧裂,或导致产品性能降低。

轧制时气孔可被压扁,而难以压合,常常在轧制和热处理过程中,产生起皮、起泡现象。对铝及铝合金,气孔是铸锭生产中经常遇到而又难以完全消除的重要缺陷,潮湿天气更为严重。

夹渣是铸锭中的金属与非金属夹杂物,轻金属多内部夹渣,重金属多表面夹渣。夹渣对产品机械性能影响很大。有些夹渣轧制时,沿金属延伸方向被拉长、展平,使金属横向强度比纵向约低 50%,延伸率约低 90%,并出现起皮或分层。

由此可见,提高铸锭内部质量,对改善加工工艺性能,提高产品质量和成品率具有重要的意义。为了保证合格的铸锭投产,除对铸锭进行成分分析、低倍或高倍组织检查、无损探伤之外,热轧前还要进行铸锭表面处理和热处理。

7.2.3 铸锭的表面处理

铸锭表面处理可分为机械处理、化学处理及表面包覆三种方法。

1. 表面机械处理 将铸锭表面全部或局部剥去一层,常用铣面、车皮、刨面、打磨、手工修铲等方法,消除铸锭表面缺陷。不铣面的铸锭局部表面缺陷,一般用钻头、风铲及金属刷等修理或消除。因表面缺陷及铸锭内部的气孔、夹渣及裂纹等,多聚集于铸锭表面层,对面积大的缺陷,采用铸锭铣面,即用铣削或刨削法除去一层表皮。

铣面时铣削深度要适当,每面铣削的最小深度视铸锭表面情况而定,一般为 3～7mm。如硬铝合金或表面缺陷较深取上限,纯铝或表面缺陷较浅的合金取下限。镁合金每面铣削量达 18～20mm。对于超硬铝(LC4、LC9 等)及防锈铝(LF5、LF6 等),轧制时边部易碎裂,不仅铣表面还应铣侧面。铸锭铣面后应光洁平整,厚度均匀。

2. 表面化学处理 铸锭表面化学处理,是用化学方法除去表面的油污和脏物,使铸锭表面生成新的光亮氧化膜的过程,又称蚀洗。对不铣面的纯铝铸锭,或铣面后的铝合金铸锭,表面有油脂和废屑污物,以及包覆前的铸锭和包铝板都要蚀洗。后者便于热轧时包铝板与铸锭牢固焊合,防止退火后产生气泡等缺陷。对含锌或镁高的铝合金,铣面后不蚀洗,否则会使铸锭表面发黑或产生白点,影响产品质量,可用汽油擦洗。

铝及铝合金铸锭的蚀洗,先用 15%～25% 的 NaOH 溶液(温度 50～70℃)蚀洗 6～12min,然后用冷水浸洗,再用 20%～30% 的 HNO₃ 熔液中和 2～4min,随后用 ≥60℃ 的热水浸洗 5～7min,尽快干燥。

3. 表面包覆 铸锭表面包覆是指铸锭表面或两侧面上,用机械的方法衬上和铸锭大小相近的纯金属或合金板材。然后随铸锭加热、热轧或冷轧直至成品。外层金属称包覆层,内层金属称为基体。这种方法生产的板带材,实质上是一种双金属产品。

铝合金铸锭的包覆材料用纯铝或含微量元素的铝合金,称为表面包铝。表面包铝可分为工艺包铝和防腐包铝两大类。为了改善金属的加工性能(如热轧表面裂纹)而进行的包铝,称为工艺包铝;为了提高产品抗蚀性能而进行的包铝,称为防腐蚀包铝。防腐蚀包铝又分为正常包铝和加厚包铝。加厚包铝是在特殊条件下使用的板带材,需要较高的抗腐蚀能力,采取加厚包覆层的方法。

包覆层在腐蚀介质的作用下,相对于基体金属成为阳极,以电化学法起到对基体金属的阳极保护作用。因此,选择包覆层应保证对基体金属有较高的电极电位值,以及良好的焊合性能。包铝板材料,对于 LC4、LC9、LC10 等高锌超硬铝合金,用含 Zn0.9%～1.3% 的 LB1 板材;其他铝合金用含 Cu 和 Zn 小于 0.05% 的 LB2 板材。包铝板长度,通常为铸锭长度的 75% 左右,其宽度稍大于锭宽。包铝板的理论厚度可按下式计算:

$$a = \frac{H\delta}{100k - 2k\delta} \qquad (7-2)$$

式中:a——选用包铝板厚度,mm;

H——铸锭厚度,mm;

k——包铝板与铸锭长度之比，$k = 0.75 \sim 0.90$；

δ——所要求的单面包铝层占板材总厚度的百分比，见表 7-3。

表面包铝的合金板材需要冷轧时，铸锭应加侧面包铝。侧面包铝属工艺包铝，经热轧机立辊轧边，使包铝板与铸锭侧面焊合良好。这样既减少热轧裂边，又使冷轧形成的裂纹不易扩展，可增加冷变形量，减少断带和中间退火。侧面包铝板采用 L3 纯铝板，板厚一般取 7~10mm，宽度约为铸锭厚度的 70%，长度与铸锭长相近。

表 7-3 板材每面包铝层的厚度

板材厚度，mm	每面包铝层厚度占板材总厚度的%		
	正常包铝	加厚包铝	工艺包铝
2.5 以下	≥4	≥8	1.0~1.5
≥2.5	≥2		

7.2.4 铸锭的热处理

热轧前铸锭的均匀化退火和加热，其目的是改善铸造组织，消除铸造应力，充分利用高温下金属的良好塑性和低的变形抗力，提高金属的加工性能和产品最终组织性能。如 LY12 合金均匀化退火后，非平衡相溶解，晶内偏析消除，减少热轧开裂与裂边；LF21 合金板材，经均匀化退火后，消除晶内偏析，促使晶粒细化，改善深冲性能。

1. 均匀化退火制度　均匀化退火的工艺制度，包括退火温度、加热速度、保温时间及冷却速度。

均匀化退火温度。为加强均匀化过程应尽可能提高均匀化退火温度。通常为铸锭实际开始熔化温度的 0.90~0.95，即应低于平衡相图上的固相线。有时在低于非平衡固相线温度均匀化退火，难以达到组织均匀化的目的，或者费时极长，可采用高温均匀化退火。即在非平衡固相线温度以上和平衡固相线温度以下的退火工艺。合理的退火温度，往往要通过实验确定。

加热速度以不使铸锭产生开裂和过大的变形为原则。确定保温时间，应保证一定的退火温度，使非平衡相溶解，晶内偏析消除，但应根据合金特性、铸锭尺寸、偏析程度、第二相的形状及大小和分布、加热设备和温度不同，确定保温时间的长短。实践证明，均匀化过程的速率随时间延长，而由大逐步减小。因此，过分延长保温时间是不适宜的。这不仅均匀化效果小，而且使金属的烧损和能耗增加，降低生产率。

均匀化后铸锭可随炉冷却，也可出炉空冷。冷却速度对硬铝等不宜太快，以免产生淬火效应。

铸锭均匀化退火可以单独进行，也可以和热轧前加热结合进行。即将铸锭加热到均匀化退火温度，保温一定时间后降到热轧温度，接着热轧，既减少工序，又节省能耗。但是，均匀化退火温度高，时间长而能耗大，对成分简单、偏析不严重及塑性好的合金，不必进行均匀化处理。一般含铝和锌的镁合金、锡磷青铜、白铜、硬铝、锻铝及防锈铝等均需进行均匀化退火。部分有色合金均匀化退火制度，参见表 7-4。

2. 铸锭加热制度　绝大多数有色金属铸锭，热轧前均要加热。铸锭加热制度包括加热温度、加热时间及炉内气氛。

加热温度应满足热轧温度的要求，保证金属的塑性高、抗力低，产品质量好。实际生产过程，为补偿温降保证热轧温度，通常金属在炉内温度应高出热轧温度。

表 7 - 4 均匀化退火制度

合金牌号	铸锭厚度,mm	加热温度,℃	保温时间,h
LY6	200 ~ 300	480 ~ 490	12 ~ 15
LY7	–	480 ~ 495	10
LY11、LY12	200 ~ 300	485 ~ 495	12 ~ 15
LY16	200 ~ 300	515 ~ 525	12 ~ 15
LC4	300	450 ~ 465	38
LD10	300	490 ~ 500	15
LF3	200 ~ 300	465 ~ 475	12 ~ 15
LF5	200 ~ 300	465 ~ 475	13 ~ 14
LF6	200 ~ 300	465 ~ 475	36
LF21	275	495 ~ 620	13
QSn6.5 - 0.4 QSn7 - 0.2 QSn6.5 - 0.1	300	650 ~ 700	4 ~ 6

加热时间包括升温和均热时间。确定加热时间,应考虑合金导热特性、铸锭尺寸、加热设备的传热方式及装料方法等因素。加热时间宜短,可减少氧化,降低能耗,防止过热或过烧。但必须保证均匀热透,达到所需加热温度。铸锭厚度越大所需加热时间越长。除感应加热能显著缩短加热时间外,其他加热时间可按下列经验公式计算:

$$t = (12 \sim 20) \sqrt{H} \tag{7 - 3}$$

式中: t ——铸锭加热时间,min;

H ——铸锭厚度,mm。

加热时间的选取,铝及铝合金取最大值;紫铜、黄铜取下限;青铜、白铜取中间值,镍及镍合金偏上限。

应指出,与均匀化退火相比,加热的温度低,保温时间短得多。因此,铸锭加热不能代替均匀化退火。

炉内气氛:根据具体合金与气体相互作用的特性不同,选用不同的炉内气氛,以保证铸锭的加热质量。理想的加热气氛应为中性气氛,但生产中难以控制。

铝和铝合金铸锭,通常在箱式或连续式电阻加热炉中加热,炉内气氛是空气。为了提高加热速度,促使加热均匀,在炉内常采用风机实行强制热循环流动。

紫铜宜用微氧化性气氛加热,可避免严重的氧化烧损,又能防止"氢气病"的产生。因含氧铜锭在还原性气氛中加热时,还原性气体(H_2、CO 等)在高温下扩散进入金属中使氧还原,生成不溶于铜的水蒸汽或二氧化碳气体,具有一定压力能穿裂金属造成"氢气病",导致热轧时在轧件表面造成裂纹。

铜和镍在二氧化硫气氛中加热,高温下易生成硫化铜和硫化镍,热轧造成硫脆,应避免或严格控制燃料的含硫量。铝青铜、低锌黄铜、钨和钼常用还原性气氛加热。

7.3 热轧工艺

热轧是指金属及合金在再结晶温度以上的轧制过程。一般金属热轧时温度较高,但室温下产生再结晶的铅、隔和锡等,室温轧制也属热轧。热轧工艺制度包括热轧温度、热轧速度、压下制度、冷却润滑及辊型等。本节讨论热轧的特点、热轧工艺制度及产品质量控制。

7.3.1 热轧特点及应用

热轧过程,金属变形同时存在硬化和软化过程。因变形速度的影响,只要回复和再结晶软化过程来不及进行,金属就随变形程度的增加会产生一定的加工硬化。但在热轧温度范围内,软化过程起主导作用。通常认为热轧过程金属没有加工硬化,塑性较高,变形抗力较低,金属能承受大的变形量且能耗少。但随轧制道次增多,金属表面积增大,散热越发容易,因温降而变形抗力增大。

热轧与冷轧相比较其特点是:(1)热轧能显著降低能耗,所以凡能热轧开坯的金属都应采用热轧;(2)改善了金属及合金的加工工艺性能。因为热轧将铸造状态的粗大晶粒破碎,显微裂纹愈合,减少或消除铸造缺陷。所以,热轧能把低塑性铸态组织转变为塑性较高的变形组织,改善了加工性能;(3)热轧可采用大铸锭、大压下量轧制。这不仅提高了生产率,而且为提高轧制速度,实现轧制过程连续化及自动化创造了条件。

但是,热轧产品的尺寸较难控制、粗度较差、热轧难以控制产品所需机械性能,强度指标较低,且性能波动范围大;高温下金属氧化等原因,产品表面质量不高。因此,有色金属板带材生产中,热轧很少直接生产成品,绝大部分是为冷轧提供坯料。

热轧有铸锭加热热轧、铸造余热热轧、连铸连轧或连续铸轧。铸锭加热热轧是应用最广泛的方法,目前,我国生产的热轧板,厚度一般在 4~80mm,宽度最大 3000mm。国外最大板宽可达 5300mm,厚度为 200mm 左右。

20 世纪 60 年代以来,由于扁锭铸造技术及大型可逆轧机的改进等,为适应高效率、高质量的生产要求,国内外逐步推广采用大锭热轧工艺。80 年代铸锭最大重量,国外铜锭已达 13t,铝锭 30t 左右;国内铜锭已达 7.5t,铝锭达 5~7t,并正在向 10~20t 的铝锭发展。

7.3.2 热轧温度

热轧温度制度包括热轧开轧温度和终轧温度。

1. 开轧温度 合金的状态图是确定热轧温度范围最基本的依据。理论上热轧开轧温度取合金熔点温度的 0.85~0.90 左右,但应考虑低熔点相的影响。热轧温度过高,容易出现晶粒粗大,或晶间低熔点相的熔化,导致加热时铸锭过热或过烧,热轧时开裂或轧碎。

塑性图在一定程度上反映了金属的高温塑性情况,它是确定热轧温度范围的主要依据。根据塑性图可以选择塑性最高、强度最小的热轧温度范围。对某些合金(如 HPb59-1 等)当温度降低时,塑性急趋下降。出现"中温脆性区",温度控制不当热轧板坯出现裂边现象。因此,热轧应在温度降落到中温脆性区以前完成。

2. 终轧温度 塑性图不能反映热轧终了金属的组织与性能。当热轧产品组织性能有一定要求时,必须根据第二类再结晶图确定终轧温度。终轧温度要保证产品所要求的性能和晶粒度。温度过高,晶粒粗大,不能满足性能要求,而且继续冷轧会产生轧件表面桔皮和麻点等缺陷,当冷轧加工率较小时,还难以消除。终轧温度过低引起金属加工硬化,能耗增加,再结晶不完全导致晶粒大小不均及性能不合。终轧温度还取决于相变温度,在相变温度以下,将有第二相析出,其影响由第二相的性质决定。一般会造成组织不均,降低合金塑性,造成裂纹以致开裂。终轧温度一般取相变温度以上20~30℃。无相变的合金,终轧温度可取合金熔点温度的0.65~0.70左右。

部分铝合金及铜合金的热轧温度范围见表7-5和7-6。

表7-5 铝合金热轧温度

合 金	开轧温度,℃	终轧温度,℃	合 金	开轧温度,℃	终轧温度,℃
纯 铝	450~500	350~360	LF5	450~480	320~360
LF21	450~480	350~360	LF6	430~470	360~370
LF2	450~510	350~360	LY11、LY12	390~410	340~360
LF3	410~510	310~330			

表7-6 铜合金热轧温度

合 金	开轧温度,℃	终轧温度,℃
紫 铜	800~850	500~650
H96、H90	800~850	470~700
H80、H70、H68	750~800	450~700
H65、H62	750~800	450~700
H59、HPb59-1	650~800	700
QAl5、QAl7、QAl9-2	600~870	650
QBe2.5、QBe2.0	600~810	650

7.3.3 热轧速度

为了提高生产率,保证合理的终轧温度应采用高速轧制。但是,热轧过程中硬化和软化过程的转化方向,关键取决于变形速度,而轧制速度是影响热轧变形速度的一个重要因素。可见,热轧速度不仅直接影响生产率,还通过变形速度影响金属的塑性。如果提高轧制速度有利于金属塑性增加过程的进行,应提高轧制速度。相反,如果提高轧制速度使金属向塑性减小的过程进行,应降低轧制速度。

对于变速可逆式轧机,开始轧制时为有利于咬入,轧制速度较低;咬入后升速至稳定轧制,轧制速度较高;即将抛出时降低轧制速度,实现低速抛出。这种速度制度有利于减少温降和提高轧机的生产率。

生产中根据不同的轧制阶段,确定不同的热轧速度制度。一般可分为三个阶段:(1)开始轧制阶段,因为铸锭厚而短,绝对压下量较大,咬入困难,而且是变铸造组织为加工组织,以免铸造缺陷引起轧裂,所以采用较低的轧制速度;(2)中间轧制阶段,为了控制终轧温度和提高生产率,只要条件允许,应尽量采用高速轧制;(3)最后轧制阶段,因轧件薄而长,温降大使轧件头尾与中间温差大,为保证产品性能与精度,应根据实际情况选用适当的轧制速度。

有色金属热轧时变形速度范围。对铝合金变形速度为1~100s^{-1},纯铝及少量组元的合金取上限,LY12、LF6和LC4等合金取下限;对重有色金属的变形速度,铜为8~10s^{-1},黄铜H68、H70、H90为6~18s^{-1},纯镍及铜镍合金为6~20s^{-1},纯锌为0.4~4.0s^{-1}。根据合理的热轧变形速度,按公式(3-35a)或(3-35b)式确定稳定轧制速度。

7.3.4 热轧压下制度

热轧压下制度主要包括热轧总加工率和道次加工率的确定,其次轧制道次、立辊轧边及换向轧制等。

1. 总加工率的确定原则 大多数有色金属及合金的热轧总加工率可达90%以上。当铸锭厚度和设备条件已确定时,确定总加工率的原则是:(1)金属及合金的性质。高温塑性范围较宽,热脆性小,变形抗力低的金属及合金热轧总加工率大。如铝及软铝合金、紫铜、H62 等。相反,硬铝合金,一般热轧温度范围窄,热脆倾向大,其总加工率通常比软铝合金小;(2)产品质量要求。供冷轧用的坯料,热轧总加工率应留有足够的冷变形量,以便控制产品性能等;对热轧产品为保证性能要求,热轧总加工率的下限应使铸造组织转变为加工组织;(3)轧机能力及设备条件。轧机最大工作开口度和最小轧制厚度差越大,铸锭越厚,热轧总加工率越大,但铸锭厚度受轧机开口度和辊道长度等限制;(4)铸锭尺寸及质量。铸锭厚且质量好,加热均匀,热轧总加工率相应增加。

2. 道次加工率的确定原则　制订道次加工率应考虑合金的高温性能、咬入条件、产品质量要求及设备能力。不同轧制阶段道次加工率确定的原则是:(1)开始轧制阶段,道次加工率比较小,因为前几道次主要是变铸造组织为加工组织,满足咬入条件。对包铝板铸锭,为使包铝板与基体焊合牢固,头一道次加工率应小于 10%。但是,热轧硬铝合金前几道次出现轧件表面粘着时,减少不均匀变形产生的裂纹、分层或"张嘴",加工率应随道次增多逐渐加大;(2)中间轧制阶段,随金属加工性能的改善,如果设备能力允许,应尽量增大道次加工率。最大道次加工率,对硬铝合金变形深透后可达 45% 以上,对软铝及多数重有色金属可达 50%。中间道次后期压下量应使轧制压力与辊型相适应,以便控制板凸度;(3)最后轧制阶段,一般道次加工率减小。热轧最后两道次温度较低,变形抗力较大,其压下量应在控制板凸度的基础上,保持良好的板形条件和厚度偏差。

立辊轧边和轧制道次。有时为了防止热轧裂边,限制宽展,控制轧件宽度,轧制几道次之后采用立辊轧边,并按工艺要求调整立辊的压下量。轧制道次取决于道次加工率的分配。一般总加工率大,道次加工率小,铸锭较宽时,轧制道次数多。在可能的条件下,应减少轧制道次。

7.3.5 热轧时的冷却润滑

1. 冷却润滑的作用　热轧是轧件与轧辊处于高温、高压及高摩擦条件下的轧制过程。热轧时冷却润滑的作用是:(1)冷却轧辊,减少摩擦,降低能耗,提高生产率;(2)防止辊面粘着金属粉末(防止粘辊),改善产品表面质量;(3)减少辊面磨损及龟裂,增加轧辊使用寿命;(4)控制辊型,改善板形。

2. 冷却润滑剂的要求　有色金属热轧时使用的冷却润滑剂有三种类型:纯油、油水混合物和乳液。纯油中植物油比矿物油的润滑效果好。乳液是由基础油、乳化剂及添加剂组成,先制成乳化油,使用时再加水配制而成。对热轧冷却润滑剂的要求:(1)润滑油闪点高,高温润滑性好;(2)润滑剂燃烧后不留残灰和油垢;(3)较高的油膜强度。油膜强度高,承受轧制压力大而且油膜不破裂,防止粘辊;(4)乳液应具有稳定性高、热分离性好、易于破乳及使用周期长等特点。稳定性高,使用过程中油与水不分层。热分离性好,乳液喷到辊面上,温度高使油水分离,油起润滑作用,水起冷却作用。当乳液老化变质报废时,易于破乳,排放不污染环境;(5)不腐蚀轧件和轧辊;(6)来源广,成本低,使用管理方便,对环境污染小。

3. 冷却润滑剂　铜及铜合金一般采用水直接冷却润滑轧辊。因冷却水润滑性能较差,有时还采用涂油或喷油润滑,其润滑剂有机油、机油加煤油及蓖麻油等。锌及锌合金:采用石蜡、石蜡加硬脂、糠油加煤油等,轧辊采用间接水冷法,即冷却水通过空心轧辊控制辊温。

铝及铝合金的冷却润滑广泛采用乳液,乳液具有冷却能力大,润滑性能好等特点。历年来,我国沿用苏联 50 年代研制的 59Ц 乳液,其主要问题是稳定性差,使用寿命短,消耗大量食用油等。近年来,我国已相继研制了 1022、200、84 号和 LRZ－88 等新型乳液,并应用于生产,获得了良好效果,其性能均优于 50Ц 乳液。某些指标,已基本达到或超过日本的 A—100HR 和美国的 PROSOL60 系列乳液。但在某些方面,尤其轧后铝板表面质量尚不及日本和美国,急需改进。几种乳液的某些性能指标,如表 7－7。

表 7－7　几种乳液性能的比较

乳　液	使用浓度,%	油膜强度,N	pH 值	使用周期	研制或使用单位
59Ц	3～7	390～490	7.8	7～10 天	苏　联
A－100HR	2～2.5	685～735	8.0～8.5	约 6 个月	日　本
PROSOL66	1～5		>7.5	约 3 个月	美　国
1022 号	－	－	7.0	1.5～3 个月	东北轻合金加工厂
200 号	5～8	685～785	7.2～7.5	6～12 个月	西南铝加工厂
84 号	1～3	685—785	8.0～8.5	12 个月	广州锌片厂
LRZ－88	2～3	685～735	7.5～8.0	9～12 个月	中南工业大学

4. 乳液的使用与管理　为了达到乳液最佳使用效果,延长使用寿命,降低乳液消耗,生产中,对热轧乳液的正确使用与管理,也是非常重要的。

乳液的使用,包括浓度、温度和使用寿命等。乳液浓度是影响乳液使用性能的主要因素之一。随乳液浓度增加,润滑性能变好,但浓度过大,冷却性能变差,又使轧件咬入困难。相反,浓度太小润滑性能变差,轧件容易粘辊,甚至会缠辊。使用温度主要考虑浮液的腐败变质,及满足冷却性能要求,一般控制在 50～60℃。当乳液表面有一层发黑的霉变物质,且 pH 值急剧降低,产品表面恶化时,必须更换。在使用过程中要加强乳液过滤。

乳液管理有浓度、水质、pH 值及防腐管理等。浓度管理是指控制乳液浓度在某一范围之内变化。配制乳液应尽量使用硬度较低的工业水。乳液一般呈弱碱性,通常 pH 值为 7.5～9.0,超过这一范围,对金属腐蚀性较强;pH＜7.0,乳液易腐败变质。此外,采用杀菌防腐和加强乳液循环系统卫生管理,以取得更大的经济效益。

7.3.6　热轧制品的主要缺陷及产生原因

热轧制品主要有表面不合、板形不良、厚度超差及机械性能不合等缺陷,分析产生的原因,找出消除措施,对减少热轧废品提高成品率具有重要意义。

1. 表面缺陷　制品表面有气泡与起皮、裂纹、裂边、分层或层裂、划伤与擦伤、粘辊等缺陷。

气泡与起皮的主要原因是铸锭质量问题。熔铸时含气量高;铸锭表面质量差,或铣面时表面缺陷未消除;铸锭加热温度过高或时间过长;硬铝合金铸锭与包铝板蚀洗不干净,轧制时焊合不好等,均使热轧容易产生气泡和起皮。应提高熔铸质量,严格控制铸锭处理工艺。

表面裂纹主要与金属性能、冷却润滑及铸锭加热气氛有关。铸造质量,道次压下量分配等也有影响。通过加强冷却润滑,减小摩擦;合理分配道次压下量,减小表层变形;硬铝合金采用工艺包铝,防止表面裂纹;根据金属性能,合理控制铸造工艺和铸锭加热制度,减少铸造裂纹,防止过热出现热轧裂纹。

裂边的原因主要是铸锭加热温度低;金属塑性较差,冷却润滑不良;道次加工率太大;或立辊轧边不当,辊型控制不好;出现边部附拉应力产生裂边。控制加热温度,加强冷却润滑,适当减小道次加工率,硬铝铸锭采用侧面包铝等措施,减少或防止热轧裂边。

分层或层裂,通常热轧低塑性合金时,道次压下量分配不合理,变形不深透产生表层变形,致使轧件中部出现附加拉应力,产生分层或层裂,严重时会出现"张嘴"。适当增加道次加工率,减少不均匀变形;加强冷却润滑,防止粘辊;沿轧向铸锭头尾呈圆弧形或楔形,人为增加外端作用,防止分层或层裂。

划伤与探伤主要是轧件出辊速度和辊道或卷取机的线速度不同步,卷取时卷得过松或过紧,产生划伤与擦伤或粘伤。轧辊与辊道或卷取机速度匹配要合理,要经常清擦辊道,给予消除。

粘辊是金属氧化严重,粘性较大,冷却润滑剂性能较差时产生的。选择性能好浓度适当的冷却润滑剂、安装清辊器、研磨轧辊粗糙度要适当,可消除粘辊,提高产品表面质量。

2. 板形不良　热轧板形不良主要有侧弯(镰刀形)、波浪等。

侧弯是两边压下不一致、铸锭加热不均、冷却润滑剂沿宽向分布不一致、辊型控制不当、送料不正或不对中产生的。经常测量厚度,检查调整两边压下,正确使用导尺,检查冷却润滑系统是否正常等措施,消除侧弯。

波浪,当原始辊型凹度过大,或轧辊温度低,压下量大;冷却润滑剂流量大,会产生两边波浪。相反,则产生中间波浪。根据热轧工艺与板形情况,合理设计与控制辊型;合理分配压下量;控制好板宽方向冷却润滑剂流量,使板宽方向压下均匀;及时换辊,提高操作水平,消除波浪。

3. 厚度超差　操作不当,铸锭加热温度波动太大,道次压下量分配不当,轧制速度变化太大,测量不准确,会出现厚度超差。根据铸锭温度和辊型,合理调整压下量;经常测量厚度,校对测量仪或千分尺;在升降速时应及时调整压下;严格控制加热温度,防止厚度超差。

4. 机械性能不合　其产生的主要原因是终轧温度控制不当、或铸锭的化学成分不符合标准、加热温度不合理等。为使机械性能合格,必须严格遵守热轧工艺制度,合理控制终轧温度、轧制速度和铸锭加热温度,保证铸锭化学成分符合标准。

7.4　热轧机的选择

选择热轧机要综合考虑合金品种及规格、生产规模、投资多少、产品质量与工艺要求,以及生产效率和劳动条件等。为了合理选择热轧机,满足生产要求,提高产品质量和经济效益,本节对热轧机的特点,轧机型式及技术性能,轧辊的要求等内容进行简要的讨论。

7.4.1　热轧机的特点

根据热轧特点,热轧工艺及产品质量等要求,通常热轧机具有以下特点和应满足的要求:

(1)热轧机尤其轧辊,工作温度高、压力大,并承受急冷急热的交变负荷,咬入时冲击负荷大。因此,热轧机应具有高温轧制的强度和刚度要求,轧辊还要耐急冷急热性能好;

(2)铸锭厚,轧机工作开口度大;

(3)道次压下量和主电机功率大。因为热轧要充分利用金属的高温塑性,道次压下量大,总轧制压力较大,而且轧件厚力臂系数大,力矩也大,所以要求主电机功率大;

(4)轧辊直径大。热轧道次压下量大,为满足咬入条件和轧辊强度要求,并且铸锭厚为变形深入内部,都需大直径轧辊;

(5)压下速度高。通常热轧随轧制道次增多,温降越大。压下速度高,能充分利用金属的高温塑性,实现大压下量轧制,保证终轧温度,减少间隙时间提高生产率。热轧压下速度一般都大于1mm/s,同时配合适当的轧制速度;

(6)热轧机工作温度高,锭重较大,为满足工艺要求,改善劳动条件,轧机的机械化和自动化程度要求较高。

7.4.2　热轧机的型式选择

轧制有色金属的热轧机常采用2辊和4辊轧机。铜及铜合金,国内采用2辊不可逆轧机、2辊可逆轧机、3辊等径或3辊劳特式轧机。国外普遍采用2辊可逆式热轧机,少数行星轧机等。铝及铝合金,国内采用2辊不可逆轧机,4辊或2辊可逆式轧机。国外普遍采用4辊可逆式单机架热轧,或多机架半连续式热轧。

单机架2辊不可逆式轧机,目前在我国中小厂仍然广泛采用,设备结构简单,投资少,上马快,一般装有前后升降台以增大铸锭尺寸。但道次间隙时间长,温降大,劳动条件差,强度大,产品质量难以控制,生产效率低。目前尽管适用于铸锭小、产量少的小型工厂,但设备的技术改造与更新,提高产品质量,仍是一项紧迫而又艰巨的任务。

2辊可逆式轧机,结构简单,速度可调,又能正反向轧制,实现低速咬入、高速轧制。轧机前后可安装辊道、铸锭换向、轧边立辊、导尺、剪切及卷取等装置,机械化程度高,劳动条件好,便于采用大锭轧制,生产率和成品率高。但是需要大容量直流电机,电气设备较复杂,投资较大,技术水平要求较高,一般适用于大中型工厂。

铜及铜合金热轧,国外广泛采用2辊可逆式热轧机。这种轧机辊道长,铸锭厚度达200mm左右,轧制厚度7.5~15mm,由尾部3辊卷取机卷成带坯,然后进双面铣,或不卷取直接进矫平机和双面铣削机铣面。如我国某厂带式法生产板带材,热轧后成卷直接进双面铣;块式法生产宽厚板,热轧尾部下料不经铣面。该厂热轧机的改造内容主要有延长辊道、液压变辊、尾部卷取、液压微调及计算机压下程序控制等,使锭重增加到7.5t。

铝及铝合金热轧,国外广泛采用2辊、4辊可逆式单机或多机架连轧。机械化程度高、产量大,可采用大锭带式法生产,便于实现高速化、自动化、大批量连续生产,生产效率高。热轧开坯,目前常用的4辊热轧机有以下四种型式:

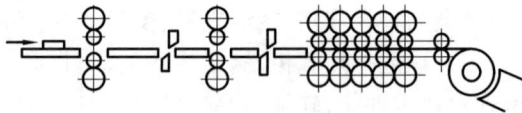

图7-3　多机架串列式半连续热轧机

(1)多机架串列式半连续热轧机。这种型式如图7-3所示,前面1~2台可逆式热粗轧机,反复轧制几道次;后面3~5台串列式热精轧机组,经一道次轧成所需厚度,最后卷成带坯。其特点是产量大、效率高,热轧带坯最薄可达2.5~3.0mm,可充分利用热能,工艺稳定,易保证质量。锭重达20t以上,世界上的板带材产量约80%左右是这种方式生产热轧坯料。但一次性投资大,不适用于多品种、小批量的生产。我国目前正在筹建的大型铝板带箔厂,准备采用这种方案。

(2)双机架热轧机。这种型式(图7-4),前面一台可逆式热粗轧机开坯,后面一台前后

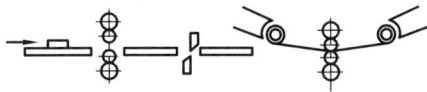

图 7 - 4　双机架热轧机

带卷取机的可逆式热精轧机,进行卷取可逆轧制,如轧 3 道次即相当于 3 机架热精轧机。其特点是投资比热连轧少,轧机控制较麻烦,工艺稳定性不如连轧机好,但比较适合老厂改造。如我国某厂,为了增加锭重,扩大产量,改善产品质量,已将一台 4 辊可逆热轧机改造成热粗轧机开坯,另一台 4 辊可逆冷轧机改成带前后卷取的热精轧机。改造内容主要有:热粗轧加大轧机开口度,延长辊道,增设乳液分段控制系统和清辊器;热精轧增加液压微调和 AGC 系统,弯辊装置,增大乳液量并采用分段控制,增设清辊器等,提高了产品精度,改善表面质量。改造后,锭重从不到 5t 增加到 10t 以上,带坯厚度偏差可达到 ±1%,不平度达到 100I 以下。

(3)单机架前后带卷取的可逆式热轧机。这种型式(图 7 - 5),当铸锭开坯到 20mm 左右,通过助卷器上卷取机,带卷轧制 3 ~ 5 道至所需厚度。其特点是一机两用,既开坯又精轧,设备及投资比前两种型式少,但设备结构较复杂。较适用年产 10 ~ 15 万 t 规模,产品质量要求又较高的企业。

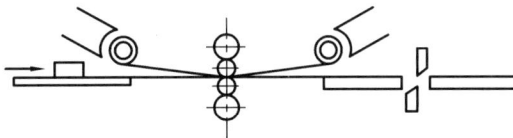

图 7 - 5　单机架前后带卷取的可逆式热轧机

(4)单机架出口带卷取的可逆式热轧机。这种型式(图 7 - 6),在轧机出口不远处上方或下方安装一台卷取机,最后一道次,一边轧制一边卷取。带坯厚度一般 6 ~ 8mm,适用规模不大,年产量为 5 万 t 左右的工厂。国外老厂或老厂改造中可见,新建厂较少。我国某厂热轧机的改造属这种型式。该厂通过增大轧机开口度,更换轧辊轴承,增加液压微调、液压弯辊,辊缝自动定位,计算机压下程序控制,加在乳液量并分段控制等措施。改造后效果良好,使锭重约 2t 增加到 5t,提高了产品精度与表面质量,产品尺寸偏差从改造前的 ±12% 提高到 ±2%,综合成品率提高 4%。

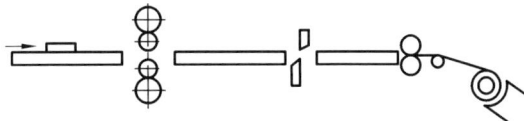

图 7 - 6　单机架出口带卷取的可逆式热轧机

此外,单机架出口辊道尾部卷取的可逆式热轧机,往返轧制至所需厚度,最后成卷。如某厂原设计的型式,后来改为热轧后不卷取,经过渡辊道至冷轧机在中温状态下轧制,其突出问题是铸锭不能太大,否则辊道太长,且质量难以保证。锭小冷轧速度无法提高,产量小,综合经济效益较差,因此这种型式已被淘汰。

7.4.3 热轧机的主要参数选择

轧机型式确定之后,还要根据工艺要求具体选择热轧机的技术参数,通常应考虑的内容有:轧辊尺寸、轧制厚度、轧制速度、生产能力及轧机开口度、压下速度、许用轧制压力和主电机功率,及其他辅助设备的技术参数,应满足工艺要求。

轧辊尺寸的选定:轧辊的基本尺寸是轧辊辊身直径与长度。这两个尺寸的选定,应考虑产品厚度、宽度,轧辊强度、刚度及咬入条件等。

确定热轧辊直径要在保证轧辊强度的前提下,满足轧件的咬入条件及轧辊刚度、轧辊磨损等要求。在热轧机上,因压下量大工作辊的最小直径常取决于咬入条件,即按(1-14)式计算:

$$D \geqslant \frac{\Delta h_{max}}{1 - \cos\beta}$$

式中摩擦角 β 由摩擦条件确定,当 $\alpha = \beta$ 时,为最大允许咬入角,热轧一般取 $\alpha = 15° \sim 25°$。最大压下量 Δh_{max},由工艺条件确定。

考虑使用过程中轧辊磨损后的重磨量,其大小视磨损程度而定,一般热轧辊允许的总磨削量为其直径的 10% ~ 12%。

4 辊轧机支承辊直径的选择取决于强度与刚度条件。近年来,为提高轧机刚度,其直径有增大的趋势。一般支承辊直径 D_0 与辊身长度 L 的关系为:$D_0 = (0.7 \sim 0.9)L$,L 愈大系数愈小。考虑 4 辊轧机工作辊与支承辊之间的接触压力均匀分布,以及接触应力的大小,工作辊与支承辊直径的合理比值,通常选用 $D = (0.45 \sim 0.5)D_0$。

轧辊辊身长度是表示板带轧机特征的重要参数,并以此作为轧机的称呼。轧身长度 L 决定于被轧板带材的最大宽度,并获得最小的弯曲挠度。

考虑板带材最大宽度,辊身长度 L 可用下式确定:

$$L = B_{max} + a \tag{7-4}$$

式中:B_{max}——被轧板带材最大宽度,mm;

a——辊身长度应有的最小余量,根据板宽与实际操作条件选取。当 $B = 400 \sim 1200$ mm,$a \approx 100$ mm;$B \geqslant 1200$ mm,$a = 200 \sim 300$ mm。

保证一定的抗弯刚度和足够的强度时,辊身长度与辊径同时考虑,一般按下列条件确定:

2 辊轧机　　$L/D = 1.2 \sim 3.0$

4 辊工作辊　$L/D = 2.5 \sim 4.0$

4 辊支承辊　$L/D_0 = 1.5 \sim 2.5$

轧辊辊颈和辊头的直径与长度,以及其他尺寸关系,可查阅有关资料选定。

轧制速度,应根据金属的加工性能,生产规模,生产率及生产方法,装机水平等合理选定。根据所确定的铸锭厚度,选择轧机的开口度,铸锭厚度应小于轧辊最大工作开口度。

选择主电机功率,常采用经验对比和理论估算的方法。根据同类工厂的类似轧机、工艺条件等,采用对比方法预选主电机;或者选用轧机所配备的主电机,然后将考虑工厂类似条件制订好的压下规程进行电动机负荷校核。如不能满足要求,就要重选,重新校核,或修改压下规程后重新校核,直到合适为止。理论估算法较复杂应用少。

轧机的生产能力,即小时生产能力按下式估算:

$$Q = \frac{3600 \times G \cdot r}{t} \tag{7-5}$$

128

式中:Q——实际小时产量,t/h;

G——铸锭重量,t;

t——轧制时间与间歇时间之和,s;

r——轧机利用系数(机时系数),主要取决于生产管理水平与工人操作熟练程度,一般取 0.7~0.85。

热轧机的主要技术性能见表 7-8。

表 7-8 有色金属热轧机主要技术性能

轧机型式		轧辊尺寸,mm	主传动功率,kW	轧制速度,m/s	许用压力,$\times 10^4$N	最大轧制力矩,$\times 10^4$N·m	轧辊最大开口度,mm	成品最小厚度,mm
热轧铝及铝合金用	4 辊可逆式	750/1400×2800 650/1400×2800 700/1250×2000	3200×2 4600 3600	0~4.0 0~4.0 0.5~3.0	3000 2900 1800	156 42.5 –	500 – 400	12~25 2.5~7.0 6.0
	2 辊可逆式	550×1300 550×1300	400 –	0.78~1.56 0~0.82~1.5	400 400	15,7.5 24	100 250	8 左右 板坯 4.0 卷材 6~8
	2 辊不可逆式	550×1300	280	0.92	400	15	100	8 左右
热轧铜及铜合金用	3 辊劳特式 3 辊等径式	750/650×1100 300×600	1250 280	1.5 1.0	800 –	80 –	240 80	5.0 4.0
	2 辊可逆式	10000×3500 850×1500 500×700 500×1200	1600 1900 450 245	1.24 0.5~3.0 0~1.5 0.89	1700 1035 350 250	205 117.6 – –	300 250 120 70	4.0 5.5 5.0 4~5
	2 辊不可逆式	360×780 450×850(轧锌)	180 210	0.88 0.8	150 250	– 0.5	60 60	2.0 4.0

7.4.4 热轧辊

轧辊是板带材生产的重要工具。热轧辊与高温轧件接触,并承受冷却润滑液的急冷作用,轧辊表面与中心温差较大,产生了较大的热应力;同时轧辊承受轧制压力产生弯曲和扭转应力;以及较大铸锭咬入时的冲击力等。根据热轧辊的工作条件,热轧辊应满足抗弯、抗扭强度高,耐高温性能及耐急热急冷性好,耐磨性好的要求。

1. 轧辊的质量要求 轧辊的质量对产品质量、精度及产量都有直接影响。轧辊的强度、硬度、刚度、表面粗糙度及制造精度等,乃是衡量轧辊质量的重要指标。

轧辊硬度直接影响产品的表面质量与轧辊的使用寿命。因为辊面硬度低,轧制时易产生压坑,导致轧件表面出现辊印,而且降低轧辊的耐磨性与使用寿命。所以,必须提高轧辊表面层硬度,并使各点硬度均匀。但硬度过高,轧辊韧性下降而变脆,受急冷急热易产生龟裂或剥落。可见,硬度不是越高越好,应由使用条件而定。通常对硬度的要求是:热轧辊比冷轧辊低,4 辊轧机为保护与提高工作辊的使用寿命,支承辊的硬度比工作辊的低。一般热轧辊工作表面层平均硬度,工作辊为 HS60~85,支承辊为 HS45~50。

辊身表面粗糙度,直接关系到产品的表面质量。在一定条件下,辊面粗糙度愈低,轧后板带材表面愈光洁。一般辊面粗糙度比轧件低,而辊面粗糙度 R_a 在 1.25~0.02μm($\bigtriangledown_7$~$\bigtriangledown_{13}$)。轧辊使用条件和产品质量的要求不同,轧辊的粗糙度也不相同,热轧辊比冷轧辊要高,原因是热轧件大部分不是成品而是供冷轧坯料,辊面粗糙度高有利于咬入。一般热轧辊表面

粗糙度 R_a 为 $1.25\sim0.63\mu m(\bigtriangledown_7\sim\bigtriangledown_8)$，通过车削或磨削达到。

　　轧辊的材料是决定轧辊性能的重要因素。热轧辊可采用铸钢和合金锻钢等材料。铸钢轧辊具有价格低、制造方便、耐急冷急热性能较好等优点，但硬度低及耐磨性差，影响产品表面质量。而且铸钢轧辊往往存在气孔等铸造缺陷，降低轧辊强度，所以大多采用锻钢轧辊。常用热轧辊材料有：50Mn、60Mn、45Cr、50Cr、60CrMo、60CrMn、60CrMnMo、60SiMnMo 等。

　　轧辊的制造精度，即轧辊的椭圆度、同轴度、圆锥度和两辊辊径差等应有严格要求，否则将影响产品精度。因此，为保证轧辊的安装和使用精度，必须对轧辊的配合尺寸与形位公差，按国标规定选取适宜的精度。

　　2. 提高热轧辊的使用寿命　生产中，热轧辊的损坏形式，常见的是裂纹、龟裂、剥落、折断及粘辊等。因为轧辊工作时承受高温、高压、急冷急热，辊内出现交变的拉压内应力，致使辊面产生裂纹。当辊面裂纹扩展形成网纹状且大而深，一般称龟裂。在长期疲劳应力作用下，辊面已有裂纹将逐渐加深扩大，如出现超压下、打滑及不均匀压下等情况，辊面局部承受高压，致使接触应力很大，可能从裂纹交叉发展至剥落。当裂纹较深，甚至在超压下弯扭应力及冲击力的作用下，或热应力太大，热裂纹沿辊身圆周方向扩展而折断。

　　轧辊的损坏既影响生产，又增加了生产成本，为了提高轧辊的使用寿命，可采取以下措施：(1)研制优良的轧辊材料，并改善轧辊制造工艺，是延长轧辊使用寿命的有效措施；(2)严格执行生产工艺及操作规程，操纵时不得超压下、不均匀压下、打滑及防止压靠、跑偏等故障；(3)生产中，开始轧制应进行轧辊预热，以免内外温差过大产生热应力的破坏；(4)合理选择与使用冷却润滑剂，减少轧辊磨损，防止粘辊或辊温超过规定值；(5)采用轧辊定期热处理的方法，有利于消除或减少内应力，防止内应力过大，致使轧辊在冲击或震动下突然折断；(6)出现裂纹的轧辊，应及时擦磨或换辊磨削，以防止粘辊与裂纹深入扩展；(7)经多次重磨而失去表面淬火层的轧辊，有时可重新淬火继续使用；(8)严格执行研磨规程，提高轧辊的研磨质量，保证轧辊安装精度，以及轧辊存放与运输时应防止淬火应力大而受碰撞、震动引起的损伤。

7.5　热轧工艺计算

　　工艺计算是轧制生产过程及车间工艺设计的重要内容。工艺计算对制订合理的压下规程，优化生产工艺，保证安全生产，充分利用设备能力，提高产品质量，生产效率和经济效益具有重要的意义。

　　轧制工艺计算主要包括变形及工艺参数计算、轧制压力及力矩计算、设备负荷验算、辊型设计及生产工艺卡片计算等内容。热轧工艺计算通过举例讨论热轧变形及工艺参数计算，轧制压力计算及轧辊强度校核，力矩及主电机校核计算。辊型设计计算在第 6 章已讨论。

7.5.1　热轧变形及工艺参数计算

　　轧制条件：在 $2\phi850\times1500mm$ 2 辊可逆轧机上，热轧黄铜 H62，铸锭尺寸为 $160\times490\times1320mm$，轧到 12mm 厚的板坯料。轧制速度 $0.5\sim3m/s$，许用压力 1035×10^4N，轧辊最大开口度 250mm，开轧温度 800℃，终轧温度 650℃，轧辊材质为 60CrMnMo。主电机为直流电机，其功率 1800kW，转速 90r/min ～180r/min，$GD^2=3\times10^5N\cdot m^2$。

　　热轧的轧件尺寸、压下量、加工率、变形区长度及变形速度等参数计算，见表 7-9 及其计算说明。

表 7−9 黄铜 H62 热轧时的轧制压力计算

序号	轧 制 道 次	1	2	3	4	5	6	7
1	轧前厚度 H,mm	160	120	72	42	27	19	15
2	轧后厚度 h,mm	120	72	42	27	19	15	12
3	压下量 Δh,mm	40	48	30	15	8	4	3
4	道次加工率 ε,%	25.0	40.0	41.7	35.7	29.6	21.1	20.0
5	变形区长度 l,mm	130	143	113	80	58	41	36
6	宽展量 ΔB,mm	9	15	13	8	5	2	2
7	轧后宽度 B_h,mm	499	514	527	535	540	542	544
8	轧前温度 t_H,℃	800	796	785	766	740	710	682
9	轧后温度 t_h,℃	796	785	766	740	710	682	650
10	平均温度 $\bar{t}$,℃	798	791	776	753	725	696	666
11	稳定轧制速度 v,m/s	1.5	2.0	2.5	2.5	2.5	2.0	2.0
12	平均变形速度 $\bar{u}$,s^{-1}	3.3	7.0	11.7	13.6	14.9	11.4	12.5
13	温度影响系数 n_t	0.29	0.30	0.32	0.38	0.45	0.54	0.69
14	速度影响系数 n_u	0.92	1.04	1.12	1.15	1.18	1.11	1.14
15	变形程度影响系数 n_s	0.76	1.00	1.03	0.94	0.85	0.69	0.67
16	平均变形抗力 $\bar{\sigma}_s$,MPa	16.2	25.0	29.5	32.9	36.1	33.1	42.2
17	平面变形力 K,MPa	18.6	28.8	33.9	37.8	41.5	38.1	48.5
18	变形区形状系数 $1/\bar{h}$	0.93	1.49	1.98	2.32	2.52	2.41	2.67
19	摩擦系数 f	0.45	0.45	0.45	0.45	0.45	0.45	0.45
20	外摩擦影响系数 n'_σ	0.02	1.16	1.28	1.37	1.42	1.39	1.45
21	外端影响系数 n''_σ	1.00	1.00	1.00	1.00	1.00	1.00	1.00
22	平均单位压力 $\bar{P}$,MPa	19.0	33.4	43.4	51.8	58.9	53.0	70.3
23	轧制压力 P,kN	1233	2455	2585	2217	1845	1178	1377

1. 轧制道次的确定　当铸锭及热轧厚度确定之后,可求出总加工率,然后确定轧制道次的分配。根据道次加工率的分配原则,可用计算法或对比法,确定轧制道次的分配。计算法主要是确定最大允许道次压下量及最大道次加工率。具体步骤是通过查阅有关资料,找出被轧合金的平均道次加工率,与铸锭厚度相乘得最大次压下量,然后由轧制道次、总加工率及平均道次加工率的关系,查得轧制道次。最后根据道次加工率的分配原则,确定其他道次的压下量。对比法是将工厂要生产的合金高温性能,与现有生产合金的高温性能比较,如果性能接近,其压下制度可按现有合金的压下制度拟订;或者参考同类厂设备工艺条件基本相同的压下制度。

2. 热轧咬入校核　热轧道次压下量大,首先必须满足咬入条件。由(1−14)式,自然咬入条件应满足 $\Delta h_{max} \leqslant D(1-\cos\beta)$,摩擦系数 f,根据用水冷却润滑的条件,查表 3−4 得 $f = 0.45$,$\mathrm{tg}\beta = f = 0.45$,则 $\beta = 24°$,$\cos\beta \approx 0.91$,$\Delta h_{max} = D(1-\cos\beta) = 850 \times (1-0.91) = 76.5\mathrm{mm}$,由表 7−9 可知各道次压下量均小于 76.5mm,满足自然咬入条件。

3. 热轧宽展计算　热轧宽展量大不可忽略,按(2−17)式 $\Delta B = C\dfrac{\Delta h}{H}\sqrt{R\Delta h}$ 计算各道次的宽展量,C 对 H62 取 0.27。轧后宽度 B_h 为轧前宽度加上该道次宽展量。计算轧制压力,也可用轧制前后的平均宽度值。

4. 热轧温降计算　温降计算可用实测值,也可采用经验公式或理论公式计算。铝及铝合金热轧温度较低,温度计算采用(3-37)式,铜及铜合金热轧温度较高,热量损失以辐射为主,其温降计算可用(3-36a)或(3-36b)式。

表7-9中轧后温度采用下列经验公式计算,比较简便。其原理是温降随轧件厚度减薄近似地呈双曲线变化。因此,只要能实测出热轧开轧温度和终轧温度,轧制厚度,根据上述关系,可求出各道次轧件的温度。温降系数 ϕ 按下式计算:

$$\phi = (t_H - t_h)\frac{H \cdot h}{H - h} \tag{7-6}$$

式中:t_H、t_h——热轧开轧温度和终轧温度,℃,由实测得出;

H、h——热轧开始的铸锭厚度和终轧厚度,mm;

ϕ——温降系数,℃·mm。

已知第 n 道次的轧出厚度 h_n,则第 n 道次的轧件温度 t_n 按下式计算:

$$t_n = t_H - \phi\frac{H - h_n}{H \cdot h_n} \tag{7-7}$$

7.5.2 轧制压力及轧辊强度校核计算

1. 热轧压力计算 热轧黄铜 H62 时的轧制压力计算结果见表7-9,表中有关项的说明如下:

第12项,平均变形速度 $\bar{u}$ 按(3-35b)式 $\bar{u} = \frac{2v}{H + h}\sqrt{\frac{\Delta h}{R}}$ 计算。第13、14、15项,分别由平均温度或轧后温度、平均变形速度及道次加工率,查图(3-13)与(3-14)得到。第16项,$\bar{\sigma_s} = n_t \cdot n_s \cdot n_u \cdot \sigma_S$,查表3-1,$\sigma_S = 80MPa$。第17项 $K = 1.15\bar{\sigma_s}$。第20项,外摩擦影响系数 n_σ',按西姆斯简化公式(3-58)式,$n_\sigma' = 0.785 + 0.25 l/\bar{h}$ 计算。第21项,外端影响系数,因为 $l/\bar{h} > 1.0$,不予修正。第22、23项,平均单位压力 $\bar{P} = K \cdot n_\sigma'$,轧制压力 $P = \bar{P}B_h l$。

2. 轧辊强度校核计算 为了保证轧机安全运转和最大限度地发挥设备潜力,应根据轧制时的最大轧制压力进行轧辊强度校核。

轧辊强度计算可按《材料力学》的知识,把轧辊视为中部受均布载荷的简支梁,计算弯矩、扭矩并画出其受力图。计算弯曲应力和扭转应力,用第3或第4强度理论合成应力,与许用应力比较校核轧辊强度。

对2辊轧机辊身中部扭转应力远小于弯曲应力,则辊身只校核弯曲强度;辊颈受弯曲应力和扭转应力联合作用,则按弯扭合成应力计算;辊头(传动端)只校核扭转强度。4辊轧机强度计算特点:一是轧制压力作用产生的弯曲力矩,绝大部分由支承辊承担;二是工作辊和支承辊之间存在相当大的接触应力。因此,工作辊传动的4辊轧机,工作辊辊身只计算弯曲应力,辊颈和辊头与2辊轧机计算相同;支承辊由最大轧制压力计算辊身中部与辊颈的弯曲应力。而且要校核工作辊与支承辊之间的疲劳强度,具体计算公式参阅文献[2]、[5]。

7.5.3 力矩及主电机校核计算

1. 传动力矩计算 继热轧压力计算例子,将所有传动力矩计算结果列入表7-10,表中计算说明如下:

表 7-10 热轧机主电动机校核计算

序号	轧制道次	1	2	3	4	5	6	7
1	轧前轧后厚度 H/h, mm	160/120	120/72	72/42	42/27	27/19	19/15	15/12
2	轧后宽度 B_h, mm	499	514	527	535	540	542	544
3	轧后长度 L_h, mm	1728	2796	4676	7164	10087	12729	15853
4	变形区长度 l, mm	130	143	113	80	58	41	36
5	变形区形状系数 $l/\bar{h}$	0.93	1.49	1.98	2.32	2.52	2.41	2.67
6	力臂系数 x	0.60	0.60	0.55	0.55	0.45	0.45	0.45
7	力臂 $a = x \cdot l$, mm	78.0	85.8	62.2	44.0	26.1	18.5	16.2
8	轧制压力 P, kN	1233	2455	2585	2217	1845	1178	1377
9	轧制力矩 M, $\times 10^3$ N·m	192	421	321	195	96	44	45
10	轧辊轴承中附加摩擦力矩 M_{f1} $\times 10^3$ N·m	2.2	4.3	4.5	3.9	3.2	2.1	2.4
11	传动机构中附加摩擦力矩 M_{f2}, $\times 10^3$ N·m	19.2	42.1	32.2	19.7	9.8	4.6	4.7
12	静力矩 M_C, $\times 10^3$ N·m	221.4	476.5	365.6	226.6	117.0	58.7	60.1
13	轧制加速期加速度 a, r/min/s	40	40	40	40	40	40	40
14	轧制加速期动力矩 M_d, $\times 10^3$ N·m	42.2	42.2	42.2	42.2	42.2	42.2	42.2
15	轧制减速期加速度 b, r/min/s	50	50	50	50	50	50	50
16	轧制减速期动力矩 M_d', $\times 10^3$ N·m	52.7	52.7	52.7	52.7	52.7	52.7	52.7
17	稳定轧制速度 v/n_C, m/s/r/min	1.5/33.72	2.0/44.96	2.5/56.2	2.5/56.2	2.5/56.2	2.0/44.96	2.0/44.96
18	咬入速度 v_a/n_a, m/s/r/min	0.5/11.24	0.5/11.24	0.5/11.24	0.5/11.24	0.5/11.24	0.5/11.24	0.5/11.24
19	抛出速度 v_b/n_b, m/s/r/min	0.5/11.24	0.5/11.24	0.5/11.24	0.5/11.24	0.5/11.24	0.5/11.24	0.5/11.24
20	轧制加速期时间 t_a, s	0.56	0.84	1.12	1.12	1.12	0.84	0.84
21	轧制减速时间 t_b, s	0.45	0.67	0.9	0.9	0.9	0.67	0.67
22	稳定轧制时间 t_c, s	0.47	0.45	0.66	1.65	2.82	5.42	6.98
23	空转加速时间 t_a', s	0.28	0.28	0.28	0.28	0.28	0.28	0.28
24	空转减速时间 t_b', s	0.22	0.22	0.22	0.22	0.22	0.22	0.22
25	空转稳定时间 t_c', s	4.5	4.5	4.5	4.5	4.5	4.5	4.5
26	道次总时间 $t_n + t_n'$, s	6.49	6.96	7.68	8.67	9.84	11.93	13.49
27	轧制加速期总力矩 M_a, $\times 10^3$ N·m	221.4	517.6	407.8	268.8	159.2	100.9	102.3
28	轧制减速期总力矩 M_b, $\times 10^3$ N·m	174.2	422.7	312.9	173.9	64.3	6.0	7.4
29	稳定轧制期总力矩 M_c, $\times 10^3$ N·m	221.4	476.5	365.6	226.6	117.0	58.7	60.1
30	空转稳定期力矩 M_c', $\times 10^3$ N·m	8	8	8	8	8	8	8
31	空转加速期总力矩 M_a', $\times 10^3$ N·m	50.2	50.2	50.2	50.2	50.2	50.2	50.2
32	空转减速期总力矩 M_b', $\times 10^3$ N·m	−44.7	−44.7	−44.7	−44.7	−44.7	−44.7	−44.7
33	$M_a^2 t_a$ $\times 10^8$ N²·m²·s	406	2250	1863	909	284	86	88
34	$M_b^2 t_b$ $\times 10^8$ N²·m²·s	137	1197	881.15	272.17	37.21	0.24	0.37
35	$M_c^2 t_c$ $\times 10^8$ N²·m²·s	247.12	1017.02	882.18	847.23	386.03	186.76	252.12
36	$M_a'^2 t_a'$ $\times 10^8$ N²·m²·s	7.06	7.06	7.06	7.06	7.06	7.06	7.06
37	$M_b'^2 t_b'$ $\times 10^8$ N²·m²·s	4.40	4.40	4.40	4.40	4.40	4.40	4.40
38	$M_c'^2 t_c'$ $\times 10^8$ N²·m²·s	2.88	2.88	2.88	2.88	2.88	2.88	2.88
36	$\sum M_n^2 t_n + \sum M_n'^2 t_n'$	804.02	4478.48	3640.67	2038.34	721.71	287.34	347.77
40	一个轧制周期的等效力矩 $\bar{M} = \sqrt{\dfrac{\sum \left(\sum M_n^2 t_n + \sum M_n'^2 t_n' \right)}{\sum t_n + \sum t_n'}} = \sqrt{\dfrac{12318.34 \times 10^8}{65.06}} = 13.76 \times 10^4$ N·m							

主电机额定力矩计算，当已知电动机的额定功率 N_H 和额定转速 n_H 时，其额定力矩按下式计算：

$$M_H = \frac{N_H \times 0.975}{n_H} = \frac{1800 \times 0.975}{90} = 19.5 \times 10^4 \text{N} \cdot \text{m}$$

空转力矩 M_0 的计算，取 $M_0 = (0.03 \sim 0.06)M_H$，第 30 项空转稳定期，$M_0 = 0.04 \times M_H = 8 \times 10^3 \text{N} \cdot \text{m}$。

第 9 项，轧制力矩按(4-13)式，$M = 2Pa$。

第 10 项，轧辊轴承中附加摩擦力矩 M_{f1}，按(4-4a)式 $M_{f1} = Pdf_1$ 计算，d 取 440mm(查有关资料选取)，辊颈摩擦系数 f_1 查表 4-1，该轧机为液体摩擦轴承，取 $f_1 = 0.004$ 计算。对工作辊传动的 4 辊轧机，$M_{f1} = Pd_0 f_0 D/D_0$，其中 d_0、f_0 及 D_0 分别为支承辊的辊颈直径、辊颈摩擦系数和辊径。

第 11 项，传动机构中附加摩擦力矩 M_{f2}，按(4-4b)式计算，该轧机为直接传动，无机械减速装置，传动比 $i=1$。传动装置的传动效率查表 4-2，万向接轴 $\eta_1 = 0.95$，齿轮机座为滚动轴承 $\eta_2 = 0.96$，则总传动效率 $\eta = \eta_1 \eta_2 = 0.91$，总摩擦力矩 M_f 按(4-5)式计算。

第 12 项，轧制时主电机轴上的静力矩 M_C，按(4-2)式 $M_C = \frac{M}{i} + M_f + M_0$ 计算。

第 13、15 项，轧制加速期和减速期的加速度，根据电动机的技术特性。$a = 40\text{r/min/s}$，$b = 50\text{r/min/s}$，为简化计算也可取 $a = b$。

第 14、16 项，动力矩 M_d 与 M_d' 按(4-7)式计算。转动惯量计算：电机的 GD^2 可查电机产品样本，该电机 $GD^2 = 30 \times 10^4 \text{N} \cdot \text{m}^2$；如果忽略辊颈和辊头的影响，轧辊转动惯量按下式计算：

$$\text{对 2 辊轧机} \qquad GD^2 = 2\frac{GD^2}{i} \qquad\qquad (7-8)$$

式中：G——轧辊重量，t；

$\quad D$——轧辊直径，m；

$\quad i$——总传动比。

该轧机 $i = 1$，则 GD^2 为：

$$GD^2 = 2 \times \pi \cdot R^2 \times L \times \rho \times D^2 = 2 \times 3.14 \times 0.425^2 \times 1.5 \times 7.8 \times 0.85^2 = 9.56 \times 10^4 \text{N} \cdot \text{m}$$

对工作辊传动的 4 辊轧机，转动惯量按下式计算：

$$\text{支承辊 } GD^2 = 2 \times \frac{G_0 D_0^2}{i_0^2} = \frac{\pi L \rho D_0^4}{2i_0^2} \qquad\qquad (7-9)$$

$$\text{支承辊 } GD^2 = 2 \times \frac{GD^2}{i^2} = \frac{\pi L \rho D^4}{2i^2} \qquad\qquad (7-10)$$

式中：L——辊身长度，m；

$\quad \rho$——轧辊的密度，t/m³；

$\quad D_0$、D——支承辊和工作辊直径，m；

$\quad i_0$、i——支承辊和工作辊对电机的传动比。

当轧机主传动系统为电机直接传动(无机械减速装置)时，$i_0 = D_0/D$；$i = n_e/n = 1$，n_e、n 分别为电动机和工作辊的转速。

当轧机传动系统有机械减速装置时，$i_0 = n_e/n_0 = n_e \cdot D_0/n \cdot D$；$i = n_e/n$，$n_0$ 为支承辊的转

速。

如果考虑轧件的转动惯量,则按下式计算:

$$GD^2 = 365G(\frac{v}{n_e})^2 \tag{7-11}$$

式中: G ——轧件重量,t;

　　n_e ——电动机转速,r/min;

　　v ——轧制速度,m/s。

以第 1 道次为例,计算轧制加速期和减速期的动力矩如下:

$$M_d = \frac{\sum GD^2}{375}a = \frac{(30+9.56) \times 10^4}{375} \times 40 = 42.2 \times 10^3 \text{N} \cdot \text{m}$$

$$M_d' = \frac{\sum GD^2}{375}b = \frac{(30+9.56) \times 10^4}{375} \times 50 = 52.7 \times 10^3 \text{N} \cdot \text{m}$$

第 17 项,稳定轧制速度 v,根据热轧速度的确定原则,并参考现场同类轧机和工艺条件选定,其对应的轧辊转速为 n_c。本规程的轧制速度均未超过电机的基本转速(90r/min),因此,最后计算的电动机总力矩不必修正。

第 18、19 项,咬入和抛出速度为 v_a 和 v_b,且 $v_a = v_b = 0.5$m/s,对应轧辊转速 $n_a = n_b = 11.24$ r/min。

第 20 至 25 项,轧制时间 t_a、t_b 及 t_c 与间歇时间 t_a'、t_b' 及 t_c' 的计算: $t_a = \frac{n_c - n_a}{a}$、$t_b = \frac{n_c - n_b}{b}$、$t_c$ 按(4-22)式计算; $t_a' = \frac{n_a}{a}$、$t_b' = \frac{n_b}{b}$、$t_c' = t' - t_a' - t_b'$,t' 为间歇时间,各道次取 5s,如有立辊轧边应取大些。

第 27 至 32 项,各阶段主电机的总力矩计算:轧制加速期按(4-20)式,$M_a = M_c + M_d$;轧制减速期按(4-21)式,$M_b = M_c - M_d'$;稳定轧制期为静力矩值;空转稳定期 $M_c' = M_d$;空转加速期按(4-23)式,$M_a' = M_0 + M_d$;空转减速期按(4-24)式,$M_b' = M_0 - M_d'$。最后将计算结果作出电动机负荷图,其方法参见图 4-7。

第 33 至 38 项,将上述各总力矩平方,再乘以相应的时间所得。第 39 项为上述各项之和。

第 40 项,求一个轧制周期的等效力矩,按(4-25)式计算,被开方数的分子为第 39 项各道次之和,分母为第 26 项各道次之和。

2. 主电机校核计算　主电机校核计算包括发热和过载校核。

电机发热校核:由(4-26)式电机升温条件为 $\bar{M} \leqslant M_H$,计算结果 $\bar{M} = 13.76 \times 10^4 \text{N} \cdot \text{m}$,而 $M_H = 19.5 \times 10^4 \text{N} \cdot \text{m}$,则 $\bar{M} < M_H$,电动机升温条件满足,即电机发热通过。

电机过载校核:由(4-27)式电机过载条件为 $M_{\Sigma max} \leqslant kM_H$,本直流电机 $k = 2.5$,则 $kM_H = 2.5 \times 19.5 \times 10^4 = 48.75 \times 10^4 \text{N} \cdot \text{m}$。由表 7-10 可知,第 2 道次最大的总力矩 $M_{\Sigma max} = 51.76 \times 10^4 \text{N} \cdot \text{m}$。 $M_{\Sigma max} > kM_H$,出现过载现象。

通过上述校核计算,看出第 2 道次压下量分配偏大,应进行适当修改,将第 2 道次压下量减少,增加第 4 道次的压下量,避免电机过载。道次压下量的具体分配及其重新校核计算从略。

7.6 冷轧工艺

冷轧工艺制度包括冷轧压下制度、冷轧时的张力、冷轧的速度、冷却润滑及辊型等内容。本节研究冷轧特点,冷轧工艺制度及产品质量控制。

7.6.1 冷轧特点及分类

冷轧通常指金属在再结晶温度以下的轧制过程。冷轧产生加工硬化,金属的强度和变形抗力增加,伴随着塑性降低。冷轧和热轧相比,其主要特点是:(1)产品的组织与性能均匀,有良好的机械性能和承受再加工的性能;(2)产品尺寸精度高,表面质量与板形好;(3)通过控制不同的加工率或配合成品热处理,可获得各种状态的产品;(4)冷轧能生产热轧不能轧出的薄板带或箔材。

根据冷轧的不同目的,一般可将冷轧分为开坯、粗轧、中轧及精轧四种类型:(1)开坯冷轧——不宜热轧的铸锭或铸坯,直接冷轧到一定厚度的板坯或卷坯,使铸造组织变为加工组织的过程;(2)粗轧(冷通)——将热轧后的板坯(卷坯)冷轧到一定厚度称粗轧;(3)中轧——将粗轧后的板坯(卷坯)冷轧到成品前所要求的坯料厚度,即轧制成品前的冷轧称中轧;(4)精轧(轧成品)——按成品总加工率轧至成品厚度,而达到产品要求的冷轧称精轧。

应指出,上述不同的冷轧过程,根据设备及工艺条件,既可在不同的轧机上进行,也可在同一台轧机上完成。

冷轧应用很广泛,凡热轧后要求继续轧薄,而且性能、组织、表面质量及尺寸精度要求较高的产品都要进行冷轧。但是,冷轧加工硬化,变形能耗大。因此,大部分有色金属及合金,当加工率达到一定程度后要进行中间退火,以消除加工硬化实现继续冷轧。为了减少能耗,提高生产率,冷轧应与热轧相配合。在保证产品质量的前提下,充分利用热轧高效率的特点,尽量减少冷轧压下量。所以,冷轧一般很少单独采用。

7.6.2 冷轧压下制度

冷轧压下制度主要包括总加工率的确定和道次加工率的分配。总加工率一般分两次退火之间的总加工率,称中间冷轧总加工率;为控制产品最终性能及表面质量,所选定的总加工率称成品冷轧总加工率。

1. 中间冷轧总加工率 中间冷轧总加工率,在合金塑性和设备能力允许的条件下,一般尽可能取大些,以最大限度的提高生产率。确定总加工率的原则是:(1)充分发挥合金塑性,尽可能采用大的总加工率,减少中间退火或其他工序,缩短工艺流程,提高生产率和降低成本;(2)保证产品质量,防止总加工率过大产生裂边和断带,恶化表面质量。而且总加工率不能位于临界变形程度范围,以免退火后出现大晶粒及晶粒大小不均;(3)充分发挥设备能力,保证设备安全运转,防止损坏设备部件或烧坏电机等事故出现。

有色金属及合金常采用的冷轧总加工率范围参见表7-11。

生产中,中间冷轧总加工率的大小与设备结构、装机水平、生产方法及工艺要求有关。同一合金,通常在多辊轧机、带式生产及自动化装备水平高的轧机上,冷轧总加工率大。

2. 成品冷轧总加工率 成品冷轧总加工率的确定,主要取决于技术标准对产品性能的要求。因此,应根据产品不同状态或性能要求,确定成品冷轧总加工率。

表 7-11　有色金属开坯和中间冷轧的总加工率

合　　金	总加工率,%	合　　金	总加工率,%
紫　铜	50~95	纯　铝	75~95
H68、H65、H62	50~85	软铝合金	60~85
复杂黄铜	30~70	硬铝合金	60~70
青　铜	35~80	镁	15~20
纯　镍	50~85	钛合金 TC1	25~30
镍合金	40~80	TC3	15~25
钽和铌	80~85	TA1、TA2、TA3	30~50

（1）硬或特硬状态产品,其最终性能主要取决于成品冷轧总加工率。根据技术标准对产品性能的要求,按金属机械性能与冷轧加工率的关系曲线,确定成品冷轧总加工率的范围。然后,经试生产,通过性能检测,确定冷轧总加工率的大小。

（2）半硬状态产品,冷轧总加工率可以根据对其性能的要求,按金属机械性能与冷轧加工率的关系曲线确定;也可以利用冷轧至全硬后的产品,经低温退火控制性能。

半硬状态产品,采用加工率控制性能,操作较方便,性能控制较准确且稳定。一般热处理设备较落后,或轧机能力较小及合金退火工艺要求极严的情况下,大多采用加工率控制性能。采用低温退火控制性能,在设备条件允许的情况下,可增大成品冷轧总加工率,减少工序,缩短生产周期,有利于板形及尺寸精度控制。但是,低温退火必须采用严格的退火工艺制度,先进的热处理设备,才能保证产品性能均匀稳定。一般现代化水平较高的工厂,大多采用低温退火控制性能。

（3）软状态产品的性能主要取决于成品退火工艺,但退火前的成品冷轧总加工率,对成品退火工艺及最终机械性能,也有很大影响。总加工率越大,再结晶退火温度可相应降低,时间缩短,延伸率较高。

软态产品多数用来作深冲或冲压制品。因此除保证强度和延伸率要求之外,还要控制深冲值和一定的晶粒度。深冲值与晶粒度大小有关,所以软态产品应根据第一类再结晶图(加工率、退火温度和晶粒度的关系图)确定成品冷轧总加工率。

把产品在不同方向上的机械性能不同称为方向性(各向异性)。具有方向性的产品,当延伸率大的方向,深冲时变形大壁厚变薄,导致冲杯边缘出现凸峰称为制耳(耳子),使成品率降低。冷轧产品的方向性与冷轧总加工率有密切关系,一般来说,方向性随加工率的增加而增大。但是,采用大加工率轧制,并合理选择退火制度,可以把方向性控制在最小的范围,或者获得无方向性的产品。

（4）对表面要求光亮的产品,常用抛光轧辊进行抛光轧制。因为不给一定冷轧加工率得不到光洁的表面,而加工率太大也起不到抛光表面的作用。所以,成品冷轧总加工率应预留一定的抛光轧制加工率(3%~5%左右)。

3. 道次加工率的分配　冷轧总加工率确定之后,应合理分配各道次的加工率。合理分配道次加工率的基本要求是:在保证产品质量、设备安全的前提下,尽量减少道次,采用大加工率轧制,提高生产率。

具体分配道次加工率的一般原则是:(1)通常第一道次加工率较大,以充分利用金属塑性,往后随加工硬化程度增加,道次加工率逐渐减小;(2)保证顺利咬入,不出现打滑现象,轧制厚板带较突出;(3)分配道次加工率,应尽量使各道次轧制压力相接近,对稳定工艺、调整辊型有利,尤其对精轧道次更重要;(4)保证设备安全运转,防止超负荷损坏轧机部件与主电动机。生产中,根据设备、工艺条件及产品要求,可适当调整道次加工率。

7.6.3 冷轧时的张力

轧制带材必须采用张力。张力通常是指前后卷筒给带材的拉力,或者机架之间相互作用使带材承受的拉力。

1. 张力的建立 张力是靠卷筒与出辊或入辊带材之间的速度差而建立的。现以前张力的建立为例(图7-7)加以分析。

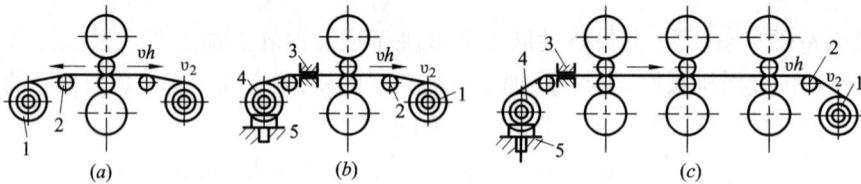

图7-7 各种轧机张力装置

(a)可逆式轧机; (b)不可逆式轧机; (c)连轧机

1——前卷筒;2——导向辊;3——导卫装置;4——后卷筒;5——液压缸

卷筒的外缘线速度 v_2 和带材出辊速度 v_h 有三种关系:(1)当 $v_2 < v_h$ 时,带材缠绕到卷筒上以后,卷筒不能把带材拉紧,造成带材堆积而形成活套,此时无张力产生;(2)当 $v_2 = v_h$ 时,带材缠绕到卷筒上不能产生拉伸变形,也不能建立张力;(3)当 $v_2 > v_h$ 时,带材缠绕到卷筒上后,因有速度差使带材被拉紧,而产生弹性拉伸变形,便建立起前张力。可见,卷筒的外缘线速度与带材出辊速度的差大于零,才能建立前张力。张力一旦建立,带材处于拉紧状态,至张力达到稳定值速度差消失。若某种原因又产生新的速度差,则原平衡状态被破坏,张力产生变化直至过渡到另一稳定状态。所以产生张力是由于卷筒与出辊带材存在速度差,而一旦张力建立,要保持张力稳定则速度差应为零。

同理,开卷机(后卷筒)的外缘线速度 v_1 小于带材入辊速度 v_H,才能建立起后张力。

2. 张力在轧制过程中的作用 张力的作用归纳起来有以下几点:

(1)能降低单位压力,调整主电机负荷。张力使变形抗力减小,轧制压力降低,能耗下降。由(4-10)式可知,前张力使轧制力矩减少,而后张力使轧制力矩增加。当前张力大于后张力,能减轻主电机负荷;

(2)调整张力能控制带材厚度。因为改变张力大小能改变轧制压力,由弹跳方程可知轧出厚度发生变化,因此,调整张力可实现板厚控制。由(5-17)式,增大张力使带材轧得更薄,因为张力降低轧制压力,则轧辊弹性压扁与轧机弹跳减小,在不调压下情况下,可将轧件进一步压薄;

(3)调整张力可以控制板形。张力能改变轧制压力,影响轧辊的弹性弯曲从而改变辊缝形状。因此,通过调整张力大小控制辊型,实现板形控制。此外,张力能促使金属沿横向延伸均匀,以获得良好板形;

(4)防止带材跑偏,保证轧制稳定。防止带材跑偏(带材偏离轧制中心线)是实现稳定轧制的重要措施。跑偏将破坏正常板形或尺寸精度,引起人身或设备事故,必须加以控制。

138

既使在横向刚度无限大的理想轧制情况,如来料不对中,引起轴承反力不对称,弹跳量不一致,仍会导致沿横向延伸不均使轧件跑偏,一旦发生,会越来越严重。

防止跑偏常采用微凸形辊缝、导板夹逼及张力防偏等方法,现代化轧机上还装有自动对中控制系统。当轧件出现不均匀延伸,沿宽向张力分布将发生相应的变化,其结果延伸大的张力减小,则使延伸相对减少,而延伸小的部分张力增大,则使延伸相对增加,促使延伸均匀,这就是张力的自动纠偏作用。它与前两种方法相比,为瞬时反应同步性好,无控制滞后。但张力纠偏时调整范围受限,过大会造成裂边甚至断带。

(5)张力为增大卷重,提高轧制速度,实现轧制过程机械化,以及计算机控制创造了有利条件。

3. 张力的确定与调整　确定张力的大小应考虑合金品种、轧制条件、产品尺寸与质量要求。一般随合金变形抗力及轧制厚度与宽度增加,张力相应增大。最大张应力不应超过合金的屈服极限,以免发生断带;最小张应力必须保证带材卷紧卷齐。设计中可选择张应力值 $q = (0.2 \sim 0.4)\sigma_{0.2}$ 厚带或高塑性合金取上限,薄带或低塑性合金取下降。重有色合金薄带冷轧时采用的张应力一般为 $100 \sim 200$ MPa,有的高达 $250 \sim 300$ MPa。铝合金在 2800mm 和 1700mm 4 辊冷轧机上,可按下列经验公式计算不同厚度条件下的张应力值:

$$\text{前张应力} \quad q_h = (5.67 - 0.6h) \times 10 \text{MPa}$$
$$\text{后张应力} \quad q_H = (4.30 - 0.5H) \times 10 \text{MPa}$$

轧制铝箔时,最大张应力不应超过金属屈服极限与弹性极限之和的一半,否则容易断带。

前张力与后张力的大小确定:一般后张力大于前张力,带材不易拉断,能防止跑偏,降低轧制压力比较显著。但是,后张力过大增加主电机负荷,使后滑增大可能打滑,来料如卷松会造成擦伤等。相反,前张力大于后张力时,降低主电机负荷,促使变形均匀,有利于控制板形。但是,前张力过大,带材卷得太紧,退火易粘结,轧制容易断带。生产中应根据具体情况选择前后张力的大小。

轧制过程要求张力稳定。但是,当卷径增大速度变化未及时补偿,以及工艺因素变化等均导致张力波动。一旦波动较大,会影响板形与厚度精度,严重时甚至断带。因此,为了保证产品质量,实现稳定轧制,必须调整张力。

在现代高速冷轧机上,设有张力自动调节装置,并用直流电机驱动卷取机和开卷机,调节电机速度控制张力。张力调节精度,稳定轧制控制在 $\pm(1 \sim 2)\%$,加减速阶段控制在 $\pm(3 \sim 5)\%$;精密薄带轧机控制在 $\pm 1\%$ 以内;最大与最小张力比达 30 倍左右。但旧式轧机的张力波动达到 $15\% \sim 20\%$,导致产品精度低,质量差。

为了保持张力恒定,一般采用间接法和直接法控制张力。间接法,即调节卷取电动机电压来维持其电枢电流 I_a 恒定,以及调节电动机的励磁电流,使其磁通 Φ 随带卷直径 D 成正比例变化,而保持 Φ/D 的比值恒定;轧制薄带要求张力小,为合理使用电机功率,按最大转矩原则控制张力恒定,即使 I_a 正比于 D/Φ 来实现张力恒定。直接法控制张力一般有两种:一是利用张力测定装置(张力计)测定实际的张力,以此作为反馈信号,使张力恒定;二是利用活套建立张力,由活套发送器给出信号,改变卷取机的速度,维持活套大小不变,而控制张力恒定。

7.6.4　冷轧时的速度

冷轧速度是指轧辊的线速度,它是冷轧的一个重要参数。轧制速度的大小直接决定轧机的生产率,也是衡量轧制技术水平高低的重要指标。

在旧式轧机上,轧制速度一般为 1m/s 左右,生产率相当低。为了提高生产率,必须提高轧制速度。提高冷轧速度应满足的条件是:(1)带材应有足够的长度。目前采用增大卷重或带坯焊接,以增加带材长度;(2)液压压下代替电动——机械压下系统;(3)厚度及板形迅速准确地检测与控制装置(AGC、AFC 等);(4)高功效的冷却润滑剂及其分段自动控制系统;(5)要相应增大主电机功率,以满足高速轧制的要求;(6)高精度的轧机及采用计算机控制,等等。

为了提高生产率与确保设备安全,采用低速咬入及抛出,高速稳定轧制制度。因此,现代高速冷轧机均为调速轧机。除少数低塑性或易裂边的合金,采用较低轧制速度外,国外目前最高轧制速度,铜及铜合金为 20m/s,铝及铝合金为 40m/s,一般轧制速度在 10～20m/s 左右。生产中,成品精轧最后道次为保证板形,采用较低的轧制速度有利于平整;当轧温过高、裂边严重或过焊缝处,应适当降低轧制速度;轧制极薄带材,尤其铝箔精轧,轧制速度不宜太高,以免发生断带;压光或抛光轧制,其速度低有利于抛光作用。总之,生产中要根据具体条件和工艺要求,合理选定与调整轧制速度。

7.6.5 冷轧时的冷却润滑

冷轧时,加工硬化使金属的变形抗力增加,单位压力较高,能耗增大。金属的变形热与摩擦热使轧件和轧辊温度升高,当加工率大、轧制速度高及压力大时更为突出。而且冷轧产品的精度、性能及表面质量要求高。因此,冷轧时的冷却润滑对减小摩擦、降低能耗、控制辊温、提高产品质量及轧辊使用寿命,具有重要的意义。

1. **冷却润滑剂的要求**　上述冷轧的特点,对冷却润滑剂有较高的要求:(1)基础油的粘度要适当;(2)润滑性能良好,摩擦系数小;(3)油膜强度要大,在高压下不破坏,并能均匀附着且附着力较大;(4)不腐蚀轧件和轧辊,并容易去除;(5)闪点要适当。闪点过高,退火时不易烧净,使产品表面产生油斑;闪点过低,轧制时易挥发油烟,容易着火;(6)对人体无害;(7)来源广价格低。

2. **冷却润滑剂**　冷轧的冷却润滑剂,必须根据合金特性、产品质量要求、轧制压力及轧制速度等具体条件,选择不同性能的冷却润滑剂。

冷轧重有色金属常用润滑油和乳液进行冷却润滑。润滑剂可分为四类:矿物油、植物油、固体润滑剂及混合润滑剂。常用的矿物油包括煤油、汽油、变压器油、锭子油及机油等。

煤油和汽油的润滑性能差,在冷轧厚板时用少许煤油有利于咬入。汽油因闪点低易着火,一般不单独使用。变压器油的粘度比锭子油及机油低,酸值及灰份少,适用于表面要求较高的镍及铍青铜等合金。锭子油的酸值及杂质也较低。适用于表面易变色和因杂质污染表面的黄铜、白铜等合金。锡磷青铜及锌白铜等硬合金,大多采用粘度较高、价廉的机油。白油挥发性强,板材退火后表面光亮,大多用于成品冷轧。

植物油润滑性能好,但闪点高不易挥发,化学性能不稳定,影响表面质量,而且消耗大量食用油。生产中常用矿物油与植物油的混合润滑剂,如硬合金薄带冷轧采用菜油加汽油;水箱铜带为便于焊接,可采用菜油加白油混合使用。

为了提高矿物油的润滑性能,在不同的矿物油中添加 5% 左右的油酸或硬脂酸、甘油及松香等添加剂的办法。油酸虽然润滑性能高,但过多时易腐蚀轧件。

目前我国重有色金属冷轧采用全油润滑不多,不少带材轧机采用乳液润滑,但乳液对轧件表面腐蚀性较强,恶化表面质量。所以,国外普遍采用全油冷却润滑,或粗轧用乳液,精轧全油冷却润滑。

铝及铝合金冷轧的冷却润滑剂,国外已普遍采用全油润滑,欧、美、日等发达国家针对不同产品品种、规格及生产工艺,分别研制出相应的专用冷轧润滑油,而且形成了产品系列化,并在世界上广泛使用。

我国铝合金冷轧润滑剂的研制工作起步较晚,"六五"期间由河北沧州炼油厂与华北铝加工厂联合,研制了沧州一号冷轧润滑油等,通过现场使用效果较好。在此基础上,"七五"期间又由东北轻合金加工厂、西南铝加工厂与中南工业大学等单位,联合研制了新型的铝合金冷轧润滑剂,并对冷轧润滑机理、润滑剂的配选方法等进行了研究,均取得了可喜的进展。表7-12为国内外研制生产的几种有代表性的冷轧润滑剂基础油的主要性能指标。

表7-12 国内外冷轧工艺润滑剂基础油的主要性能

	Exxsol D100	Exxsol D80	Genrex 56	沧州一号	有色金属压延油
粘度(40℃)×10^{-6},m^2/s	1.84	1.22	1.74	1.67	
密度(15℃)×10^3,kg/m^3	0.78	0.79	0.81	0.80	
馏程,℃	235~260	204~232	215~255	211~248	252~308
闪点,℃	102	78	85	81~87	98~103
苯胺点,℃	81	76		72~76	83
酸值,mgKOH/g			0.03	0.01~0.014	0.003
碘值,gI/100g	0.16	0.16		0.17~0.40	2.11
表面张力,MN/m	27.5	26.5			
硫含量,%	0.0003	0.0003	0.0015	0.02	0.04
芳烃含量,%	0.9	0.8	7	10	
用途	铝板	铝箔	铝板、铝箔	铝箔	铝板、铝箔
生产厂家	美Exxson公司	美Exxson公司	美Mobil公司	沧州炼油厂	成都石化厂

尽管取得一定进展,但是我国不少中小铝加工厂,由于设备陈旧、工艺落后,仍以菜油加煤油等作为冷轧润滑剂。这不仅消耗大量食用油,而且产品退火后表面有油斑,严重影响表面质量。随着轧制技术的发展,高精度、高表面的板带箔材产品需求量的日益增加,进一步改进或研制适应中小厂,以及高速冷轧的润滑剂,并使之形成系列化,任务还相当艰巨。

铝合金冷轧润滑剂主要由基础油和添加剂组成。基础油一般为轻质矿物油,添加脂肪醇、脂肪酸及脂肪酸酯3种油性剂等,其含量为5%左右,以改善油品的润滑性能。

润滑剂的主要理化性能有粘度、馏程、闪点、溴值、芳烃和硫含量等。沾度对润滑性能及产品表面质量影响较大,较适合的粘度通常为$(1.5\sim5.5)10^{-6}m^2/s$。增加油的粘度能增加润滑效果,但对表面质量不利,尤其铝箔轧制影响更大。粘度低冷却效果好,避免辊型失控,防止温度过高导致辊面淬火层硬度下降等。馏程越窄,终馏点越低,退火后表面的油迹就越少。为了保证安全生产,在不影响产品退火后表面质量的前提下,冷轧油应具有较高的闪点。溴值(碘值)是反应不饱和烃含量多少的,其值越少,退火产品表面污染就越小。此外,油品中硫、芳烃含量较高也影响退火后的表面质量等,应有一定限制。

综上所述,研制低粘度高饱和的石蜡系矿物油为基础油,添加适当的油性剂,低芳、低硫、窄馏程等特点的油品,是今后铝合金冷轧冷却润滑剂的发展方向。

为保证润滑剂的清洁,延长使用寿命,过滤系统至关重要。目前使用施耐特平板过滤器,轧制润滑油通过硅藻土和漂白土过滤系统全流过滤,其最高精度小于0.5μm。润滑油使用过程中主要检查清洁度、添加剂含量和杂油混入量。

7.6.6 冷轧产品的主要缺陷及产生原因

冷轧中常出现的缺陷,归纳起来主要有厚度超差、板形不良、表面缺陷及性能不合等。分析其产生的原因,找出防止措施,对减少冷轧废品,提高成品率具有重要意义。

1. **厚度超差** 产生厚度超差的原因:当坯料厚度波动太大或超差;坯料热处理后性能不均;压下分配不合理,操作或控制不当;张力不稳定或头尾失张;升降速时未及时调整压下;润滑冷却不均;测量不准等,均会产生厚度超差。为了减少或消除厚度超差废品,一般来说,应严格控制各道轧制工序的板厚偏差,消除来料厚度不均;合理的热处理工艺,减少炉内温差,保证坯料性能均匀;合理分配道次压下量;适当调整张力,保持恒张力轧制;升降速时应及时调整压下或延长稳速轧制时间;根据辊温变化,合理冷却润滑;勤校测量仪或提高其测量精度。生产中应根据具体条件和超差的原因,采取相应的合理措施予以消除。

2. **板形不良** 冷轧板形不良主要有波浪(单边、中间、两边及双侧波浪)、瓢曲、压折、翘曲及侧弯等。波浪产生的主要原因列于表7-13。表中产生波浪的原因列的较多,实际生产可能是其中某一个或几个原因,应视具体情况来分析,找出最主要的采取有效措施,予以消除。现代化轧机上采用AFC系统是提高板形精度、消除板形缺陷最有效的控制手段。

压折是不均匀延伸产生的局部折皱,多出现于冷轧薄板带。压折导致擦伤、划伤,易发生断带及擦伤辊面等。压折的产生与波浪相似,当料入辊不对中,或卷筒中心偏离轧制中心线;轧制过程突然断带,停车不及时;来料板形不好,压下量太大与辊型不相适应;张力太小或波动太大;润滑不均,辊温过高等,均会产生压折现象。

表7-13 冷轧产品的几种主要波浪产生的原因

种类	产 生 的 主 要 原 因
单边波浪	1. 坯料一边厚一边薄,或坯料退火不均,两边性能不一; 2. 两边压下调整不一致,喂料不对中,或轧件跑偏; 3. 两边冷却润滑不均; 4. 轧辊磨损不一样,或磨削的辊型中心顶点偏离轧制中心线。
中间波浪	1. 坯料中间厚,两边薄; 2. 辊型太大; 3. 道次压下量过小,或张力太大; 4. 轧制速度高,冷却润滑剂流量不足,冷却强度小使辊型增大。
两边波浪	1. 坯料两边厚,中间薄; 2. 辊型太小,或磨损严重未及时换辊; 3. 道次压下量太大,或张力太小,头尾失张,断带张力减小; 4. 冷却润滑剂中部量太大,或辊较凉,两边辊颈发热。
双侧波浪	1. 坯料横断面厚度不均或性能不均; 2. 辊型凸度呈梯形,与板宽不适应; 3. 冷却润滑不均; 4. 轧辊磨损严重,或压完窄料改压宽料易出现。

翘曲是冷轧厚板易产生的板形缺陷,它主要是板材上下两面延伸不一致引起的。当两个工作辊径不相等,一般下辊径大于上辊时轧件上翘,反之向下弯;压下量分配不合理,一般压下量太小易上翘,压下量太大易下弯;上下辊的转速不一致,或上下辊出现轴向错动;上下辊润滑

不均或辊温不一致等,均会产生翘曲。侧弯产生的原因与单边波浪相同。

3. 表面缺陷　冷轧中常见的表面缺陷有划伤、擦伤、起皮、裂纹、裂边、分层、辊印、压坑、夹灰、孔洞、腐蚀斑点及油斑、金属及非金属压入物等。这些缺陷与轧制设备及工艺、轧辊质量、热处理、冷却润滑及操作水平等有关。常见表面缺陷产生的主要原因列于表7-14。

表 7 - 14　冷轧产品表面缺陷产生的主要原因

缺陷名称	产 生 的 主 要 原 因
划伤及擦伤	1. 辊道或其他接触部件有尖硬物; 2. 轧件与设备产生相对运动,或张力辊、压紧辊、辊道不转造成划伤; 3. 开卷张力过大,或张力波动太大,使带材层间相对错动。
辊印及压坑	1. 轧辊表面粘有金属及氧化物等; 2. 轧件表面粘有杂物,轧后杂物脱离表面出现压坑; 3. 轧辊表面硬度低,或磨损严重出现麻坑,或压折、压靠、粘辊出现的伤痕; 4. 冷却润滑剂不干净,或过滤精度差。
金属及非金属压入 夹灰及起皮	1. 来料划伤严重,在划沟内落入脏物及退火时氧化; 2. 冷却润滑剂不干净,或过滤精度差; 3. 辊面粘有金属及其他脏物被压入轧件表面; 4. 坯料退火等,轧件表面粘有脏物; 5. 热轧坯料有显微裂纹,并沿裂纹氧化; 6. 铸锭中的气孔、缩孔、冷隔等杂物,轧制过程暴露所致; 7. 热轧坯料铣面时刀痕太深。
裂纹、 裂边、分层	1. 铸锭中有气孔、缩孔或脆性杂物使塑性降低,热轧坯料内部裂纹; 2. 坯料边部有小裂口、折皱等缺陷; 3. 冷轧加工率太大,辊型不合理出现延伸不均,或张力太大; 4. 铝合金边部包铝焊合质量不好,或表面包铝层焊合不好; 5. 轧前退火不均,边部晶粒粗大或氧化严重未洗干净; 6. 轧制时表面层与里层延伸不一致。
表面腐蚀 油斑及水迹	1. 乳液或润滑油有腐蚀性,或退火性能差产生油斑; 2. 混入机械油,冷却润滑剂不干净; 3. 酸洗时带材表面残留有水或酸; 4. 产品放置时间太长,周围空气潮湿或有害气体腐蚀。

4. 性能不合　产品机械性能除合金成分、铸造组织影响之外,主要取决于冷轧加工硬化程度及热处理工艺。硬态、特硬态及加工率控制性能的半硬态产品,主要是成品总加工率控制不严,或坯料和成品厚度波动大导致机械性能不合。对于软态及成品退火控制性能的硬态和半硬态产品,主要是成品退火制度不合理,设备性能较差或者加热时过热、过烧等原因造成的。但与成品退火前的冷轧总加工率大小有关。

7.7　冷轧机的选择

选择冷轧机要考虑的原则与选择热轧机基本相同。由于冷轧的特点不同,对冷轧机的要求也较高。

7.7.1 冷轧机的特点

根据冷轧工艺特点及产品要求,冷轧机与热轧机相比,具有以下特点和应满足的要求:(1)轧辊开口度小;(2)轧辊直径小,以减小轧制压力,满足最小轧制厚度要求;(3)压下速度低(绝对值小),但压下调整精度高。现代高速轧机上,装有液压 AGC 系统,实质上以高压下速度对辊缝作微量调整,速度比机械压下高 10~25 倍;(4)轧机精度高、刚度大,采用液压压下(或压上),根据工艺要求改变轧机刚度,实现"恒辊缝"到"恒压力"控制;(5)冷轧辊材质、硬度、表面粗糙度及制造精度等比热轧辊要求高;(6)一般冷轧,尤其薄板带、箔材轧制前后带有张力,而且比热轧张力大。

7.7.2 冷轧机的型式选择

常用冷轧机的结构型式有2辊、4辊及多辊轧机。按轧机操作方式有可逆式与不可逆式两种。选择冷轧机型式除一般原则,还可根据生产特点、轧制工艺要求、轧机结构特点等进行。常用冷轧机的各种型式如图7-8所示。

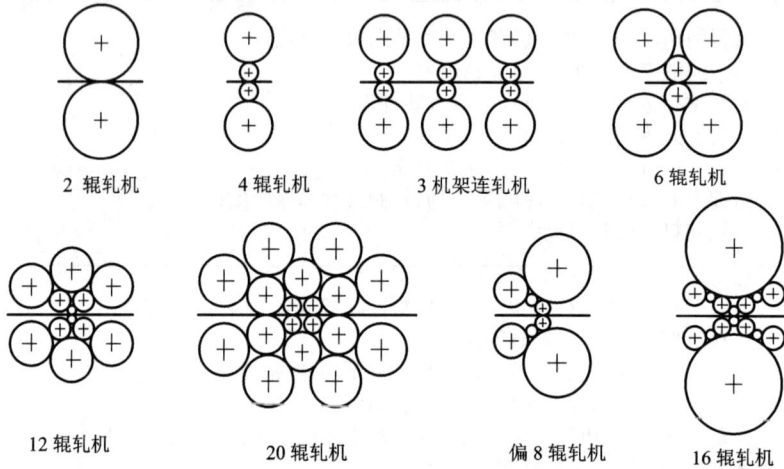

2辊轧机　　4辊轧机　　3机架连轧机　　6辊轧机

12辊轧机　　　20辊轧机　　　偏8辊轧机　　　16辊轧机

图7-8　常用冷轧机的各种型式

1. **按生产特点选择机型**　冷轧机按其生产特点,通常分为:(1)块式生产的板材轧机,目前大多数中小加工厂仍采用这种2辊不可逆轧机,则面临着设备改造与更新的迫切任务。只有少数工厂采用2辊及4辊可逆轧机;(2)带式生产的带材轧机,一般采用4辊轧机,产量大品种较单一时采用冷连轧机,窄带材低速轧制也采用2辊轧机;(3)箔材轧机,通常采用工作辊小的4辊及多辊轧机;(4)平整轧机,也属精轧机,压下量很小,用于带材的平整和抛光,一般采用辊径较大,速度较低及功率较小的2辊轧机。

2. **按工艺要求选择机型**　冷轧机按工艺要求又可分为冷粗轧要、中轧机及精轧机三类,实现轧机专业化。从机型上既采用2辊和4辊,但粗轧机一般采用2辊,精轧机采用4辊或多辊轧机。对于产品较单一,产量较大的现代化加工厂,粗、中、精轧也有在一台轧机上完成的,为一机多用的冷轧机。近几年有少部分厂已经引进了这种现代化的冷轧机。国外普遍对冷轧机进行现代化技术改造。如铜及铜合金一般粗轧机,采用单机架4辊可逆或不可逆轧机;两机架4辊不可逆冷轧;三机架2辊连轧机。精轧多种机型,大多采用4辊可逆、12辊及20辊轧机。铝及铝合金,普遍采用3~6台4辊连轧。铝箔轧制,因塑性好、抗力低,轧制过程易断带不宜连轧,因此普遍采用单机不可逆式4辊轧机生产。

轧机的操作方式主要根据品种、产量多少考虑。小批量及多品种常采用不可逆及单机架冷轧机;大批量及品种单一常用可逆及连续式的高速轧机。一般在满足产品品种及规格、产品质量要求时,宜优先选择辊数少的轧机。

3. 4辊冷轧机 4辊轧机有工作辊传动和支承辊传动两种方式。工作辊传动的4辊轧机,其辊径较大咬入能力较强,可增大压下量提高生产率。但工作辊受扭转强度限制,使其直径不能继续减小,以致轧出的最小厚度受限,因此,出现了支承辊传动的4辊轧机。采用支承辊传动其优点:可承受较大扭矩,工作辊径小有利于轧制更薄的产品,工作辊无接轴,换辊方便,而且其直径可在一定范围内变化,以适应轧制要求。但工作辊与支承辊之间易出现打滑,而且工作辊在水平方向有较大的侧向弯曲,影响轧制精度。

4辊轧机有可逆式与不可逆式两种。可逆式间歇时间短,生产效率高。但每改变一次轧制方向都必须调整压下、前后张力、工艺润滑及辊型等条件,才能轧出厚薄均匀及表面平直的带材。而且调整时速度难以提高,轧制条件难以保持稳定,人工操作影响更大。在自动化程度高,控制系统较完整的条件下,才能保证产品质量。此外,轧机结构较复杂,造价较高。适于轧制时间较短,在同一台轧机上连续轧制多道次时采用。

相反,不可逆轧机只能单向轧制,当调整某种轧制条件后,可实现多卷轧制,既减少调整工作量,又保证轧制条件的相对稳定性。其特点是结构简单,造价较低,采用输送装置返回带卷,轧辊和轧件的冷却条件好。与可逆轧制相比能提高轧制速度,带材质量更稳定。

4. 多辊轧机 目前,多辊轧机有6辊、12辊、20辊、36辊等,应用最广泛的是12辊、20辊轧机。苏联的36辊轧机,其工作辊直径为1.5mm,在实验室轧出0.0005mm厚的合金带。多辊轧机的特点是工作辊径小,能显著降低轧制压力,弹性弯曲小,抗弯刚度大。但轧机结构复杂,制造安装等精度要求很高,维护调整困难。多辊轧机适宜轧制极薄带和高强度合金带。

偏8辊是在多辊和4辊轧机的基础上,发展起来的一种新型多辊轧机。其辊系在水平及垂直方向都有足够的刚度,结构简单,调整方便,轧制精度较高,工作稳定性好,道次加工率大,可实现一机多用。但传动支承辊与工作辊之间易打滑及啃伤,稳定条件不易掌握,制造安装及调整较4辊轧机要求高。

轧制产品的最大宽度 B_{max} 与最小厚度 h_{min} 之比也是选择轧机型式的重要参数,各种冷轧机的主要参数列于表7-15。

表7-15 各种冷轧机的主要参数

轧机型式	L/D	D_0/D	B_{max}/h_{min}
2 辊	0.5~3	—	500~2500
4 辊	2~7	2.4~5.8	1500~6000
6 辊	2.5~6	2~2.5	2000~5000
12 辊	8~14	3~4	5000~12000
20 辊	12~30	3.7~8.5	10000~25000
偏 8 辊	3~10	—	—

注:L——辊身长度;D_0,D——支承辊及工作辊直径;B_{max}——最大轧件宽度;h_{min}——最小轧件厚度。

7.7.3 冷轧机的主要参数选择

选择冷轧机的主要参数应考虑的内容与热轧机基本相同。但根据冷轧的特点不同,主要讨论轧辊直径、轧制速度及其他技术特性。

轧辊尺寸的选定与热轧辊基本相同。但是,冷轧时轧辊弹性压扁量大,工作辊径的大小必须满足最小轧制厚度要求。而且应考虑咬入条件,以冷粗轧较重要。轧辊的辊身长度可按(7 -4)式确定,工作辊直径 D 与最小轧制厚度 h_{min} 的关系,可用经验公式和斯通公式(5 - 17)近似确定。

按经验公式:带张力轧制时,$D < (1500 \sim 2000) h_{min}$;,无张力轧制时,$D < 1000 h_{min}$。

利用斯通公式:

$$D = \frac{0.28E}{f(K - \bar{q})} \cdot h_{min}$$

式中:D——工作辊直径,mm;

   E——轧辊的弹性模数,MPa;

   h_{min}——轧件的最小厚度,mm;

   f——摩擦系数,由轧制条件选定;

   K——平面变形抗力,MPa;

   $\bar{q}$——轧制时前后张应力的平均值,MPa。

考虑轧辊的刚度及工作辊与支承辊之间的接触强度,其辊身长度应与所选择的轧机型式相适应,辊身长度与直径的比值见表7 - 15。冷轧辊重磨削量为直径的6% ~8%。

轧制速度的大小取决于生产率、轧制方法、轧件尺寸,工艺要求及装机水平等。选择轧制速度的一般原则:(1)品种单一而产量大的轧机应尽量采用较高的轧制速度,生产率高;(2)带式法大卷轧制应采用高速,而块式法单张轧制,速度过高轧件会抛出太远,间歇时间长;(3)冷轧开坯或轧制短而重的宽厚板,速度对高咬入时冲击力大,而且电机频繁起动影响设备安全;(4)轧制薄带或箔材,以及成品轧制道次为控制板形与尺寸精度,一般不宜采用高速轧制;(5)轧机机械化及自动化程度高,采用计算机程序控制,宜选择高速轧制,等等。

轧机小时生产能力可按(7 - 5)式估算。此外,轧机的刚度、许用轧制压力、轧制力矩、主电机功率及卷取设备的技术参数等,都要满足工艺要求。对于板厚、板形的检测与调整装置的型式,及其精度等均要满足产品尺寸与板形精度要求。

冷轧机的主要技术性能见表7 - 16、7 - 17。

7.7.4 冷轧辊

冷轧时单位压力大,轧制速度高,而且大多生产成品,其表面质量与尺寸、板形精度高,因此冷轧辊的质量要求比热轧辊高。

1. 轧辊的质量要求 冷轧辊要求表面硬度和强度高,耐磨性好,表面粗糙度低,而且应具有足够的韧性以承受轧制时其内部的复杂应力。冷轧辊大多采用抗断裂性高的合金锻钢轧辊。

4 辊轧机轧辊表面层硬度一般工作辊为 HS85 ~ 100,支承辊为 HS60 ~ 85。耐磨性好,轧制时磨损量少则寿命长。耐磨性的大小主要随硬度及淬硬层厚度增加而增大。通常工作辊的有效淬硬层厚度,不应小于辊身直径的2.5% ~3.5%,其最小厚度不应小于5mm。

表 7-16 重有色合金冷轧机的主要技术性能

轧机型式	轧辊尺寸,mm	主传动功率,kW	轧制速度,m/s	最大轧制压力,$\times 10^4$N	$\dfrac{\text{来料厚度}}{\text{成品最小厚度}}\times$宽度,mm	卷重,t
4辊可逆式	450/1100×1250	2500	7.5	1800	$\dfrac{15}{0.5\pm0.004}\times1050$	7.5
	260/700×750	710	10	550	$\dfrac{2.5}{0.1\pm0.0015}\times650$	4.5
	260/700×510	500	3.6	450	$\dfrac{15}{0.25\pm0.003}\times440$	3.0
	320/850×900	750	0~2.5	700	$\dfrac{6.0}{1.5\sim2.0}\times750$	—
	420/920×1000	1000	0~4.0	1000	$\dfrac{2.5}{0.1\sim0.5}\times620$	—
	250/750×800	280×2	0.5~7.0	400	$\dfrac{1\sim2.2}{0.2\sim1.0}\times615$	—
	150/500×400	160	0.5~10	120	$\dfrac{0.5\sim1.0}{0.1\sim0.5}\times312$	—
	120/320×300	22	0~0.6	80	$\dfrac{0.1\sim0.2}{0.01}\times180$	—
4辊不可逆式	375/1000×1000	550	0.75,1.5	1000	$\dfrac{6.0}{0.7}\times650$	—
	375/750×800	920	1.25	—	$\dfrac{9}{3}\times630$	—
	230/630×600	220	—	—	$\dfrac{1.6}{0.5}\times400$	—
	127/250×380	55	0.28	—	$\dfrac{0.4}{0.1}\times200$	—
	100/260×350	95	0.25	—	$\dfrac{1.55}{0.25}\times250$	—
	85/230×350	40	0.3	—	$\dfrac{2.3}{0.4}\times200$	—
2辊可逆式	450×1200	400	0~1.04	650	$\dfrac{4.5\sim16}{2.8}$	—
	400×450	90	0~5	100	$\dfrac{1.5}{0.05}\times350$	—
	350×300	75	0~1.0	80~120	$\dfrac{1.7}{0.3}\times100$	—
	250×300	—	0.3~0.85	100	$\dfrac{2.0}{0.3}\times200$	—

轧辊表面粗糙度愈低,轧后产品表面愈光洁。但是,粗轧和中轧辊面粗糙度比精轧的高,既有利于轧件的咬入,又带入润滑剂较多,可增加道次压下量。冷轧辊表面粗糙度 R_a 为 1.25 ~0.02μm($\nabla_7 \sim \nabla_{13}$),对箔材轧辊或压光轧辊还要求轧辊抛光。

表7-17 铝及铝合金冷轧机主要技术性能

轧机型式	轧辊尺寸,mm	主传动功率,kW	轧制速度,m/s	最大轧制压力,×10⁴N	$\dfrac{来料厚度}{成品最小厚度}$×宽度,mm	卷重,t
4辊可逆式	280/700×1200	400	0.5~2.5	350	$\dfrac{5.5~8.0}{0.3~2.0}×(500~1000)$	0.3~1.0
	210/550×800	400	0.3~2.5	350	$\dfrac{5~8}{0.3~2.5}×(500~700)$	0.3~1.0
	210/500×500	340	0~2.0	250	$\dfrac{6}{0.2~2.0}×(150~350)$	—
	500/1250×1700	—	0.5~4.0	1050	$\dfrac{6}{0.5}×1500$	2.0
	260/625×900	1007	0~2.5/7.5	441	$\dfrac{7}{0.2±0.005}$	1.5
4辊不可逆式	360/1000×1400	630×2	最大10	550	$\dfrac{4}{0.2}×(600~1260)$	5.0
	200/500×1200	—	最大12	200	$\dfrac{0.5~0.7}{0.005}×(600~1050)$	2.0
	230/550×800	—	0.5~7.5	150	$\dfrac{0.5~0.7}{0.05~0.06}×(350~700)$	1.0
	200/500×800	100	1~3	100	$\dfrac{0.5~1.0}{0.1~0.8}×(500~700)$	—
	380/800×1400	920×2	最大10	784	$\dfrac{8}{0.2±0.004}$	5.5
	400/960×1400	736	0~4.42/13.33	980	$\dfrac{6}{0.2}$	6.0
	400/965×1450	892×2	最大12.5	1210	$\dfrac{7.5}{0.2}$	9.0
	420/1120×1850	600×2	最大10	980	$\dfrac{8}{0.12}$	10
2辊不可逆式	170×300	30	0.302	42	$\dfrac{1}{0.1}×200$	—
	400×400	70	0.54	100	$\dfrac{5~7}{1.0}×200$	—
	350×600	130	0.5	180	$\dfrac{3~4}{0.3~0.5}×(280~400)$	—
	500×1300	180	1.19	400	$\dfrac{—}{0.5}$	—

随着高精度产品日益增加,对冷轧辊的制造技术要求越来越高。冷轧辊的尺寸和形位公差精度比热轧辊更高,近几年轧辊加工精度不断提高,尤其国外发展更快,对高精度冷轧机轧辊研磨后的不同轴度及椭圆度,均控制在3μm以下。

选择冷轧辊材料,应考虑轧辊尺寸及工作条件,满足抗裂性高、耐磨性及淬透性好的要求。冷轧机工作辊所用材料有:9Cr、9Cr2、9Cr2W、9Cr2Mo、8CrMnV及9CrV等;支承辊所用材料有:9Cr2Mo、9CrV、9Cr2、8Mn2MoV、40Mn2Mo、60CrMnMo等。支承辊采用组合式套筒轧辊较经济,辊芯一般采用含碳量较低而延性、韧性高的材料,如 50CrMn、55Cr、70 等;辊套则采用高刚度和高硬度的材料,如 9Cr、9Cr2、9CrV、9Cr2W 等。

2. 提高冷轧辊的使用寿命　冷轧辊的使用寿命与轧辊的抗裂性、辊面硬度、淬硬层厚度、研磨质量及工作条件等有关。

冷轧辊辊面硬度过高与淬硬层厚,虽然耐磨性及耐表面粗糙性提高,但使抗裂性变差。轧制时若出现断带、压折、压靠、跑偏、打滑及粘辊等故障,或来料窝边,或严重裂边进入轧辊,造成局部压力过大而温升过高,淬硬层易出现裂纹甚至剥落,超负荷压下严重时可能折断;若硬度较低或不均,辊面易出现小坑,轧件表面产生辊印。轧制过程冷却润滑液供给不足或不均,高速轧制时轧辊急热而停车急冷,尤其冬季温差大影响突出。因此,急热急冷造成过大的热应力,常使辊面裂纹或剥落。

提高轧辊的使用寿命,应根据损坏的具体原因,在轧辊制造及使用时采取相应的措施,其内容与热轧辊基本相同。冷轧辊重磨期限短,工作辊尤其精轧机的工作辊重磨频繁,甚至几个小时就要换辊重磨。支承辊时间较长,一般按月或半年、一年重磨一次,具体重磨时间视磨损情况及产品质量而定。轧辊磨床应根据需要磨削的轧辊最大与最小直径、最大磨削长度及磨削的最大凸凹度等技术参数进行选择。

7.8　冷轧工艺计算

冷轧工艺计算的主要内容与热轧的大致相同。本节将列举一个压下规程,对冷轧工艺计算与热轧的不同点给予必要的计算和说明。

7.8.1　冷轧变形及工艺参数计算

冷轧变形及工艺参数包括道次压下量与加工率、轧件尺寸、轧制前后的总加工率及平均总加工率、考虑轧辊弹性压扁的变形区长度、轧制速度、前后张力及前滑量计算等。通常冷轧忽略宽展和轧制温度、变形速度的计算。但对最小轧制厚度和咬入条件(主要粗轧)应校核计算。有关参数计算结果见表 7-18。

表 7-18　纯铝 L3 冷轧时的轧制压力计算

序号	轧 制 道 次	1	2	3	4	5	6
1	轧前厚度 H,mm	8.0	5.8	4.2	3.0	2.1	1.4
2	轧后厚度 h,mm	5.8	4.2	3.0	2.1	1.4	1.0
3	压下量 Δh,mm	2.2	1.6	1.2	0.9	0.7	0.4
4	道次加工率 ε,%	27.5	27.6	28.6	30.0	33.3	28.6
5	变形区长度 l,mm	23.5	20.0	17.3	15.0	13.2	10.0
6	变形区形状系数 $l/\bar{h}$	3.40	4.00	4.81	5.88	7.56	8.33
7	前后张应力 q_h/q_H,MPa	22/26	27/31	29/33	31/36	32/30	32/30
8	轧前总加工率 ε_H,%	0	27.5	47.5	62.5	73.8	82.5
9	轧后总加工率 ε_h,%	27.5	47.5	62.5	73.8	82.5	87.5
10	平均总加工率 $\bar{\varepsilon}_\Sigma$,%	16.5	39.5	56.5	69.3	79.0	85.5
11	平均变形抗力 $\bar{\sigma}_s$,MPa	95	123	142	152	159	160
12	平面变形抗力 K,MPa	109.3	141.5	163.3	174.8	182.9	184.0
13	平均张应力 q,MPa	24	29	31	34	31	31
14	张力影响后的抗力 K',MPa	85.3	112.5	132.3	140.8	151.9	153.0
15	摩擦系数 f	0.10	0.10	0.10	0.08	0.08	0.08

序号	轧 制 道 次	1	2	3	4	5	6
16	$m=fl/\bar{h}$	0.34	0.40	0.48	0.47	0.60	0.67
17	$y=2afK'/\bar{h}\cdot$	0.006	0.013	0.019	0.023	0.036	0.053
18	$m'=fl'/h$	0.35	0.46	0.48	0.49	0.62	0.70
19	$l'=m'\bar{h}/f$,mm	24.15	23.00	17.38	15.62	13.56	10.50
20	$n'_\sigma=\bar{p}/K'=(e^m-1)/m'$	1.197	1.270	1.284	1.290	1.385	1.448
21	平均单位压力 $\bar{p}$,MPa	102.1	142.9	170.0	181.6	210.4	221.5
22	轧制总压力 P,kN	2564	3418	3073	2950	2967	2419

表 7－19　冷轧机主电动机校核计算

序号	轧 制 道 次	1	2	3	4	5	6
1	轧前轧后厚度 H/h,mm	8.0/5.8	5.8/4.2	4.2/3.0	3.0/2.1	2.1/1.4	1.4/1.0
2	轧后长度 L_h,m	49	68	95	136	204	285
3	变形区长度 l',mm	24.15	21.16	17.38	15.62	13.56	10.50
4	力臂系数 x	0.40	0.40	0.40	0.35	0.35	0.35
5	力臂 $a=xl'$,mm	9.66	8.46	6.95	5.47	4.75	3.68
6	轧制压力 P,kN	2564	3418	3073	2950	2967	2419
7	轧制力矩 M,$\times10^3$N·m	49.5	57.8	42.7	32.3	28.2	17.8
8	轧辊轴承中附加摩擦力矩 Mf_1,$\times10^3$N·m	4.8	6.4	5.8	5.5	5.6	4.5
9	传动机构中附加摩擦力矩 Mf_2,$\times10^3$N·m	2.2	2.7	1.9	1.5	1.4	0.9
10	空转力矩 M_0,$\times10^3$N·m	5.1	5.1	5.1	5.1	5.1	5.1
11	静力矩 M_c,$\times10^3$N·m	61.6	72	55.5	44.4	40.3	28.3
12	轧制速度 v,m/s	2	3	3	3	3	3
13	轧制时间 t_n,s	24	23	31	45	68	95
14	间歇时间 t_n',s	5	5	5	5	5	10
15	道次总时间 t_n+t_n',s	29	28	36	50	72	104
16	$M_c^2t_n\times10^8$,N²·m²·s	910.69	1192.32	954.88	887.11	1088.14	752.84
17	$M_0^2t_n'\times10^8$,N²·m²·s	1.3	1.3	1.3	1.3	1.3	2.6
18	$\sum M_c^2t_n+\sum M_0^2t_n'\times10^8$,N²·m²·s	5795.08					
19	一个轧制周期的等效力矩 $\bar{M}$,N·m	$\bar{M}=\sqrt{\dfrac{\sum M_c^2t_n+\sum M_0^2t_n'}{\sum t_n+\sum t_n'}}=\sqrt{\dfrac{5795.08\times10^8}{321}}=4.2\times10^4$					

表 7－18、7－19 中的已知条件:在 $\phi500/1250\times1700$mm4 辊可逆式带材轧机上,冷轧纯铝 L3,热轧坯料尺寸为 $8\times1040\times35673$mm 带坯,轧到 1.0mm 厚的成品带材,煤油加添加剂润滑,轧制速度 $0.5\sim4.0$m/s,许用轧制压力 10500kN,直流主电机功率 2100kW,电机转速 120r/min/250r/min。

咬入条件的校核:与热轧相同,按(1－14)式进行,摩擦系数 f 取 0.1,$tg\beta=f=0.1$,则 $\beta=5.7°$,$\cos\beta=0.995$,$\Delta h_{max}=D(1-\cos\beta)=500(1-0.995)=2.5$mm,表中各道次压下量均小于 2.5mm,咬入条件满足。

最小轧制厚度的校核:取第 6 道次利用斯通公式(5 - 17)计算:

$$h_{\min} = \frac{3.58Df(K-\bar{q})}{E} = \frac{3.58 \times 500 \times 0.08 \times 153}{2.1 \times 10^5} = 0.10 \text{mm}$$

利用经验公式,带张力轧制时,求得 $h_{\min} > 0.33 \sim 0.25$mm,校核结果满足工艺要求。

7.8.2 轧制压力及轧辊强度校核计算

轧辊强度校核计算与热轧辊的相同,请见热轧工艺计算,轧制压力计算结果见表 7 - 18。

表 7 - 18 中有关项的计算说明:(1)第 3 ~ 5 项,$\Delta h = H - h$,$\varepsilon = (\Delta h/H) \times 100\%$,$l = \sqrt{R\Delta h}$,$\bar{h} = (H+h)/2$;(2)第 7 项各道次前后张应力的选取,前张应力 $q_h = 0.2\sigma_{0.2}$,$\sigma_{0.2}$ 为轧后的屈服极限,由各道次轧后总加工率 ε_h 查图 3 - 17 得。第 1 ~ 4 道次 $q_h > q_h$,而第 5 ~ 6 道次取 $q_h > q_H$,对控制板形有利;(3)第 8 ~ 10 项,轧前轧后总加工率 ε_H、ε_h 和平均总加工率 $\overline{\varepsilon_\Sigma}$,按(3 - 42)、(3 - 43)式 $\varepsilon_H = (H_0 - H)/H_0$、$\varepsilon_h = (H_0 - h)/H_0$,$\overline{\varepsilon_\Sigma} = 0.4\varepsilon_H + 0.6\varepsilon_h$ 计算;(4)第 11 ~ 14 项,平均变形抗力 $\bar{\sigma_s}$ 由平均总加工率 $\overline{\varepsilon_\Sigma}$ 查图 3 - 17 得,$K = 1.15\bar{\sigma_s}$,$\bar{q} = (q_H + q_h)/2$,考虑张力对变形抗力的影响,$K' = K - \bar{q}$。当前后张应力差很大时,可按(3 - 47)式进行修正;(5)第 15 项,摩擦系数 f 查表 3 - 5,因煤油为基础油取 $f = 0.1$,且考虑来料表面状况及速度不大,而后几道速度提高,轧件表面有所改善,取 $f = 0.08$;(6)第 16 ~ 20 项,按斯通图解法求压扁后 l',由 m、y 值查图 3 - 20 得 m',然后由 m' 值计算 l',n_σ 由 m' 查表 3 - 3 得;对钢轧辊,$a = cR = R/95000$,mm/MPa;(7)第 21 ~ 22 项,平均单位压力 $\bar{p}$ 按斯通公式,$\bar{p} = n_\sigma'K'$,轧制压力 $P = \bar{p}Bl'$ 计算。

7.8.3 力矩及主电机校核计算

力矩及主电机校核计算结果见表 7 - 19。表中有关项的计算说明:第 8 项,附加摩擦力矩,4 辊轧机为:$Mf_1 = Pd_0f_0D/D_0$,假设按滚动轴承干油润滑查表 4 - 1,得 $f_0 = 0.005$,并取 $d_0 = 0.75D_0$,则 $d_0 = 0.75 \times 1250 = 938$mm;第 9 项,附加摩擦力矩 Mf_2 按(4 - 4b)式计算,其中传动效率查表 4 - 2 得 $\eta = 0.96$,按电机直接传动其传动比 $i = 1$;第 10 项,空转力矩 M_0 按 $0.03M_H$ 计算,电动机的额定力矩 $M_H = 0.975 \times N_H/n_H = 0.975 \times 2100/120 = 17 \times 10^4$N·m;第 11 项,静力矩 M_c 按(4 - 2)式计算;第 14 项间歇时间取 5s,只有第 6 道次因更换带坯准备轧下一卷,时间较长取 10s 计算;

冷轧机主电机的校核计算。对于变速带材轧机,因为轧制时间较长,而且与间歇时间相差较大,只需计算电机的静力矩,忽略动力矩的影响,其校核方法与热轧机主电机相同。计算结果表明电机发热与过载均满足要求,但是没有充分发挥主电机和轧机的能力,在保证质量的前提下,可减少一个轧制道次。重新制订压下规程,应重新校核计算。限于资料不够完备,计算结果可能与实际情况有差异,但主要目的在于学会计算方法。

综上所述,无论热轧还是冷轧,根据其工艺要求,制订压下制度通常按下列步骤进行:(1)确定金属塑性和工艺要求所允许的最大加工率;(2)按咬入条件和产品质量要求进行压下量的试分配,并确定轧制道次;(3)确定轧制速度制度;(4)热轧要计算各道次轧制温度;(5)计算平均单位压力和总轧制压力,计算轧制力矩和总传动力矩,并绘出轧制负荷图;(6)校核轧辊强度和主电机的发热与过载能力;(7)根据校核结果与产品质量要求,修正压下量分配等,待试生产过程中不断修订完善,使之更加合理化。

制订压下制度采用现场同类条件下的实际工艺;或按经验公式与现有实际资料计算确定的经验方法,应用较广泛。至于理论计算法确定出最佳的压下制度,这只是在全面计算机控制的现代化轧机上,才可能根据变化的情况,对压下制度进行在线理论计算与控制。

7.9 轧制过程的计算机应用

7.9.1 概述

计算机应用于轧制过程是计算机应用技术发展的必然产物。计算机已经在轧制生产过程的控制、轧制工艺的辅助计算及轧制过程的模拟等方面发挥了重要作用。

继实现轧钢过程的计算机控制后,有色金属轧机的计算机控制也迅速兴起。当前国外先进加工厂的有色金属轧机大多装备了计算机控制系统,国内亦不同程度地采用了计算机控制。轧制过程的数学模型是计算机控制系统的核心与基础,也是制订轧制工艺参数的桥梁。在此基础上利用计算机进行轧制工艺的设计,能实现轧制工艺参数图表的自动编制与优化。轧制过程的计算机模拟采用现代数值计算方法,能获得轧件在轧制变形过程中应力、应变、温度和轧制力参数的详细信息,可为制订最佳轧制工艺和改善产品质量提供可靠依据。下面仅对轧制过程中的计算机应用作一简要介绍。

7.9.2 计算机控制轧制生产过程

现代先进的有色金属轧机上装备了计算机控制系统。英国 Davy Mckee 公司制造的现代化带材 4 辊可逆冷轧机,其计算机控制系统如图 7-9 所示。

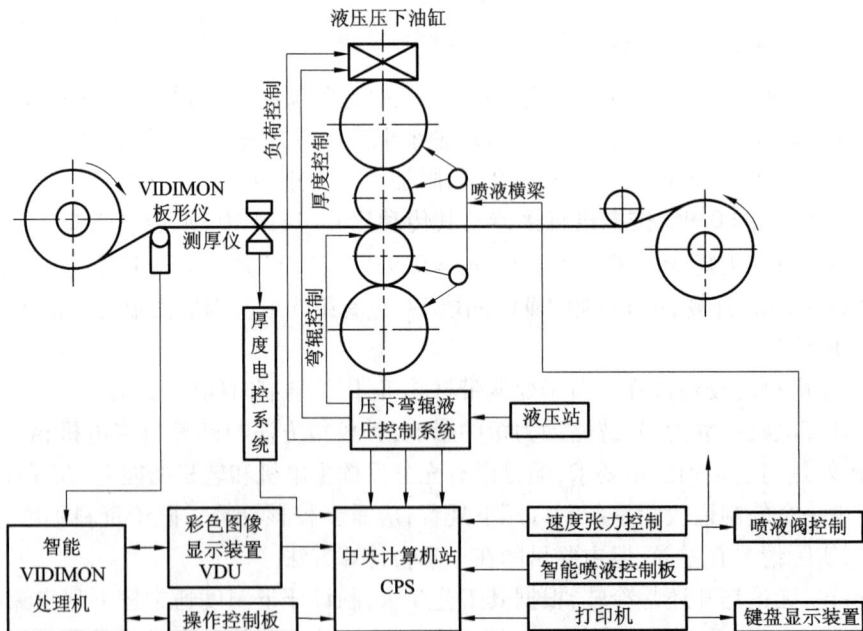

图 7-9 4 辊可逆板带冷轧机计算机控制示意图

该机装备有响应迅速的板形和厚度自动控制系统。整个系统由一台中央计算机统一指挥,对于不同的轧制产品,只需输入相关的参数,计算机就能根据预先编制好的程序,控制轧机完成生产过程。板形由 VIDIMON 板形仪测量,用计算机控制轧辊倾斜、弯辊和喷润滑冷却液来实现优良板形。厚度则由计算机通过高性能的伺服阀对轧辊压下油缸进行控制。轧制过程

152

中的各种图形信息和参数均在屏幕上显示,还可根据要求进行打印。

轧制压下是轧制生产过程最重要的操作。在计算机控制系统中,采用轧制压下程序化技术。轧前,预先输入某些参数,如合金、厚度、宽度、轧终状态及轧终厚度等。压下程序将设定压下机构的位置,以得到该压下程序决定的初始辊缝。一旦压下螺丝达到正常设定位置,控制指令传送到液压缸,它将使液压缸保持其正常的零位。但对于轧机在预计负荷下的伸长及由于冲击或摩擦而造成的压下螺丝位置的偏差,将进行零位的微调。操作人员将锭坯送入辊缝,就开始按预定程序轧制。在第一道次轧完,轧制压力消失,轧机停止,控制系统按压下程序将辊缝调至下一个设定位置。如此依次进行各道轧制,最后获得某一厚度的轧制产品。

7.9.3 轧制工艺的辅助计算

用计算机进行轧制工艺能数的辅助计算,不仅能提高计算速度和精度,而且能优化轧制工艺,还能配合轧制生产过程的计算机控制,实现产品生产的自动化。

轧制工艺参数的计算机辅助计算可参考图7-10。

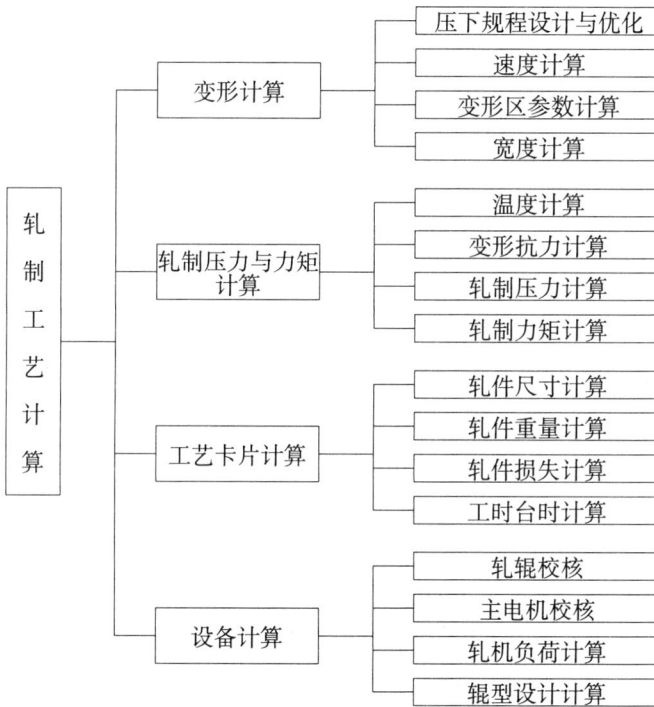

图7-10 轧制工艺计算机辅助计算框图

计算时所需输入的原始数据包括:轧机参数、轧件参数和相关技术参数三个部分。轧机参数有工作辊直径及长度、支承辊直径及长度、额定功率、额定扭矩、主传动比、传动效率;轧件参数有材料牌号及状态,原始厚度、宽度和长度;相关技术参数有摩擦系数、力臂系数和张力系数等。

为了解决人工查表或查图确定某些参数的困难,对于常见金属,利用数学回归模型、数据库及数据文件的方法,将压下程序、相图、塑性、变形抗力、相关温度等存入计算机内,计算需要时,由专用程序调入所需数据。

下面以热轧轧制压力的计算为例说明计算流程,见图7-11。

7.9.4 轧制过程的计算机模拟

采用有限元法、上限单元法等数值计算方法可以模拟轧制变形过程,获得有关金属流动、应力、变形和变形力等大量信息。刚塑性有限元法是一种适合于模拟大塑性变形的有限元法,它是通过求解能量泛函的极小值,而获得金属变形体内真实速度场,从而计算出所需数值。图7-12为刚塑性有限元分析车轧制问题的程序框图。

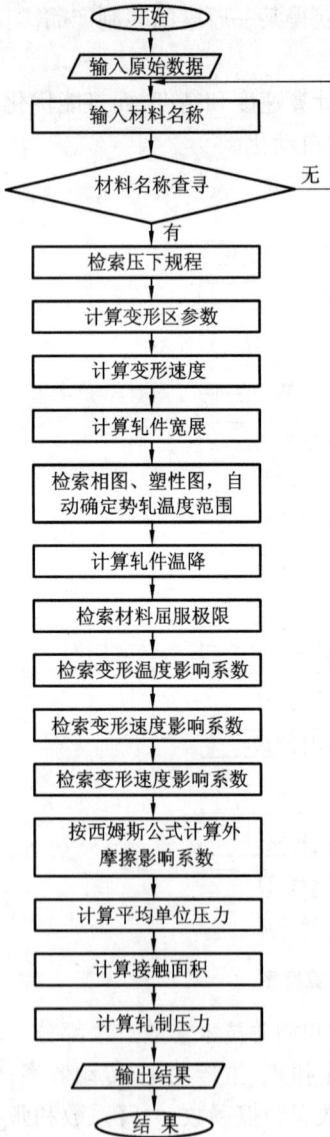

图7-11 热轧轧制压力计算流程图　　图7-12 刚塑性有限元法模拟轧制过程流程图

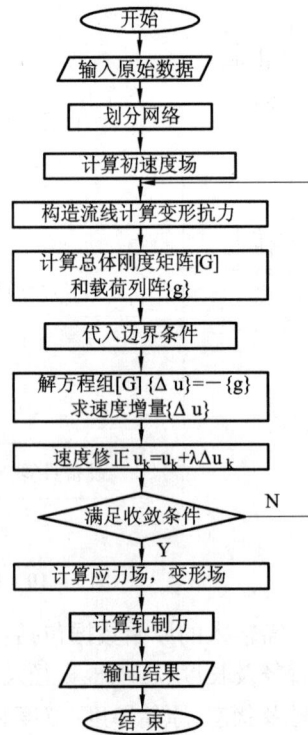

7.10 坯料与成品的热处理

热处理是板带材生产中的主要工序。根据不同的目的及合金强化特点，板带材坯料与成品热处理通常分为中间退火、成品退火、淬火－时效及形变热处理。因为热处理课程作了详细讨论，本节就板带材生产中的热处理工艺作简要地介绍与分析。

7.10.1 中间退火

中间退火包括热轧坯料退火和冷轧中间坯料退火，即软化退火。

1. 热轧坯料退火 热轧坯料退火可以消除热轧后因不完全热变形产生的硬化，或某些合金的淬火效应。以得到平衡均匀的组织和最大塑性变形能力，继续冷轧。铝合金热轧板坯的终轧温度为280～330℃，在空气中快速冷却，加工硬化现象不能完全消除。特别是热处理强化铝合金（LY12、LY11、LC4等），自280～330℃在空气中冷却时，不仅再结晶过程不能充分进行，过饱和固液体也来不及彻底分解，仍保留一部分加工硬化和淬火效应，进行坯料退火，有利于继续冷轧和成品性能控制。

对于塑性较高的铝及软铝合金（LF21），以及重有色合金不进行热轧坯料退火，但终轧温度较低，出现加工硬化时也可进行。

2. 冷轧中间坯料退火 冷轧中间坯料退火是为了消除加工硬化，提高金属塑性，降低变形抗力，以利于继续冷轧。一般除塑性好变形抗力低的金属（纯铝及紫铜），或者成品较厚、轧机能力大等情况不需中间退火，而绝大多数有色合金在冷轧过程中均要中间退火。为提高中间退火生产率，缩短退火时间，彻底消除加工硬化，退火温度应高于再结晶温度。对同一合金，若板带厚度大，装炉量多，则退火温度可适当提高。保温时间的确定应力求退火后性能均匀。退火的冷却速度主要取决于合金是否有淬火效应。冷却速度太快，引起淬火效应使合金塑性降低，反而达不到软化的目的，这类合金可随炉缓冷。铝及铝合金的中间退火制度参见表7－20。

表7－20 部分铝及铝合金中间退火制度

合 金	坯料厚度，mm	加 热 制 度		冷却方法
		加热温度，℃	保温时间，h	
L4、L6	－	340～360	1.0	出炉空冷
LF3	<0.6	370～390	1.0	同 上
LF5	<1.2	370～390	1.0	同 上
LF6	<2.0	340～360	1.0	同 上
LY11、LY12	<0.8	390～410	1.0	炉冷至270℃出炉空冷
LY16	<0.8	390～410	1.0	同 上
LC4	<1.0	390～410	1.0	同 上

应指出，中间退火温度和保温时间应严格控制，尤其轧成品前的坯料退火（洗条退火），防止过热晶粒粗大，产生表面"桔皮"现象，影响表面质量（如H68）或产品最终性能。

7.10.2 成品退火

成品退火分完全退火与低温退火。其目的是控制产品最终性能，保证产品符合技术标准。完全退火用于生产软态产品；低温退火在于消除内应力，稳定材料尺寸、形状及性能，以获得半硬态或硬态产品。成品退火工艺制度比中间退火要求更严格。

1. 完全退火 完全退火温度,一般对铜及铜合金比再结晶温度高 200～300℃,铝及铝合金比再结晶温度高 100～200℃。为了防止晶粒粗大,或表面氧化、吸气,以及减轻再结晶织构等,应尽量降低退火上限温度或取下限温度。对同一合金,生产中应根据不同的退火设备、产品规格、冷变形量、技术要求及装炉量等,确定适当的退火温度。对于保温时间,一般装炉量越多,产品越厚或炉温分布越不均匀,保温时间越长。加热速度在保证质量的前提下,最好采用快速加热的方法。这一方面可缩短加热时间、节约能量及提高生产率;另一方面可细化晶粒,提高产品质量。冷却速度与中间退火相同。常用变形铝合金软态成品退火制度参见表7-21,铜及铜合金退火制度参见表7-22。

表 7－21 变形铝合金软态成品退火制度

合 金	退火温度,℃		保 温 时 间,min		
	空 气 炉	产品厚度,mm	盐 浴 炉	空气循环炉	静止空气炉
LY11,LY12 LY6,LY16	350～400	1.0～6.0	–	60～180	–
LF2,LF3	350～420	0.3～3.0	–	50	60
		3.1～6.0		90	120
LF5,LF6	310～335	6.1～10.0	–	60～120	80～180
L4,L6 LF21	350～420	0.3～3.0	7～30	50	60
	450～500	3.1～6.0	7～40	60	80
	(盐浴炉)	6.1～10.0	15～50	80	100

表 7－22 部分铜及铜合金退火制度

合 金	退 火 温 度,℃		保温时间,min
	中间退火	成品退火	
HPb59－1,HMn58－2,QAl7,QAl5	600～750	500～600	30～40
HPB63－3,QSn6.5－0.1,QSn6.5－0.4, QSn7－0.2,QSn4－3	600～650	530～630	30～40
BFe3－1－1,BZn15－20,BA16－1.5,BMn40－1.5	700～850*	630～700	40～60
QMn1.5,QMn5	700～750	480～500	30～40
B19,B30	780～810	500～600	40～60
H80,H68,HSn62－1	500～600	450～500	30～40
H59,H62	600～700	550～650	30～40
BMn3－12	700～750	500～520	40～60
TU₁,TU₂,TUP	500～600	380～440	30～40
T2,H90,HSn70－1,HFe59÷1－1	500～600	420～500	30～40
QCd1.0,QCr0.5,QZr0.4,QTi0.5	700～850	420～480	30～40

注 *——含高镍和铁白铜取上限(780～850℃);含镍低的锌白铜和铝白铜取下限(700～750℃)。

2. 低温退火 低温退火的温度应控制在再结晶开始温度以下。铝合金一般小于或等于

150～200℃;许多铜合金对应力腐蚀非常敏感,特别是在含氨介质的大气中尤其严重。例如含锌量大于10%的黄铜、锡黄铜(HSn70-1、HSn62-1)及某些铝黄铜(HA177-2)等,其退火温度在再结晶开始温度以下30～90℃。

半硬态产品低温退火的温度,应在再结晶开始温度与终了温度之间,使退火后的显微组织产生一部份再结晶晶粒。退火温度应根据合金的退火温度与机械性能的关系曲线,确定退火温度范围。但要考虑杂质、合金化程度及冷加工率的影响。生产中常采用低温长时间的退火制度,以免局部过热和性能不均。低温退火必须缓慢而均匀的加热与冷却,以免引起新的热应力。部分有色金属半硬态成品退火制度参见表7-23。

表7-23 半硬态成品退火制度

合 金	品种	产品厚度,min	退火温度,℃	保温时间,min	炉内气氛
LF3,LF5,LF6,LF11	板材	-	150～240	60～120	-
LF21,LD2	板材	-	260～300	60～90	-
LF2,纯铝	板材	-	150～260	60～120	-
H68	带	0.30～0.45	280～310	120～150	蒸汽
		0.50～0.55	290～310	120～150	
		0.60～1.20	310～330	120～150	
H62	带	0.30～0.45	300～320	120～150	蒸汽
		0.50～1.20	310～330	120～150	

7.10.3 淬火与时效

为了改善产品性能,对热处理可强化的合金进行淬火与时效热处理。淬火是将合金中的可溶相溶解到固溶体之中,形成室温下不稳定的过饱和固溶体,又称固溶处理;时效是在淬火的基础上,促使过饱和固溶体进行分解(脱溶)而达到强化的目的。

1. 淬火 淬火是为了获得过饱和固溶体。制订淬火工艺主要考虑影响固溶化的温度、时间及冷却速度。

确定淬火温度的原则,是使可溶相尽可能地溶解到固溶体之中。淬火温度越高,第二相溶解得越彻底,淬火与时效后合金的机械性能越高。但铝合金固溶温度范围较窄,淬火温度过低则时效后性能低,淬火温度过高易发生过热和过烧,使材料报废,故需严格控制,并要求炉温分布很均匀。

保温时间,应由强化相的溶解速度、板材尺寸及加热条件确定。加热温度越高,冷加工率越大,溶解速度越快,则保温时间可缩短。加热时,可用感应加热、盐浴槽内加热、强制空气循环电炉加热及静止空气炉加热,前者加温升温快,后者加热升温最慢,因此保温时间依次延长。对于包铝板材,为防止铜原子向包铝层扩散穿透而降低耐腐蚀性能,保温时间应严格控制,不可随意延长。

几种主要铝合金淬火制度参见表7-24至7-26。

淬火一般采用水作冷却剂,因火的冷却速度快,但受板材断面尺寸的影响。尺寸较小、形状简单则水温可低些;相反,水温可高些,以减小冷却速度,防止产生扭曲变形和残余应力。为了防止水对板材的腐蚀作用,可在水中加入腐蚀抑制剂(硅酸盐、硝酸盐等),提高空气炉淬火产品的耐蚀性。对硝盐槽加热的板材淬火后必须清洗冲干,以免硝盐腐蚀影响表面质量。

表 7 – 24　常用铝合金板材的淬火温度

合　　金		LY11	LY11B	LY12,LD10	LY12B	LY12MCZ
不同厚度的淬火温度,℃	板厚≤4.0mm	497~505	497~505	497~502	497~502	498~502
	板厚>4.0mm	497~502	497~505	496~502	497~502	498~502
合　　金		LY6	LY16	LC4,LC9 LC10	LD2	LY11MCZ
不同厚度的淬火温度,℃	板厚≤4.0mm	503~507	533~537	469~475	521~525	500~505
	板厚>4.0mm	503~507	532~536	468~470	521~525	500~505

表 7 – 25　不同厚度的铝合金板材淬火保温时间

板厚,mm	0.3~0.8	0.9~1.5	1.6~2.5	2.6~3.0	3.1~3.5	3.6~4.5
保温时间,min	9	12	17	22	25	30
板厚,mm	4.6~6.0	6.1~8.0	8.1~12.0	12.1~25.0	>25.0	
保温时间,min	35	40	45	50	60	

注:此表不包括 LY11BCZ、LY12BCZ 的。

表 7 – 26　不同厚度的 LY11BCZ、LY12BCZ 板材淬火保温时间

板厚,mm	0.5~0.8	0.9~1.3	1.4~2.0	2.1~2.6	2.7~3.8	3.9~5.0	5.1~6.0	>6.0
保温时间,min	12	18	20	25	30	35	50	60

表 7 – 27　常用铝合金的时效工艺制度

时效类别	合　　金	时效温度,℃	时效时间,h
自然时效	LY11,LY12,LD10,LD2	室温	96~144
人工时效	LY12	180~190	12
	LD2	150~185	12~15
	LD10	175~185	5~8
	LC4	120~140	12~24

此外,为了解决铝合金大断面厚板淬火应力所产生的变形与裂纹,除提高淬火介质的温度外,还可采用等温淬火与分级淬火的方法。等温淬火是把淬火剂加热到人工时效的温度,分级淬火是先把板材在 160~200℃的油或熔盐中淬冷,并保持 1~2min,然后再在水中冷却。

2. 时效　热处理强化的第二阶段是时效,时效方法有人工时效与自然时效。人工时效是控制一定温度下进行的时效方法;自然时效在室温下放置无其他处理工序。一般硬铝合金自然时效比人工时效的强度稍低,但耐蚀性能好,在常温下使用的材料可采用自然时效。但高温下使用时,自然时效的材料不稳定,则必须采用人工时效。超硬铝(LC4)自然时效时间太长,而且耐蚀性比人工时效差,因此采用人工时效是合理的。而铜合金、镁合金均进行人工时效。常用铝合金时效工艺制度参见表 7 – 27。

7.10.4　热处理气氛

根据产品质量要求、合金性能、炉内介质与板带表面作用的特点,热处理可分为普通热处理、保护性气氛热处理和真空热处理。

铝及铝合金抗氧化能力很强,其加热气氛通常无特殊要求。铜及铜合金根据合金特性,对

热处理气氛有不同要求:如无氧铜、低锌黄铜等易氧化应采用还原性气氛;紫铜、普通黄铜、锡青铜等可采用微氧化性气氛加热,为防止产生"氢气病"。

普通热处理,一般采用液体或气体燃料,对炉内气氛根据合金特点加以控制,常采用控制空气及燃料供给量比例来实现。当燃烧后,空气过剩时呈氧化性火焰为金黄色;燃料过剩呈还原性,炉门处冒蓝色火焰。

保护性气氛处理即光亮退火,大多采用电加热,铜及铜合金常用的保护气体有水蒸汽、分解氨、氮气等。保护气体应对处理金属及炉子部件无有害作用,成分及压力要稳定,制造方便、经济等。为了防止硫对铜、镍的危害及氧、氢对紫铜产生氧化或氢脆,气氛中的硫、氧、氢含量应严加控制。采用还原性气氛而且温度较高时,对高锌黄铜(含锌量大于30%)要防止脱锌。

真空热处理是将板带材置于一定真空度的炉胆内,进行加热和冷却,能获得表面质量较高的产品。但炉内电加热元件,无论是置于炉胆内,还是炉胆外,其传热的主要方式是热辐射,温度不高时加热和冷却都很慢,时间长效率低,设备结构复杂,投资较大。一般用于产量小,产品质量要求高的成品退火。

大多数重有色合金采用真空退火时,真空度为 $133.3 \times (10^{-2} \sim 10^{-4})$ Pa,其中紫铜为 $133.3 \times (10^{-1} \sim 10^{-2})$ Pa,白铜和镍合金为 $133.3 \times (10^{-2} \sim 10^{-4})$ Pa。退火时要待料温降至100℃左右,方可破坏真空。对含 Zn、Mn 较高的黄铜,由于它们的蒸汽压较低,真空退火会加速脱锌,影响表面质量,可采用一定真空度充入保护性气体进行退火。退火时间太长引起晶粒粗大的某些合金,不宜真空退火。

为了提高产品质量和生产效率,适应大卷连续生产及节能的需要,国外20世纪70年代以后普遍采用气垫式热处理炉。我国大型铜、铝加工厂,近几年引进了连续式气垫退火炉。如铜合金气垫炉退火,保护性气体成分由95%~98%的 N_2 和5%~2%的 H_2 组成,炉内热气流象垫子一样支撑着带材并给予加热。其优点是加热快、效率高;带材机械性能和晶粒度均匀;带材表面光洁平直,无机械擦伤、划伤现象;而且这种气垫炉能将连续脱脂、退火、酸洗、涂层、衬纸和重卷工序于一体,是一种多功能的热处理设备。整个机列由微机控制,自动化程度高。

7.11 坯料与成品的表面处理

为了提高产品的表面质量,延长使用寿命或便于继续轧制,板带材生产过程中,还要进行板坯铣面、表面清洗、压光或抛光以及表面涂层等处理工艺。

7.11.1 热轧坯料铣面

铜及铜合金热轧后的坯料进行铣面,可除去表面氧化物、压痕、压入氧化物及表面裂纹等缺陷。采用铣面取代酸洗,表面质量好,成品率高,并改善了劳动条件。目前国外不论大小厂,热轧后的坯料一律铣面,国内仅少数厂采用。

铣面分单面铣和双面铣两种。如图 7-13,单面铣是坯料通过铣床一次只能铣一个面,然后再铣另一面的铣削过程。单面铣削量一般控制在 0.25~0.5mm,黄铜取下限,紫铜取上限。如图 7-14 所示,双面铣是坯料通过铣床一次先后铣削上、下两个表面的过程,它不仅能铣面,还带立铣装置可以铣边。双面铣削机列结构复杂,投资大,适应大中型工厂。这种铣面机来料厚度为 6~20mm,双面铣削量控制为 0.5~1.0mm,另外,引进了水平连铸机列在线双面铣削机,对连铸坯进行铣面或同时铣边。

7.11.2 表面清洗技术

表面清洗是板带材生产不可缺少的工艺。表面清洗包括热轧和中间及成品热处理后的蚀洗,以及成品的检查或退火前的表面脱脂。

1. 表面蚀洗 热轧及热处理后易氧化的铜、镍等及其合金,表面生成一层氧化皮。它不仅影响产品表面质量与使用性能,而且性质硬而脆,易损伤轧辊表面,可采用表面蚀洗清除。

铜、镍及其合金采用酸洗,酸与氧化物发生化学作用,将氧化物完全溶解达到清除

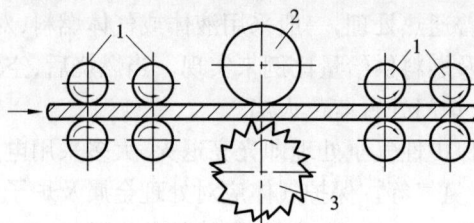

图 7－13 单面铣削机示意图
1——给料辊;2——压紧辊;3——铣刀

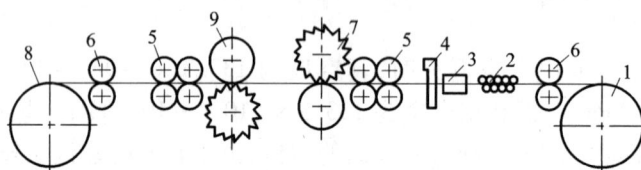

图 7－14 双面铣床示意图
1——筒式开卷机;2——9 辊矫平机;3——铣边机;4——铣削深度控制器;
5——压紧辊;6——夹送辊;7——铣刀;8——卷取机;9——压辊

的目的。常用硫酸并在硫酸溶液中加入适量的硝酸或重铬酸钾,以便加速酸洗过程和提高酸洗后的表面光亮度。

铜及铜合金酸洗时的化学反应式如下:

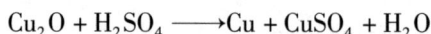

$$CuO + H_2SO_4 \longrightarrow CuSO_4 + H_2O$$
$$Cu_2O + H_2SO_4 \longrightarrow Cu + CuSO_4 + H_2O$$

镍及其合金酸洗时,因氧化皮结构致密且硬而脆,它与硫酸水溶液的反应速度和很慢,达不到酸洗的目的。除在酸洗前先破鳞冷轧外,还应采用硝酸水溶液进行酸洗。其化学反应式如下:

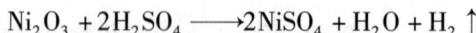

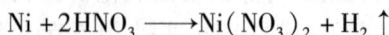

$$NiO + H_2SO_4 \longrightarrow NiSO_4 + H_2O$$
$$Ni_2O_3 + 2H_2SO_4 \longrightarrow 2NiSO_4 + H_2O + H_2 \uparrow$$
$$Ni + 2HNO_3 \longrightarrow Ni(NO_3)_2 + H_2 \uparrow$$

铜及铜合金氧化皮最外层为黑色 CuO,以 CuO 下面还有一层红色 Cu_2O(氧化亚铜),它与稀硫酸的反应速度很慢。为了提高酸洗后表面的光亮度及加速反应过程,可在硫酸溶液中加入适量的硝酸或重铬酸钾,其反学反应式如下:

$$4HNO_3 + H_2SO_4 + Cu_2O \longrightarrow CuSO_4 + Cu(NO_3)_2 + 2NO_2 + 3H_2O$$
$$K_2Cr_2O_7 + 2H_2SO_4 + 3Cu_2O \longrightarrow CuSO_4 + Cu_5(CrO_4)_2 + 2H_2O + K_2SO_4$$

酸洗的工艺过程一般是:酸洗 － 冷水洗(湿刷) － 热水洗 － 干燥。干燥大多采用蒸汽烘干或压缩空气吹干,有的工厂冷水洗后直接用煤气或电加热烘干。

酸洗的工艺参数主要包括酸洗液的浓度、温度及酸洗时间。一般酸洗液浓度为 5% ~ 20%,温度 30 ~ 60℃,酸洗时间与酸液浓度、温度有关,一般在 5 ~ 30min。具体的工艺参数,应根据合金牌号、酸液成分、质量要求及设备情况而定。

酸洗时产生的缺陷:当酸液浓度大、温度高及酸洗时间长,易出现过酸洗,这不仅增加金属损耗及酸耗,也影响表面质量。如果酸洗后残酸处理不干净,会形成腐蚀斑点;或者氧化皮清洗不净,残留氧化斑点;当水洗不干净或干燥不及时、不彻底时,会产生酸迹或水迹等。

酸液在使用过程中浓度会不断减小,应定期测定浓度后加入适量的新酸。如果影响酸洗质量,应及时更换。在配制酸液时,必须做到先放水后配酸,以确保安全。酸槽中严禁使用铁制工具,以防板带表面产生斑点,对更换的废酸液可用氨中和处理,提取硫酸铜、铜粉及制成微量元素复合化肥;或用电解法获得铜和再生酸液。采用酸洗工艺,必须加强环保措施,改善劳动条件,防止污染环境。

酸洗设备常用浸泡式酸洗槽和牵引式连续酸洗机。前者由酸槽、冷水槽及热水槽组成,洗板材或小卷带材,设备简单,劳动条件差,生产效率低。连续式酸洗机有浸入式和喷射式两种,采用喷射式带材受到喷液压力作用,加速了酸洗过程,实现高速酸洗,带材移动速度达 180m/min左右,酸洗表面质量高。近年来成品带材酸洗已在气垫炉作业线内连续进行。

为了实现快速酸洗,提高表面质量,出现了电解酸洗、超声波酸洗等新方法。电解酸洗速度高,而且铜离子在阴极板上沉积,既能回收酸液,又起电化学抛光作用,带材表面质量高。此外,铜及铜合金坯料酸洗后常采用表面刮刷处理。

2. 表面脱脂　生产板带材采用表面脱脂清洗技术,既改善表面质量,又提高抗蚀能力。轧制过程残留在金属表面上的冷却润滑剂(乳液和油膜),形成"污斑",其他工序残留的油脂、污物等,加剧了金属表面腐蚀。因此在成品的检查或退火之前进行表面脱脂清洗。

日本不少工厂生产水箱带、电缆带、锡磷青铜及 H65 带等,均采用了表面脱脂。脱脂剂的选择主要取决于被清洗材料的种类、尺寸、清洗速度及表面要求和被除污物的类型、成分等。对脱脂剂的要求:(1)清洗效果好,不腐蚀金属,清洗后的表面不变色、发暗;(2)脱脂剂稳定耐用,易从金属表面分离;(3)便于储存和回收,价格便宜;(4)对人体无害,安全可靠。

脱脂的方法很多,主要有酸洗、碱液清洗、有机溶剂清洗、乳化清洗、电解及超声波清洗等。酸洗法产生表面浸蚀作用,一般很少采用;有机溶剂清洗时间短,一般不腐蚀金属,但成本高,多数有毒,适用清洗厚油污表面,如铝箔用汽油或四氯化碳进行专门脱脂;乳化清洗是用表面活性剂为主要成分的水溶液,与碱液清洗联用效果更好;电解及超声波清洗速度快、质量好,但成本高,适用于电镀前或精密仪表材料的脱脂。

碱液脱脂清洗工艺简单、成本低,效果好,广泛应用于铜、铝及其合金的大规模生产条件。如铝合金淬火用硝盐加热,淬火后粘有硝盐,其清洗工艺是:先用 5% NaOH 水溶液清洗,再用 7% HNO_3 水溶液中和,最后冷水洗和热水洗,或蒸汽冲干。铜、铝及其合金采用气垫炉退火,将脱脂清洗和退火连续进行,以获得软态及半硬态产品;硬态产品矫平前脱脂清洗。

碱液脱脂是利用碱性溶液对油污的皂化作用,除去皂化性油污。当添加少量表面活性剂,对非皂化油(矿物油)起到乳化作用,也可以除去非皂化性油污。因为皂化性油污在碱液中分解生成水溶性皂化物,即发生皂化;溶液中的乳化剂具有降低水、油界面表面张力的作用,减少了油滴的附着能力,而且乳化剂吸附在油滴的表面。所以,油滴呈悬浮的分散状态,既不聚集在一起,也不会再沉淀到金属表面上,便达到了脱脂清洗的目的。

为了防止碱液对金属表面的浸蚀作用,曾用降低碱液的 pH 值、脱脂后再弱酸洗或多次脱脂等方法。目前采用碱液中加入抑制剂(缓蚀剂),或脱脂后在加有少量抑制剂的水中清洗,使金属表面防蚀和防变色。如铜及铜合金用苯并三唑($C_6H_4N_2NH$)有机氮化物,作缓蚀剂效果较好。

铜材脱脂工艺流程:脱脂——热水洗——冷水洗——干燥(热风或烘干),或者脱脂一水洗——热水洗——干燥(可采用红外线)。新配碱液应加热除气,以免金属失去光泽,加工后及时清洗不宜久放,碱液应定期分析和正常补充,对油污严重的可进行二次清洗。

7.11.3 压光与抛光

对表面要求很光滑和光亮的产品,有时采用压光或抛光工艺。

压光一般采用辊径较大的 2 辊轧机(压光机),辊面粗糙度低($R_a = 0.08 \sim 0.02\mu m$,即 $\nabla_{11} \sim \nabla_{13}$),轧制速度低,压下量小,总加工率一般为 1% ~5%,并采用多道次轧制,使产品表面接近轧辊表面的粗糙度。采用大直径轧辊是为了在小加工率下,板材相对轧辊发生滑动,使表面产生光泽。润滑剂一般采用粘度很低的白油、汽油及煤油。铝箔压光清洗用汽油或汽油与煤油混合液,铝板材压光总加工率为 0.5% ~1.0%,最大不超过 2%。压光不仅降低产品表面粗糙度,也有矫平的作用。

铜材或微晶锌板等采用不同的抛光辊加抛光剂进行抛光处理,可获得镜面光泽的板材表面。

7.11.4 表面涂层

铝及铝合金板带材还采用表面涂层处理。涂层是指在板带表面上均匀喷布一层涂料的方法,根据不同的使用要求,采用不同颜色的涂料。涂层板抗蚀性好且表面美观,因此广泛应用于软饮料罐体、家用电器及用具、食品包装、交通及建筑业等。

涂层的主要工艺流程有化学处理——烘干——喷底漆——烘干——喷面漆——烘干——衬裱、印花、涂蜡等。化学处理是经除油、钝化、清洗、烘干等过程,以除去板带表面油污,使其生成一层钝化膜(粘附层),便于涂料与板带表面牢固粘结。喷涂装置安在带有空气净化处理的两个涂层室中,分别进行喷底漆和面漆,然后在气垫式干燥炉内烘干。衬裱、印花、涂蜡及压型等工序均在相应的设备中进行,整个工艺流程均在涂层机列中连续处理。此外,铝箔根据各种不同要求,可涂以相应的物质来提高铝箔的特性。

7.12 矫平与剪切

板带材生产中的矫平与剪切是精整的重要工序,矫平与剪切的质量好坏,直接影响产品质量和成品率。

7.12.1 矫平

板带材成品剪切前或之后,以及铣面或带卷焊接前,一般都要矫平。其目的是消除板形缺陷,提高平直度,改善产品性能或便于继续加工。

板带材矫平方法有辊式矫平、拉伸矫平(张力矫平)及拉伸弯曲矫平等。

1. 辊式矫平法 如图 7-15 所示,这种方法是板材通过两排直径 D 相等且节距 t 相同、上下互相交错布置的矫平辊,使板材产生反复塑性弯曲变形的过程。因为上下矫平辊之间隙在入口处小于板材厚度,至出口处其间隙等于或大于板材厚度。所以板材通过矫平机时弯曲变形逐渐减小,板材不平的原始曲率逐渐消除而达到板材平直。

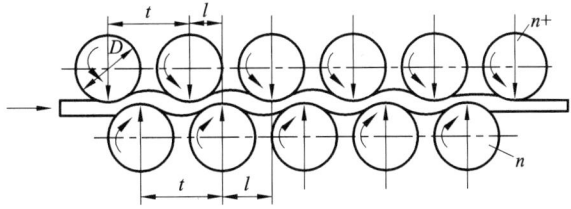

图 7-15　11 辊矫平机工作辊排列示意图

D——工作辊直径;t——节距;l——上下辊相邻的距离

生产中根据板材厚度、机械性能及板形等情况,通过调整上排矫平辊,改变入口及出口间隙的大小。对于薄的、屈服强度高的及不平度大的板材,入口间隙小于出口间隙的差值要相应适当增大。另外根据板形缺陷的分布情况,适当调整上矫平辊两端的压下,或单独调整支承辊,获得平直板材。

选择辊式矫平机主要考虑被矫板材的性能、厚度及宽度。矫平机辊数越多,矫平的精度越高,一般厚板采用 5～9 辊矫平机,薄板采用 11～29 辊矫平机。辊径越小,板材矫平时塑性弯曲越大,板材薄而宽则辊身要求细而长,且辊数较多,必须采用多排支承辊以增加工作辊的刚度,便于局部分别调整。

2. 拉伸矫平法　拉伸矫平的特点是对板材施加超过其屈服极限的张力,使之产生弹塑性变形,而达到矫平的目的,这种方法主要用于辊式矫平难以矫平的板材或带材。但是铝合金厚板和变断面板也用拉伸矫平,此时张力可达千吨力,但生产效率低,金属几何损失大。为适应带材大卷连续化生产的要求,出现了连续拉伸矫平机(图 7-16)。

3. 拉伸弯曲矫平法　拉伸弯曲矫平是在辊式矫平和拉伸矫平的基础上新发展起来的矫平方法。近几年我国大型加工厂,为了提高宽薄带材表面质量、平直度及矫平效率,已引进了现代化的连续拉伸弯曲矫平机组(图 7-17)。

拉伸弯曲矫平的原理,是被矫带材通过连续拉

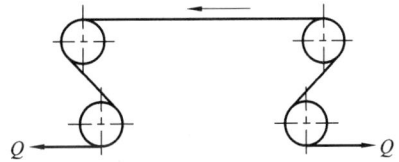

图 7-16　连续拉伸矫平示意图

伸弯曲矫平机时,受张力辊形成的拉力和弯曲辊形成的弯曲应力所叠加的合成应力作用,使带材产生一定的塑性延伸,消除残余应力,改变不均匀变形状态而被矫平的。

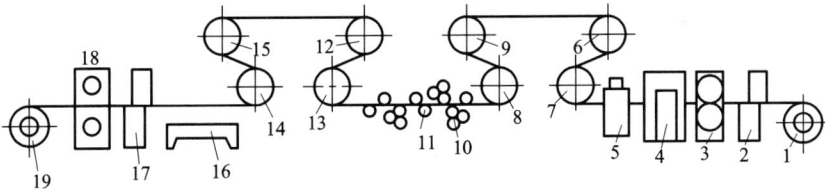

图 7-17　φ1040×1500 拉伸弯曲矫平机组示意图

1——开卷机;2——液压剪;3——圆盘剪;4——接头机;5——清洗烘干机;6、7、9——入口张力辊;
8——入口辊;10——弯曲辊;11——压料辊;12、14、15——出口张力辊;13——出口辊;
16——检测平台;17——液压剪;18——分卷机;19——卷取机

连续式拉伸弯曲矫平机组有带清洗装置和无清洗装置两种。为了去掉带材表面油污和脏物,机组中装有清洗机和烘干机,实现边拉矫、边清洗,获得平直又光洁的带材。

7.12.2　剪切

1. 剪切分类及下料计算　根据工艺要求剪切分切边、分条(剖条)、下料或中断及成品定

尺剪切等。

切边,有些合金热轧容易裂边,继续冷轧裂边扩大或冷轧时产生裂边,会造成轧辊局部压伤或者断带,增加金属的几何损失。所以,不仅成品要切边,而且板材坯料必要时也要切边。切边量的大小,根据合金品种、轧件厚度而定,一般每边为 10～30mm。生产中根据实际裂边情况,适当调整切边量。

分条,根据工艺要求和产品规格,对宽板带坯料,或带材成品需要剖分成若干条,分条时同时切边。

下料或中断,是将板材坯料或带卷,按工艺要求或设备条件,横切成块的工序。下料或中断,应根据工艺要求进行下料计算。其原则是确保产品尺寸的前提下,应精打细算,减少几何损失和提高成品率。若冷轧忽略宽展,下料尺寸根据体积不变条件分两种情况计算:

采用顺下料,即坯料宽度仍为轧件宽度,下料长度按下式计算:

$$L = \frac{h(nl + \Delta l)}{H} \tag{7-12}$$

式中:L、H——下料时坯料长度和厚度,mm;

    l、h——成品板材的长度和厚度,mm;

    n——成品剪切时的剪切张数;

    Δl——切头尾损失长度,mm。

采用横下料,即下料长度为轧件宽度(成品宽度加切边余量),其下料厚度按下式计算:

$$H = \frac{h(nl + \Delta l)}{B} \tag{7-13}$$

式中:H、B——下料时的坯料厚度和宽度,mm;

    Δl 值视产品厚度及工艺条件确定,一般取 100～200mm 左右。

成品剪切是按技术标准对产品尺寸(长度、宽度)及其偏差要求,最后所进行的剪切,或定尺剪切。块式生产,一般在单体斜刃剪切机上进行;带式生产板材和带材,分别在横剪机列和纵剪或纵剪机列中进行。这种剪切机列,将切头尾、切边、下料(定尺)、或矫平分条及检查等工序连为一体,生产效率高,剪切精度高质量好。如某厂 1050mm 横剪机列主要包括:上卷小车、开卷机、直头机、夹送辊、3 辊矫平机、液压剪切机、圆盘剪切机、给料辊、高速机械剪切机、19 辊矫平机、上下表面检查装置、迴转臂和引料台、自动垛板机及垛板运输机等;而 1050mm 纵剪机列主要包括:上料小车、开卷机、直头机、夹送辊、液压切头剪、圆盘剪、碎边机、传送带、活套坑及移送式夹送辊、张力辊、卷取机、卸料小车、迴转臂架及翻卷机等。

2. 剪切工艺 剪切的主要工艺参数是剪刃间隙,对圆盘剪还有剪刃的重叠量。调整好剪刃间隙是保证剪切质量的重要因素。剪刃间隙,通常由被剪金属的厚度和性能确定,一般为板带厚度的 0.03～0.07 左右,对于薄的或较软的板带采用较小值。生产中,当剪切厚度达 0.20mm 左右时,实际上刀片的侧向已彼此紧密接触,甚至带有不大的侧向压力。由于剪切时切口状况与金属性质关系很大,所以生产软态或半硬态产品,常采用先剪切后退火的工艺,有利于提高切口和表面质量,便于操作。

圆盘剪上下刀片的重叠量,根据板带厚度及剪切情况进行调节。一般被剪板带厚度小于 1.2mm 时,其刀片重叠量小于 2mm,且厚度越大重叠越小;剪切板材厚度大于 5mm 时,采用负的重叠量,即上下刀片互相离开一个距离。

为了提高剪切质量,圆盘剪切边或分条时对薄带材施加一定的张力(拉剪)。其剪切轴为被动轴,卷取机的轴由直流电机带动,剪切速度可控制在 0.5~7.0m/s。拉剪结构简单,调整方便,被剪带材切口平齐,而且卷得较紧密,能保证剪边质量及宽度偏差,适用于剪切厚度小于1.0mm 的带材。

剪切过程应经常检查切口状况及尺寸精度,保证切口光滑无毛刺、卷边、剪歪及尺寸超差等缺陷。尤其出现毛刺会造成板带表面划伤,应经常注意合理调整剪刀间隙等工艺参数,保证剪切质量。

7.13 成品检验与包装

成品检验与包装是板带材生产过程不可缺少的最后两道工序。为了确保产品质量的均匀性和稳定性,以及进一步提高产品的质量,防止低劣产品发给用户或流入市场,造成损失。所以,成品出厂前必须按规定的技术标准,进行全面的检查验收,对合格产品还要按规定的技术标准包装后方准出厂。

7.13.1 成品检验

成品检验是由供方的技术监督部门,根据技术标准对产品的尺寸、外形、表面、组织与性能等,按标准规定的检验规则与试验方法,进行全面的检查验收,确保产品质量符合技术标准。

1. 产品尺寸和表面质量检验 板、带、箔材产品都要进行尺寸测量,即对其厚度、宽度和长度进行逐张(卷)或抽样检查,测量的范围应符合标准规定。尺寸偏差超过标准规定的产品,为不合格的废品,但超出测量范围以外的厚度超差,不作报废依据。板带材的厚度用千分尺,宽度用钢板尺测量;箔材的厚度用微米千分尺,或其他测微计测量,宽度用钢板尺或游标卡尺测量。

板带箔材的表面质量和外形必须符合有关技术标准,目前我国检验板材表面质量和不平度的方法,通常是把被检板材放在检查平台上,先用肉眼检查板材表面有无超出标准规定的缺陷,超过者按废品或次品排出。再检查板面与平台的间隙不超过有关标准规定范围,则为合格产品。重要产品采用仪器检查表面质量,或在线自动检测板带材的不平度。

2. 组织与性能检验 不同产品、状态及用途,对各项性能和内部组织要求不同,应按技术标准检验组织与性能。产品性能包括力学性能,工艺性能及物理性能等。力学性能如抗拉强度、屈服强度及延伸率;工艺性能如冷冲压时的延展性能(杯突值),深冲变形后的表面粗糙度和各向异性(制耳);物理性能如仪表用材的抗磁性等。一般的板带材各项性能检验,应由每批产品中,按性能要求各取两个试样。各项试验中,如有一个试样的试验结果不合格时,应从该批中,重新切取双倍数量的试样,进行该不合格项目的复验。复验结果仍有一个试样不合格时,则整批报废,或由供方逐张(卷)检验,合格者重新组批交货。有的产品根据状态不同,每批板材分别抽取试样 2%、5%、10%,重要产品取 100% 作性能检验。

内部组织检验,如重要用途的铝合金淬火板材,应取试样在金相显微镜下检查其内部组织是否过烧。发现过烧时,全批板材报废。有些产品按标准规定,还要进行晶粒尺寸、第二相分布、板材分层和包铝层的检验,以及内部缺陷的超声波探伤检验等。

7.13.2 成品包装

成品经检验合格后,有的产品如铝及铝合金等,按技术标准规定,在包装之前先要在板材两面涂上防锈油，以防止产品在贮存和运输过程中遭受腐蚀。涂油是在专用的 2 辊涂油机上进行，所用防锈油有 20 号机油，或专用薄膜防锈油等。要求防锈油无水、无碱性、无腐蚀板材，且化学稳定性好。涂油层应均匀，不宜过厚或过薄。

此外，还采用粘着膜保护板材表面，根据粘着膜的特性和粘着体的用途不同，板材可单面或双面粘结，使用时粘着膜可剥掉，也可不剥。

成品包装是产品加工中的最后一道工序，包装的目的是为了防止产品在运输和贮存过程中遭受机械损伤、化学腐蚀或混料等，确保产品完整无损的供用户使用。

根据包装标准规定进行包装，按照不同的合金牌号、尺寸、状态、用途和要求，常采用裸件包装、包装箱包装、成垛包装和卷筒包装四种包装方式。包装后必须写明标志方可发货。

目前，有色加工产品大多为人工包装，实现成品包装机械化和自动化，是今后发展的方向。

8 有色金属板带材的其他轧制方法

8.1 连 轧

8.1.1 概述

连轧是指轧件同时在几个机架中产生塑性变形的连续轧制过程(图7-7c)。连轧和单机架轧制相比较,其优点是生产率高、金属消耗少、产品质量高和成本低。所以连轧在金属板带材生产中占有很重要的地位。但连轧存在投资大、建设周期长及控制技术要求高等问题。由于连轧投产后的巨大生产能力,使它得到广泛应用。

连轧分热连轧和冷连轧两类。热连轧中又分为粗轧机组和精轧机组,粗轧机组根据串列的轧机台数和轧件在每台轧机上轧制的道次数,又分全连续和半连续等方式。其中半连续式是有色金属热连轧普遍采用的方式。即粗轧机组各轧机都是可逆的,轧件在每台轧机上往复轧制多道次,而且普遍采用1~2台4辊或2辊轧机(图7-3)。热连轧的精轧机组和冷连轧机组中,采用全连续式,即轧制道次数与串列的轧机台数相等。热连轧精轧机组为3~6台4辊轧机,冷连轧普遍采用2~6台4辊轧机,其中铝及铝合金的连轧生产发展较快,规模较大。

热连轧生产不断地向高速、大型、连续和自动化方向发展。连轧新技术的发展主要表现在提高轧机产量和产品质量两方面。以增大锭重,高速轧制,加大主电机容量,强化轧制过程,采用快速换辊装置等,来提高连轧机的产量;采用步进式加热炉,增加轧机刚度,增大乳液量改善轧辊冷却条件,提高乳液过滤精度,安装清辊器,采用液压压下、无接触测厚及AGC系统,正负弯辊装置,乳液单控与分段控制,轧制过程计算机程序控制,等等,来不断地提高产品质量。

8.1.2 连轧的特点

1. 连轧平衡状态的条件 连轧时轧件同时在几个机架中产生塑性变形,各机架的工艺参数等通过轧件相互联系、又相互影响,因此一个机架的稳定状态遭到破坏,必然影响和波及到前后机架,在达到新的平衡之前,整个机组都有所波动,保证连轧过程处于平衡状态的变形条件、运动学条件和力学条件应具备下列特点。

连轧时,保证正常的轧制条件是轧件在轧制线上每一机架的金属秒体积相等:

$$B_1 h_1 v_1 = B_2 h_2 v_2 = \cdots\cdots B_n h_n v_n = 常数 \qquad (8-1)$$

式中:B、h、v——分别为轧件的宽度、厚度和水平速度。

考虑轧制时的前滑,轧辊的线速度为v_o,则轧件的出口水平速度可按下式计算:

$$v_{hn} = v_{on}(1 + S_{hn})$$

于是(8-1)式可写成:

$$B_n h_n v_{on}(1 + S_{hn}) = 常数 \qquad (8-2)$$

如果坯料厚度、轧件变形抗力、轧辊转速、轧制温度和摩擦系数等,某工艺因素产生变化使轧制过程不协调,即破坏了秒体积相等的条件,这将导致轧制过程不正常,机架间带材会产生活套堆积,或出现过拉甚至断带现象,引起质量和设备事故。

从轧制运动学来看,前一机架轧件的出辊速度必须等于后一机架的入辊速度。即

$$v_{hn} = v_{Hn+1} \tag{8-3}$$

由于前机架的前张力等于后机架的后张力,张力应等于常数,即

$$q = 常数 \tag{8-4}$$

式中:q——机架间的张应力,其值可为正(张力)、负(推力)、零(无张力或无推力)。

上述(8-1)、(8-3)、(8-4)式为连轧过程处于平衡状态的条件。

应指出,秒体积相等的平衡状态并不等于张力不存在,即带张力轧制仍可处于平衡状态。但由于张力的作用,各机架参数从无张力条件下的平衡状态改变为有张力条件下的平衡状态,即具有恒张力的情况下,仍保持秒体积相等。

2. 连轧过程的自调现象 连轧过程的自调现象是指连轧时,因某些因素在一定范围内变化而破坏的平衡状态,不经调节连轧机组本身能自动恢复新的平衡状态的特性。连轧机由自调现象来维持连轧过程的正常进行,乃是张力的特殊作用。即张力的自动调节作用。

张力在连轧中的作用不仅影响轧制压力、力矩、电机转速、前滑、板形与轧出厚度等等,而且靠张力的自动调节作用,在一定范围内维持连轧过程的正常进行。例如,轧件因退火性能不均,致使其处变形抗力增加时,通过 n 机架就会使轧制压力增加,而导致辊缝增大,压下量减小,使 n 机架轧件出口速度变慢。此时 $n+1$ 机架轧件的入辊速度仍未改变,因而产生速度差,使张力增加,破坏了平衡状态。假如这种性能变化引起的破坏程度不很大,张力增加的结果。又导致 n 机架的前张力增大,前滑增加,使 n 机架的轧制力矩减小,轧制速度升高;相反,$n+1$ 机架的后张力增大,后滑增加,使轧制力矩增大,轧制速度下降,而且轧制压力降低,轧出厚度减小,较之 n 架影响要大。结果使 n 架秒体积增大,$n+1$ 架秒体积减小,逐步使轧制过程在一个新的平衡状态下稳定下来,这就是张力的自动调节作用,由理论分析与实践证明,张力的自调作用只有当变化因素在一定范围内才能实现。如果轧制参数变化太大而引起过大的张力,则可能恢复不了平衡,甚至破坏正常轧制。但是,在冷连轧中张力较大,自调能力较强,这在生产经验不足的情况下,有利于连轧过程的稳定。

8.1.3 冷连轧压下制度的确定

连轧压下制度主要是如何确定各机架的压下量。连轧各机架的压下量的确定原则与单机架一样,应考虑金属塑性、咬入条件、设备强度、电机能力和产品质量等。但是,连轧通过轧件使各机架之间既相互联系、又相互制约,关系十分复杂。根据连轧特点,各机架压下量的分配还要考虑以下原则:

(1)按秒流量相等分配各机架的轧出厚度和选择各机架的速度;

(2)按等负荷条件分配。分配各机架压下量时,应保证机架负荷均衡;

(3)按板形良好条件分配。对于后 1~2 机架,为保证板形与厚度精度,必须按良好板形条件分配压下量。

具体分配各机架压下量的方法很多,最常用的是分配各架能耗负荷与现场经验资料直接分配两种方法。前者称"能耗法",即从电机能量(功率)合理消耗出发,按单位能耗曲线推算出各架压下量,这种方法主要靠实测经验资料建立。

根据生产实践经验,也可以采用压下量分配比例系数的方法,直接分配各机架的压下量。设总压下量为 $\sum \Delta h$,则各道(架)的压下量 Δh_n 为:

$$\Delta h_n = b_n \sum \Delta h \tag{8-5}$$

式中:b_n——压下分配比例系数。

如某厂 3 机架冷连轧机,压下量分配的比例系数为 b_n,塑性较好的合金(T_2、H90、H62、H68 等)按 6:3:1,对塑性较差的合金(Hpb60 - 2、HSn62 - 1、HMn58 - 2 等)按 3:2:1,进行各道(架)压下量分配的计算。例如 T_2 在 3 连轧机上从 6.0mm 轧到 1.7mm,即 $\sum \Delta h$ = 6.0 - 1.7 = 4.3mm,按上述分配比例各架压下量计算如下:

$$Ⅰ 架的压下量 \; \Delta h_1 = \sum \Delta h \times \frac{6}{6 + 3 + 1} = 4.3 \times \frac{6}{10} = 2.58mm$$

$$Ⅱ 架的压下量 \; \Delta h_2 = \sum \Delta h \times \frac{3}{6 + 3 + 1} = 4.3 \times \frac{3}{10} = 1.29mm$$

$$Ⅲ 架的压下量 \; \Delta h_3 = \sum \Delta h \times \frac{1}{6 + 3 + 1} = 4.3 \times \frac{1}{10} = 0.43mm$$

各架轧出的厚度为:3.42、2.13、1.70(mm),考虑到来料均为负偏差,在实际生产中的压下规程为 6.0 - 3.3 - 2.1 - 1.7(mm)。

确定各架轧出厚度以后,根据末架出口速度,便可利用秒流量相等的原则,由各架轧出厚度和前滑量,求出各架轧辊速度。

8.2 连续铸轧

8.2.1 概述

1. **连铸连轧法** 连铸连轧法是指金属在一条作业线上连续通过熔化、铸造、轧制、剪切及卷取等工序而获得板带坯料的生产方法。连铸连轧机组按连铸机的结构型式可分为三类:(1)轮带式——由带铸槽的旋转铸轮,封闭铸槽的钢带及张紧轮组成的结晶器系统,如意大利的普罗波尔齐法(Properzi)等(图 8 - 1);(2)双辊式——由一对水平、垂直或倾斜布置的旋转辊和供料嘴组成的结晶系统,如美国的亨特法(Hunter)和法国的皮斯淫 3C 法(pechiney3C)等(图 8 - 2);(3)双带

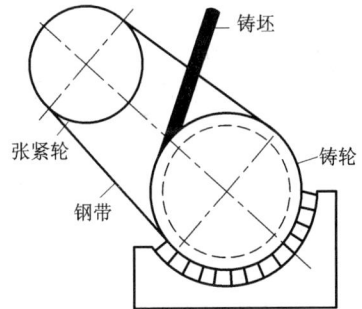

图 8 - 1 轮带式连铸机示意图

式(双钢带或双履带)——由上下两个框架(包括钢带或冷却块及 2 ~ 4 个辊)和挡流坝组成较长直线段的结晶器系统,如美国的的哈兹莱特法(Hazelett)及亨特 - 道格拉斯法(Hunter-Douglas)等(图 8 - 3)。上述方法生产板带坯的主要有亨特法、3C 法及哈兹莱特法等。

哈兹莱特双钢带式连铸机是美国哈兹莱特公司首先提出的。1961 年研制成功后,曾先后在美国国内、加拿大、日本和欧洲一些国家的厂家铸造有色金属带坯及扁坯。哈兹莱特连铸连轧机组由熔化炉、静置炉、双钢带(履带)式连铸机、剪切机、2 ~ 3 机架连轧机列及卷取机组成。如加拿大铝公司 15 机型生产 1524mm 宽的铝板毛料,年产 10 万 t。一般铸造厚度为 19 ~ 50mm,轧到 3.1 ~ 4.6mm,宽度 76 ~ 2540mm 的带坯。当模长 1778mm,铸造 19mm 厚的铝板时铸造速度 8.5m/min。能生产合金品种有 1100、3003、5052 等。

2. **连续铸轧法** 连续铸轧法是指液态金属直接在两旋转辊间结晶,并承受一定的热变形而获得板带坯料的生产方法,或称无锭轧制图(8 - 2)。如双辊式的亨特法和 3C 法等,以转动

的内部被水冷却的轧辊作结晶器,液态金属进入结晶器(辊间),通过急剧冷却凝固成铸坯,并承受 $15\% \sim 50\%$ 的塑性变形量。被轧带坯厚 $6 \sim 12mm$,宽度为 $600 \sim 2100mm$。铸轧铝板带可作铝箔坯料,冷轧成薄板后作为建筑、电力工业及日用铝制品等材料。

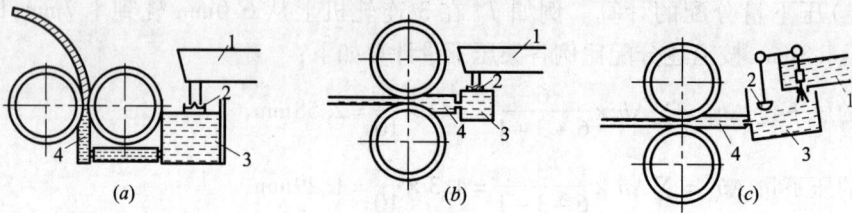

图 8-2 双辊式连铸设备方案图

(a)下注式;　　　　(b)水平式;　　　　(c)倾斜式

1——流槽;　　2——浮漂;　　3——前箱;　　4——供料嘴

连续铸轧法与加热热轧相比较其优点是:(1)不需要铸锭锯切、铣面、加热等工序,缩短了生产工艺流程;(2)节省能耗(比熔铸-热轧开坯节能 $30\% \sim 35\%$);(3)几何损失和工艺废品少,成品率高;(4)设备减少,且占地面积小,节约大量投资;(5)节省劳力并改善了劳动条件;(6)易实现生产过程的自动化和科学管理。

双辊式连铸机,一百多年前有人提出,未获成功。1956 年美国亨特公司首次试制第一台铝带坯连续铸轧机图[8-2(a)]。金属液从两个旋转水平辊的下方,向上进入两辊间,铸轧坯从两辊上方引出的方法(称下注式)。下注式,通过控制前箱液面高度,将控制金属液在一定静压力下由供料嘴均匀连续地向辊缝中供料,铸轧辊且能调节转速和冷却强度,以满足结晶凝固条件,使双辊连续铸轧最早应用于生产。

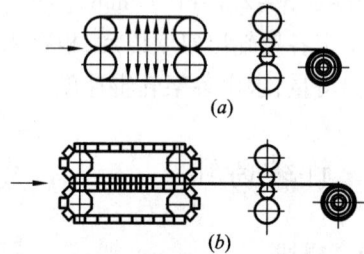

图 8-3 双带式连铸机组示意图

(a)哈兹莱特式(双带式);

(b)亨特-道格拉斯式(双履带式)

但这种方法,供料嘴的装设和调整都较麻烦,铸轧出的带坯垂直向上,需用牵引辊引至水平方向方能进行后步工序,很不方便。因此,法国斯卡尔(SCal)公司,于 1961 年提出了水平式(3C 法)双辊连续铸轧机[图 8-2(b)],即两铸轧辊中心连线与地平面垂直,金属液从一侧浇入辊缝,铸轧带坯于另一侧沿水平方向引出。

美国亨特公司,于 1962 年研制一种倾斜式双辊连续铸轧机[图 8-2(c)],即两铸轧辊中心连线与地平面成 75°夹角,其板坯引出方面与地面呈 15°夹角,这种方法与下注式相比较,其优点是:液态金属导入辊缝的装置简单;板坯引出不必弯曲 90°,立板方便;便于操作、调试,提高了铸轧速度和小时产量。

70 年代以来,双辊连续铸轧技术得到迅速发展,近几年全世界已有亨特型铸轧机百余台,3C 型铸轧机 50 余台。目前,世界各国都在积极研究与发展连续铸轧技术的潜力,正朝着增大辊径,提高铸轧速度,扩大合金品种,采用新技术、新工艺,实现全液压型铸轧机及计算机过程控制,提高带坯质量和尺寸精度方向发展。如铸轧辊直径,美国超级亨特型为 900mm,法国超型 3C 为 960mm,我国铝加工厂大型倾斜式为 980mm。

我国双辊式连续铸轧机自 1964 年开始研制,1974 年下注式辊径为 400mm 的已正式鉴定验收。1978 年开始研制,于 1983 年 $\phi650 \times 1000mm$ 倾斜式双辊铸轧机正式投入工业生产,1984 年 $\phi980 \times 1600mm$ 大型倾斜式投入试生产。目前国内 20 余台双辊铸轧机用于工业生产,采用连续铸轧法生产铝带坯,其设备与工艺方面已接近世界先进水平。

8.2.2 铸轧过程建立的条件

连续铸轧是液态金属在两旋转铸轧辊的带动下,冷却结晶,完成铸造与热轧两个过程。连续铸轧过程的建立,必须满足铸轧的基本条件和热平衡条件。

1. 铸轧区的形成 双辊连续铸轧法,目前以水平式和倾斜式应用最广泛。倾斜式如图 8-4 所示,在静置炉内经过精炼处理后的液态金属,通过流槽进入浇注系统(前箱、液面高度控制机构、供料嘴等)。液态金属依靠本身的静压力作用,从供料嘴出口端面涌出,与被冷却的旋转轧辊相遇,温度急剧下降,如图 8-5 所示,在 aa' 处冷却形成一层很薄的凝固壳。

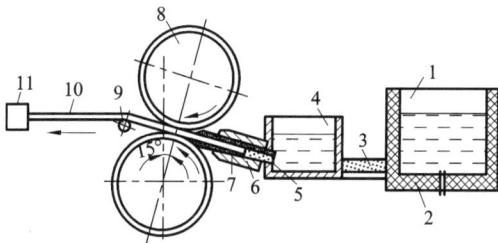

图 8-4 连续铸轧前部示意图

1——静置炉;2——螺纹钢钎;3——流槽;4——前箱;
5——耐火材料管;6——夹持器;7——铸嘴;8——铸轧辊;
9——导向辊;10——板带;11——精整系统

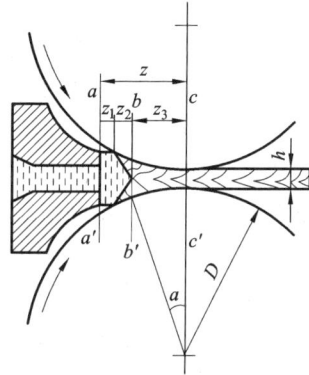

图 8-5 铸轧区示意图

随着铸轧辊的转动、减速,金属的热量不断地被铸轧辊大量导出,凝固层增厚并继续结晶。当上、下两凝固层在 bb' 面上相遇时,金属液已完全凝固,进入完全轧制状态,此时金属受到轧辊的压力作用,产生塑性变形而轧成板带坯料。当金属被轧至 cc' 面时,铸轧过程结束,铸轧区初步形成,其长度用 z 表示。进一步调整铸轧速度等工艺参数,建立稳定的铸轧区。

铸轧区的长度(高度)是指供料嘴的出口端面至两辊中心连线的距离。由图 8-5 可知,aa' 至 bb' 主要是结晶铸造过程,而 bb' 至 cc' 主要是轧制变形过程。因此,可认为铸轧区是铸造区(冷却区 z_1 和结晶区 z_2)与轧制变形区 z_3 组成。铸轧区的长度与铸轧方式、铸轧辊直径及工艺条件等有关。如双辊倾斜式铸轧区长度,$\phi650$ 铸轧机为 40~45mm,$\phi980$ 的为 55~60mm。铸轧区长度尽管比较小,但保持一定的铸轧区长度是连续铸轧工艺的关键。一般来说,铸轧区长度增加,能提高铸轧速度,增大加工率,生产率高,但受铸轧方式和轧辊直径限制。

2. 铸轧的基本条件 浇注系统预热温度是铸轧的基本条件之一。浇注系统是液体金属流过的通道,必须具备良好的保温性能,使液体金属尽可能少地散失热量,才能保证铸轧正常进行。如果浇注系统预热不好,不仅使液体金属失热过多,正常铸轧不能进行,甚至供料嘴内有冷凝块存在而中断铸轧。

严格控制前箱金属液面高度是保证铸轧过程正常进行,并获得良好板坯质量的又一重要条件。在铸造区内结晶瞬间的液态金属供给量和保持所需的压力,都靠前箱液面高度产生的静压力来控制。液面高度对倾斜式铸轧机是指辊缝中点水平线以上液态金属的高度。供料嘴出口处液体金属压力的大小,取决于前箱金属液面高度。位于供料嘴出口与铸轧辊表面间隙处的液体金属,形成一层氧化膜,在氧化膜表面张力作用下,将液态金属包拢而不外流,且呈弧形状(图 8-5),并逐渐冷凝成固态,完成铸轧过程。可见,前箱金属液面高度形成的静压力 F_p 作用在氧化膜上的压强,必须与铸轧过程氧化膜的表面张力 F_M 施加给金属液的压强相等,才能使氧化膜处于平衡状态。即 $F_p = F_M$,氧化膜不会被冲破,铸轧可连续进行;当 $F_p < F_M$,金属液面低时,氧化膜被拉长,氧化膜本身受压力较小,不易破坏,此时板面质量较好,但金属液面低到一定限度,则供液不足板面易产生空洞缺陷;当 $F_p > F_M$,金属液面高,压力增加,使氧化膜变薄,容易被破坏而失去包拢作用,轻则板面出现氧化黑皮,严重时使液体金属流入嘴、辊间隙,造成铸轧中断。

由轧制原理可知,铸轧过程的建立与普通热轧一样,铸轧辊对铸坯的咬入,以及随后建立稳定轧制过程,必须满足咬入条件和稳定轧制条件。

3. 铸轧的热平衡条件 连续铸轧的热平衡是指进入整个铸轧系统的热量,应等于从铸轧系统导出的热量。如果热平衡被破坏,连续铸轧将无法进行。或者铸轧不成型,或者浇注系统中存在冷凝金属,导致铸轧中断。可见,铸轧的热平衡条件是建立连续铸轧的重要条件。

铸轧温度、铸轧速度及冷却强度是影响铸轧热平衡条件的主要工艺参数。

铸轧温度是确保铸轧正常进行和带坯质量的前提。确定铸轧温度应考虑整个浇注系统至供料嘴的温降,保证工艺要求。铸轧温度过低,金属容易冷凝在浇注系统中,温度过高,铸轧不易成型,而且产生粗大晶粒,增加含气量,恶化带坯质量。为测量方便,常用前箱内金属温度表示铸轧温度。在要求的铸轧温度范围内尽可能采用较低的铸轧温度,这不仅能提高铸轧速度,减少含气量,还可防止晶粒粗化得到组织良好的铸轧板坯。

铸轧速度是指铸轧辊外圆周线速度。铸轧板的出口速度应考虑前滑量(6.5%左右)。铸轧速度与其他工艺参数的关系最密切,而且调整方便。调整铸轧速度与液态金属在铸轧区内的凝固速度一致,以保证铸轧过程的稳定性。如果铸轧速度大于金属的凝固速度,铸轧板冷却不足,甚至板坯中心尚未完全凝固就离开轧辊,板坯出现溶沟,破坏铸轧过程。相反,铸轧速度小于金属的凝固速度时,液态金属在铸轧区内停留时间过长,造成过渡冷却,致使液态金属在供料嘴内凝固,堵死供料嘴,破坏铸轧过程,甚至会连供料嘴与板坯一道轧出。因此,铸轧过程中,根据不同的工艺要求,铸轧速度必须与铸轧区内液态金属的凝固速度尽量相一致。

冷却强度,铸轧过程的热量是经铸轧辊辊套快速传导给辊芯(表面均布通水槽沟,并与径向孔和中心孔相通)内的循环冷却水排出的。冷却强度与铸轧辊的水冷强度(水温、水压和流量)、铸轧速度、铸轧区长度、辊套材料及厚度等因素有关。提高冷却水的压力及增大其流量,降低铸轧速度,增加铸轧区长度,减少辊套厚度,并选用导热性好的材料,均能提高冷却强度。

冷却强度越大,铸轧速度就越高,对提高生产率和板坯质量有利。但是,冷却强度过大,使液穴到板面及辊套厚度上的温度梯度较大。增加生成柱状晶粒的倾向,导致辊套内部热应力增加,降低板坯内部质量,缩短辊套的使用寿命。

8.2.3 铝板连续铸轧的生产工艺

连续铸轧法生产铝板带坯料的主要生产工艺流程是:熔炼——静置(精炼)——铸轧。熔炼、静置与一般熔铸车间的熔铝工艺基本相同,铝锭或废料在熔炼炉内熔化、扒渣和搅拌,然后铝液进入静置炉保温和精炼。连续铸轧铝板坯的开始阶段是板坯的引出过程,又称立板过程。如果铸轧板坯能够平稳地引出头来,立板之后,只要前箱中的铝液能源源不断地供给,合理控制工艺参数,就可以长时间连续不断地铸轧出板坯。并送入压紧辊和牵引矫平机,最后进卷取机卷成带卷,引出过程结束便进行连续铸轧。现以某厂为例,简要介绍铝和软铝合金连续铸轧的生产工艺及带坯质量控制。

1. 生产工艺　熔炼采用32t圆形重油熔炼炉,熔体温度,纯铝为700～750℃,LF21为720～760℃;出炉温度为735～745℃。静置采用12t电阻加热静置炉,精炼温度720～740℃,H_2含量小于0.15ml/100g铝,晶粒细化剂为 Al – Ti – B 丝,熔体净化采用 CCl_4 精炼和玻璃丝布过滤相结合的方法。

铸轧工艺参数:铸轧采用双辊倾斜式铸轧机 $\phi650 \times 1600$mm 和 $\phi980 \times 1600$mm。前箱内熔体温度,纯铝为685～700℃;LF21 为690～705℃;辊缝要求,板坯厚7.0～7.5mm 时,纯铝为6.3～6.5mm,LF21 为6.0～6.3mm;铸轧区长度,$\phi650$mm 铸轧机为40～45mm,$\phi980$mm 铸轧机为55～60mm;冷却水,水压0.3～0.5MPa,水温小于25℃;铸轧速度,纯铝为0.95～1.10m/min,LF21 为0.8～0.95m/min;新铸轧辊凸度值:$\phi650$mm 铸轧辊时纯铝为0.10～0.12mm,LF21 为0.15～0.20mm;$\phi980$mm 铸轧辊时纯铝为0.04～0.06mm,LF21 为0.10～0.12mm;供料嘴预热时,加热炉膛定温300℃,保温8h 以上;前箱液面高度控制在10～20mm 之间。

2. 带坯质量控制　连续铸轧生产的铝带坯如果工艺参数调整与控制不当,将会产生热带、孔洞、横向波纹、粗大晶粒及厚度不均等主要缺陷。

热带是指液态金属在铸轧区内局部地区尚未完全凝固,呈熔融状态被轧辊带出,未承受变形的金属带(铸造带)。产生热带的主要原因是铸轧温度或铸轧速度偏高,或前箱液面偏低。如果控制液面高度正常,可降低铸轧温度或铸轧速度的方法予以消除。

孔洞是指铸轧板坯上出现断续的穿透或未穿透板厚的孔洞。其主要原因是液态金属供给不足,即前箱液面偏低或铸轧速度过高,或者液穴中含有气体而形成小气泡,以及氧化夹渣在供料嘴出口处局部堵塞,阻碍液态金属流动所致。消除的办法:应稳定地控制前箱液面高度,降低铸轧速度,精炼除气要彻底,浇注系统预热干燥应充分,以及防止氧化物局部堵塞等措施。

横向波纹:板面上出现横向波纹,严重时会出现成层。这主要是前箱液面偏高,铸轧温度太低或铸轧速度偏低所致。采取降低液面高度,提高铸轧温度,增加金属的流动性等措施予以消除。

粗大晶粒:当熔炼温度过高或局部过热,冷却强度不够,液体金属在炉内停留时间过长时,产生粗大晶粒。消除办法:严格控制工艺参数,熔炼温度宜低不宜高,在保证熔体流动性好的情况下,铸轧温度低为好;添加晶粒细化剂,如 Al – Ti – B 合金等。

板坯厚度不均是指铸轧板横断面的两边厚度差,以及两边与中部厚度差超过了允许偏差。板厚不均将影响冷轧及铝箔轧制的板形。采用上下铸轧辊研磨成合理的凸度,合理调整两边压下量予以消除。

8.3 异步轧制

8.3.1 概述

第1章讨论的简单轧制过程的实质是对称轧制。实际上真正的对称轧制是不存在的,只是不对称程度不大而已。从这个意义上讲,前面讨论的轧制过程可以认为是对称轧制(或称普通轧制)。

所谓不对称轧制,是指在不对称的变形条件下进行的轧制过程。异步轧制是不对称轧制中两个工作辊的线速度不相等(速度不对称)的一种轧制方式。异步轧制作为一种轧制新技术,它与普通轧制相比具有降低能耗,强化轧制过程,缩短生产周期,提高轧制精度和生产效率等优点。

国外对异步轧制的研究虽然起步较早,但从70年代开始才出现较大的发展。60年代末期苏联研制成功 Π-B(轧-拔)轧机,或称 P-V 轧机,及其轧制技术,取得了异步轧制技术上的突破。如图8-6所示,这种 P-V 轧制法采用包辊轧制,并保持了异步恒延伸轧制特点,已成功地用于冷轧生产,但仅限于小延伸轧制(如平整轧制)。70年代末又发展一种"拉直式大延伸异步轧制法",用于一般单机可逆4辊轧机与多机架4辊冷连轧机取得成功,如图8-7。1977年日本引进了苏联的 P-V 轧制技术专利,经研究与改进,否定了包辊特点并采用4辊轧机进行异步轧制。

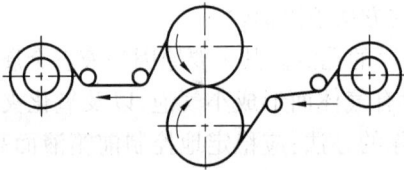

图8-6 P-V轧机示意图

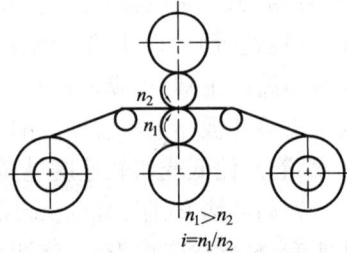

图8-7 拉直式大延伸异步轧制

20世纪60年代以来,我国曾致力于异步单机连轧的研究。如5辊和6辊单机连轧,其延伸效果也很好。自1979年和1983年以来,先后研制成功大延伸异步冷轧和高精度异步恒延伸轧制新技术等,并已投入生产,其研究成果已跨入世界先进行列。

8.3.2 异步轧制的特点

异步轧制作为不对称轧制的一种特殊形式变形区及其几何参数、力能参数、变形特征等,以及实现稳定的异步轧制条件,较之普通轧制有它不同的特点。

1. 变形区及其参数的特点 如图8-8所示异步轧制过程,快速辊的线速度为 v_2,慢速辊的线速度为 v_1,实验表明,当 $v_2 > v_1$ 时,异步轧制会形成图8-8(a)所示的变形区。因为普通轧制只有一个中性面,随着辊速差的产生,中性角在快速辊侧向变形区出口方向偏移,而在慢速辊侧向入口方向偏移。所以中性角 $\gamma_2 < \gamma_1$,并在变形区的前、后滑区之间,形成了一个上下接触摩擦力 t 反向的区域,一般称"搓轧区"(阴影部分)。此时,变形区由前滑区、搓轧区及后滑区组成。

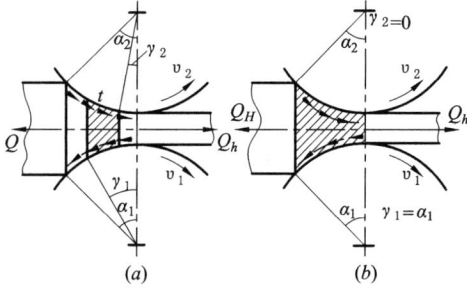

图 8-8　异步轧制变形区图示
(a)部分搓轧区;　　　(b)全搓轧区

实验表明,随异速比 i 增加,u_1 逐渐减小,而 u_2 逐渐增加,使搓轧区扩大。当快速辊与慢速辊的线速度之比等于轧制时金属的延伸系数($i=\lambda$),便形成图 8-8(b)所示的全搓轧区,即整个变形区由搓轧区组成。此时两个中性面分别位于入口与出口断面上,轧件的出辊速度等于快速辊的速度($u_h=u_2$);轧件入辊速度等于慢速辊的速度($u_H=u_1$),且 $\gamma_1=\alpha_1$ 及 $\gamma_2=0$。轧件相对于慢速辊处于完全前滑状态,接触摩擦力全部指向入口;相对快速辊处于完全后滑,接触摩擦力全部指向出口,于是整个变形区形成上下接触摩擦力反向的全搓轧区。

轧制压力降低。实验可知当 i 从 1.0 增到 1.36 时,轧制压力约减小 36%;在干辊轧制条件下,当速比较高时轧制压力减小约 37% ~ 46%。轧制压力降低与变形区中搓轧区所占比例大小有关,形成全搓轧区是异步轧制降低轧制压力的理想状态。因为搓轧区上下接触摩擦力的作用互相抵消,使单位压力大为降低,金属的变形抗力减小,所以轧制压力降低。此外,异步轧制快速辊与慢速辊的力矩也发生了变化,不均匀分配的结果是快速辊的力矩增大,慢速辊的力矩减小。

有研究表明,可认为异步轧制的变形模式是对称压缩与搓剪变形的叠加,在轧前、轧后尺寸与道次加工率相同的条件下,异步速比 i 值愈大,搓剪变形愈加明显。而且随 i 增大轧件的宽展率不断减小,轧件边部减薄量也相应减小。

2. 实现稳定的异步轧制条件　异步轧制全搓轧状态,虽然对降低轧制压力是最理想的情况,但实践证明全搓轧是一种不稳定的轧制状态。因为全搓轧状态,变形区上下接触摩擦力方向相反,轧件被咬入与建立稳定轧制的主动力减少,不仅咬入能力较差,而且轧制过程产生打滑与振动,使带材表面出现条状痕迹,带厚产生明显波动(如同搓衣板一样)。所以,不满足一定的张力条件,就不能实现稳定的异步轧制。

当加上张力后,对中性面的位置及搓轧区的扩展都有影响,从而有可能改变搓轧区长度 l_n 占整个变形区长度 l 的比值 $x(x=l_n/l)$,包括达到 $x=1.0$ 的全搓轧状态。全搓轧条件下,有 $u_h=u_2=u_1(1+S_{h1})$ 的速度关系,则

$$\frac{u_2}{u_1}=i=1+S_{h1}$$

或者:
$$S_{h1}=i-1 \qquad\qquad (8-6)$$

式中:S_{h1}——慢速辊的前滑值。

由秒体积相等原理及平断面假设,导出全搓轧时另一重要条件,即

$$\lambda=i \qquad\qquad (8-7)$$

(8-6)与(8-7)式是从运动学条件导出的全搓轧条件。

影响慢速辊的前滑值 S_{h1} 的因素很复杂,当摩擦系数 f 和延伸系数 λ 一定时,它主要受前后张应力差 $\Delta q(\Delta q=q_h-q_H)$ 的影响。实践证明,通过调整 Δq,有可能达到接近 $i=\lambda$,$S_{h1}=i-1$ 的全搓轧状态,其条件是随 i 的增大,Δq 作相应地增加。由于受断带和设备能力所限,张应

力差不能无限制地增加,因此前张力所能达到的数值,已成为异步轧制采用大速比与大延伸的主要限制条件。

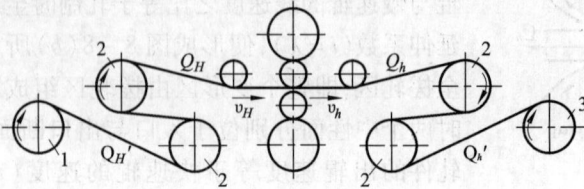

图 8-9　异步恒延伸轧机示意图

1——开卷机;2——恒延伸装置(S 辊);3——卷取机

在总结 P-V 轧制法(图 8-6)和拉直式大延伸异步轧制法(图 8-7)基础上,研制成功异步恒延伸轧制新技术(图 8-9),该轧机由一套 4 辊异步冷轧机与位于轧机前后的两套张力辊系统(简称 S 辊)组成。由于包绕在 S 辊上的带材受张力作用紧贴在 S 辊上,则两者间产生的摩擦力阻止它们的相对滑动。因此带材运动速度被 S 辊所控制,基本上等于 S 辊辊面速度。由秒体积相等原理和平断面假设,只要前后 S 辊直径相等,且保持转速比为常数,便形成恒延伸轧制,原因是摩擦力作用下,能自动调节轧制时的张力。

8.4　粉末轧制

8.4.1　概述

粉末轧制是借助两旋转轧辊所形成的狭小变形区,将金属粉末连续压制成型的方法(图 8-10)。粉末轧制按带材出辊方向不同,可分为垂直、水平和倾斜的三种形式:

(1)垂直式——两轧辊水平放置,带材出辊方向与地面垂直,如图 8-10(a)所示。这种方式,漏斗中的金属粉末通常靠自重作用向轧制变形区移动,容易被轧辊咬入,带材厚度和密度均匀,有利于轧制极薄带材,应用较普遍。

(2)水平式——带材出辊方向与地面平行,如图 8-10(b)所示。这种方式,金属粉末被轧辊的咬入,主要借助下辊与粉末之间的摩擦来实现的。水平式轧制所得带材的密度通常比垂直式的低,在密度相同情况下,厚度较薄。应用外力将粉末连续地推向变形区的水平轧制法(强制喂料轧制),可以获得密度较高、厚度较大的板带材。

(3)倾斜式——带材出辊方向与地面成一定角度,因设备结构较复杂,而很少应用。

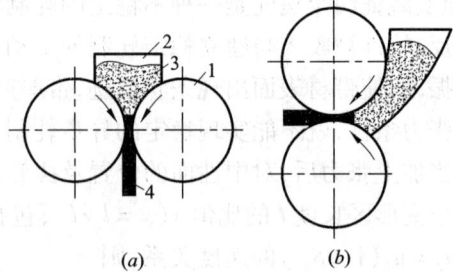

图 8-10　粉末轧制方式示意图

粉末轧制法能生产用一般轧制法无法得到的产品。如各种粉末致密的板带材,多孔板带材,以及双层或多层金属复合材料等。粉末轧制还具有工艺流程短,设备投资少,生产成本低,金属消耗少,成品率高等优点。但是,粉末轧制的板带厚度有限,宽度较窄,而且制备金属粉末成本高,因而限制了这种方法的大规格应用。

粉末轧制技术从 40 年代开始得到发展,至今粉末轧制技术已在生产中制取高纯金属板带材、多孔金属、抗磨和摩擦材料、电焊极带等具有特殊性能的板带方面获得应用。我国从 60 年代初开始了粉末轧制的研究工作,至今在多孔特殊性能材料和高纯金属板带材等方面,也取得了较大发展。

8.4.2 粉末轧制的特点

金属粉末轧制实质上是一个连续的压制过程。但又不同于一般的粉末压制过程,一般的粉末压制是在四周封闭的压模中进行,而且料装与压制过程是分开的。金属粉末是一种具有一定流动性的分散颗粒,或者团粒组成的不连续的松散体。因此,粉末轧制与致密金属轧制相比,有下列不同特点:

致密金属轧制前后金属体积不变定律,已不适用粉末轧制,金属粉末轧制遵循轧制前后金属粉末重量相等原理。因为粉末轧制颗粒之间有空隙存在,当压力作用时,粉末颗粒相互移近,并重新排列,颗粒间所含气体不断逸出,则空隙减小,粉末体被压实成为具有一定密度和机械强度的多孔板带材。

基于上述原理,粉末轧制与致密金属薄带轧制不同的是,不仅粉末体厚度产生变化,而且密度也发生变化。当粉末的供料厚度不变时,带材厚度随辊缝增大而增加,带材密度随厚度增加而降低。相反,随辊缝减小,带材厚度变薄,其密度随厚度变薄而增加,当粉末供料厚度变化时,带材厚度和密度的变化相同,即随供料厚度增加,咬入粉末量增多,带材厚度和密度同时增加。与此相反,随供料厚度减小,带材厚度和密度也同时减小。

粉末轧制的变形指数主要用压制系数、压实系数及延伸系数来表示。压制系数是指供料厚度与带材厚度之比;压实系数是用带材密度与粉末原始松装密度之比表示;带材出辊时的移动速度与通过供料截面的粉末流动速度之比称为延伸系数。实践证明,在一定条件下,随着轧制压力增加,压制系数和压实系数明显增加,而延伸系数不变。与此相反,致密金属轧制时,随金属厚度变形的增加,延伸系数也相应增加。因此,粉末轧制是用压实系数和压制系数反映粉末体在不同压力下被压缩或压紧的程度。

8.4.3 粉末轧制工艺

1. **粉末冷轧**　金属粉末直接冷轧,然后在保护气氛中烧结。这种工艺有两种方法:(1)先把金属粉末轧制成型,并直接成卷,然后在烧结炉中和适当气氛下进行烧结;(2)把粉末轧制和生带材的烧结连成一线,即出辊后的生带材直接进入烧结炉进行烧结,随后成卷。另外生产多孔材料也可把烧结后的带材再次进行轧制,直至轧到所要求的厚度和孔隙度;生产致密金属粉末板带材,还必须对粉末多孔带材在冷或热态下进行多道次的致密化轧制。烧结带材经再次轧制后,密度一般都有较大提高,但要接近或达到100%的理论密度,必须使烧结带材的总加工率超过50%。致密化轧制过程中,有时需要进行中间退火,而且轧制速度也可比轧制粉末时高得多。

2. **粉末热轧**　粉末热轧是指金属粉末或粉末体在加热状态下进行的轧制。金属粉末热轧工艺有两种方法:(1)金属粉末直接加热轧制,即先将金属粉末在炉中加热,然后进行热轧。这种方法,实际上是将粉末冷轧、生带材烧结及进一步热轧等工序结合在一起,与冷轧相比总能耗少,还可生产厚度较大和密度较高的粉末板带材;(2)应用离心雾化粉末的余热进行热轧。例如,热轧铝及铝合金粉末时,先将熔融的铝合金直接倒入一个高速旋转的、周围具有大量孔洞的金属圆筒,借助离心力作用,使其冷却、雾化,得到一定温度的铝合金粉粒,经沉积均热后接着进行热轧。

此外,粉末包套热轧通常是把金属粉末置于金属包套中,抽空密封后加热,接着进行热轧。也可以将压制或冷轧后的粉末坯料置于包套中,加热后进行热轧。这种方法,常用来轧制在通常情况下不能直接热轧的金属粉末。

除粉末本身性能(粉末松装密度、粉末的流动性)影响轧制带材性能之外,辊缝、辊径、轧制速度、辊面状态、带材宽度及供料厚度等,轧制工艺因素也有很大影响。

8.5 金属复合轧制

8.5.1 概述

为了发挥金属材料所具有的性能,适应各种各样的性能要求,可把性能不同的材料加以组合加工成复合材料。金属复合板的生产方法有复合轧制法、挤压法、爆炸复合法和钎焊法等。

复合轧制法是指两种或两种以上不同物理、化学性能的金属(基体材料与复层材料),通过轧制使它们在整个接触表面上,相互牢固地结合在一起的加工方法。复合轧制生产的板带材,具有比组成材料更好的特殊性能。复合板的轧制,其坯料的组合结构形式大体分为夹层型[图8-11(a)]和表面复合型[8-11(b)]两种。复合轧制法可采用冷轧或热轧,冷轧是将多层金属板直接叠合轧制。热轧则多经组合后焊合边部缝隙,再进行加热轧制[图8-11(a)]。

挤压法是采用组合的双金属坯料进行挤压生产复合材料的方法。爆炸复合法是由爆炸提供能量,使金属在很高的冲击压力下结合。此法不受结合金属熔点和塑性差别的限制,但生产的制品长度和产量有限,技术要求高。钎焊法是利用凝固时,能使两金属板焊合在一起的浸润液态金属相(焊剂),将两种金属板结合在一起的方法。

复合轧制生产的双金属复合材料有钢-钢、铜-钢、铝-铝合金、铝-铜、钢-钛、铝-锌,等等。复合轧制法具有生产灵活,工艺简单,产品尺寸精度高,性能稳定,质量好,可实现机械化、自动化及连续化生产。生产效率高,成本低,节约贵重金属等优点。

复合板带材主要用于航天、航空的结构材料;交通运输,如铝锡合金-钢双金属汽车轴瓦材料;军事与核工业,如包层弹头及复合装甲板,高能加速器用大型铜-钢复合板;电气、仪表、建筑及化工材料等。

目前,国外双金属复合板的生产,大多采用成卷带张力的连续生产方法,自动化程度高,生产稳定,产品质量容易控制,生产率高。

轧制生产技术的发展:国外已采用多道次小压下率,实现冷复合轧制,这对改善厚料咬入,或减小压下量防止边部开裂,减小轧机功率和粘辊等,效果显著;使用大小辊复合轧制,生产双金属轴瓦材料,即铝锡合金与小辊,钢层与大辊(主动)接触,可消除钢带层的加工硬化;两层同种金属与一层异种金属的复合轧制,实现以薄带代替厚度进行成卷连续复合生产;并采用先热轧后冷轧,再烧结的工艺生产双金属,可降低复合轧制的压下率,提高结合强度。

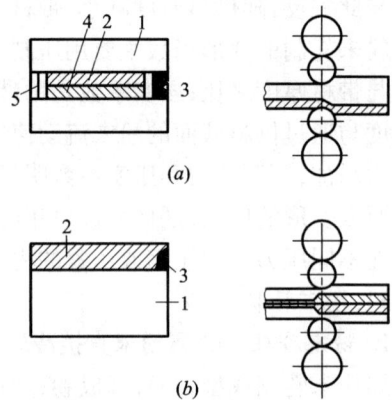

图8-11 复合板的轧制法
(a)夹层型;(b)表面复合型
1——基体材料;2——复层材料;3——焊接;
4——隔离体;5——挡板

8.5.2 复合轧制的特点

1. **金属复合轧制的机理** 有关金属复合轧制的机理,前人提出了很多假说,比如"薄膜理论"、"扩散机制"等。"薄膜理论"认为冷轧复合时,两种或两种以上组元层金属在轧辊压力作用下,随之产生塑性变形,导致复合表面氧化膜破裂,露出全新的本泽金属表面而相互接触。组元层金属的原子达到晶格常数的距离,即达到原子键引力作用的范围内,形成共用电子层,于是组元层金属被牢固地压接。"扩散机制"适用于热轧复合,在高温下产生塑性变形,组元层金属原子获得足够的动能,于是结合表面层原子相互扩散而结合。近年来有人指出,在变形开始阶段,接触层表面因刷光处理而留下显微裂纹,纯洁的金属被加速压入裂纹内,这样所获得的初生表面彼此进入接触,形成咬合晶核。随着变形的不断增加,相邻接触区也有类似现象,咬合的晶核数在增长,直至整个结合面完密为止。

2. **复合轧制的基本条件** 复合轧制要使组元层金属结合成牢固的整体,无论冷轧或热轧,一般必须具备两个基本条件:(1)复合轧制前,组元层的结合表面应为洁净的本泽金属,坯料应平直。由于组元层金属结合表面有氧化膜、油污、脏物、非金属夹杂或吸附的气体等,不能与本质金属形成金属键或新相,而且阻碍本质金属原子的扩散或其他能键的形成。因此,复合前,对组元层结合表面应进行清净预处理;(2)施以必要的结合能量。组元层金属具有洁净的本质金属表面,还需要施加必要的能量,才能牢固结合。如忽略表面氧化膜、油污脏物导致消耗的能量,则能量大小可用下式表示:

$$E = E_e + E_i - E_n \qquad (8-8)$$

式中:E——组元层金属牢固结合所需的能量;

    E_e——为克服组元层金属变形差异等,引起的分离剪切力所消耗的能量;

    E_i——组元层金属金相或能键结合所需的能量;

    E_n——加热或变形使组元层金属具有的内能。

由上式可知,组元层金属结合能的大小,与复合金属的塑性、变形抗力、原子间的亲和力、相对变形量及加热温度等因素有关。一般情况下,在高温下或组元层金属的塑性与变形抗力差别小,或原子间亲和力较大,相对变形量大,复合时所需结合能就小。结合能越小,越容易结合牢固。

8.5.3 复合轧制工艺

1. **生产复合板的基本工艺** 生产复合板的基本工艺可分为表面预处理——冷轧或热轧复合——热处理三个阶段,国外先进国家也都采用用这一工艺。表面预处理通常采用先蚀洗,再用钢丝刷刷光,目的是清除表面氧化膜、油污及脏物等,获得洁净表面。热处理或称扩散退火是为了增强结合面原子的扩散,使复合结点长大,增加实际复合面积,提高结合强度,以满足继续加工或使用的性能要求。

冷轧复合要特别注意结合面的清净度,尽可能使用大加工率轧制,复合时第1道次更为重要。为了达到完好地结合状态等,往往还要进行扩散退火。带式法连续生产双金属复合板有两种方法:一是刷光和复合轧制在两条生产线上完成;二是在轧辊入口处边刷光表面、边连续复合轧制的工艺。后者自动化程度高,生产稳定,产品质量易控制,生产率高。

热轧复合,因组元层金属被加热到高温,所以容易结合。但是热轧必须注意界面的清净度及金属间化合物的生成。为此,往往在需要结合的金属之间,夹入难生成金属间化合物的夹层材料,或降低热轧温度。热轧坯料的组合结构很重要,为防止加热氧化,可采用夹层边部焊接等方法,制成密闭式结构图[8-11(a)]。实践表明,热轧复合可实现高温、多道次小压小率,逐步积累的方式施加能量而达到牢固结合。

2. 影响结合强度的主要因素 影响复合轧制过程结合强度的主要因素有:(1)复合界面的预处理;(2)组元层金属变形抗力的差值;(3)相对变形量;(4)组元层金属的原始总厚度及板厚比;(5)金属与辊面及金属层间的摩擦系数;(6)轧辊直径;(7)加热温度,等等。冷轧复合时,当组元层金属间的变形抗力差越小,软金属及其辊面间的摩擦系数越大,原始厚度越小,越能增强变形的均匀性提高结合强度;增大相对变形量,采用大直径轧辊,选取合适的原始厚比等,乃是提高复合板的结合强度及产品精度的重要工艺措施。

9 几种有色金属板带箔材的生产工艺简介

9.1 铝及铝合金板带材的生产

9.1.1 LY12硬铝板生产工艺过程

LY12是Al–Cu–Mg系硬铝合金,主要合金成分为3.8%~4.0%Cu、1.2%~1.8%Mg、0.3%~0.9%Mn。它是可热处理强化铝合金,经固溶处理、自然时效或人工时效后具有较高的强度,但其抗腐蚀性能和焊接性能较差。该合金具有良好的加工性能,LY12硬铝板生产工艺过程,见表9–1。

表9–1　1.0×1200×5000mmCZ态LY12硬铝板生产工艺过程

序号	工序名称	设 备 名 称	工 艺 条 件 及 工 艺 参 数
1	熔炼	天燃气炉	熔温:720~745℃;复盖剂:NaCl+KCl(各50%);通N_2–Cl_2气8~10分钟
2	铸造	半连续铸造机	铸温:700~710℃;铸速70~83mm/min,水压0.15~0.2MPa;导入LY12前用纯铝垫底
3	均匀化	电阻炉	495℃×15h
4	锯切	圆盘锯	锯成400×1320×4000mm锭坯
5	铣面	铣床	铣削成385×1320×4000mm,用浓度为2%~20%的乳液润滑与冷却
6	蚀洗	蚀洗槽	碱洗→冷水冲洗→酸洗→热水冲洗→擦干
7	包铝	包铝机	LB2包铝板尺寸:12×1320×3200mm
8	加热	双膛链式电阻炉	加热温度390~440℃,时间4~8h
9	热粗轧	φ750/φ1400×2800mm 4辊可逆轧机	共轧19道次至13.5mm,开轧温度:390~410℃　终轧温度330~360℃,乳液润滑
10	热精轧	φ650/φ1400×2800mm 4辊可逆轧机	轧至4.0mm;终轧温度270±30℃;乳液润滑
11	退火	电阻退火炉	390~440℃,1h,空冷
12	冷轧	φ650/φ1400×2800mm 4辊可逆冷轧机	轧至1.0mm,全油润滑(火油50%~70%,32#机油50%~30%,油酸1%~2%)
13	预剪	预剪机列	剪成1.0×1200×5150mm
14	淬火	盐浴槽	加热至495℃,水淬
15	粗矫平	17辊矫平机	淬火后1小时之内进行
16	压光	压光机	采用干压,总压下量小于2%
17	剪切	双列剪切机	切定尺1.0×1200×5000mm
18	精矫平	23辊矫平机	达到不平度要求
19	检验	人工	按GB3880–83(7天自然时效后进行)
20	包装	人工	按GB3880–83

9.1.2 LF21 防锈铝板生产工艺过程

LF21 是 Al-Mn 系防锈铝合金,其 Mn 含量为 1.0%~1.6%,且 Mn 具有固溶强化作用。该合金为热处理不可强化铝合金,其特点是强度比纯铝高,塑性好,焊接性能和抗蚀性好。LF21 防锈铝板生产工艺过程,见表 9-2。

表 9-2   0.5×1000×2000mmY₂ 态 LY21 防锈铝板生产工艺过程

序号	工序名称	设 备 名 称	工 艺 条 件 及 工 艺 参 数
1	连续铸轧	φ940×1340mm 倾斜式连续铸轧机列	配料→熔炼(770~780℃,N₂-Cl₂ 精炼除气)→保温(740~760℃)→过滤(多孔陶瓷板)→晶粒细化(5% Ti+1% B)→铸轧(温度 690~705℃,速度 850~900mm/min,辊缝 6.2mm)。卷坯尺寸:7.0×1160×Lmm
2	冷轧	φ360/φ1000×1400mm 4 辊不可逆轧机	轧 7 个道次:7.0→4.8→3.6→2.4→1.6→0.95→0.75→0.5mm;轧件厚为 1.6mm 时切边(每边切 30mm),同时轧速不超过 3m/s;全油润滑(煤油+添加剂)
3	剪切矫平	联合剪切机列	剪成 0.5×1000×2000mm,矫平
4	退火	电阻退火炉	吹洗(177℃×1h)→保温(340~360℃×3.5h)→出炉空冷
5	检验	人工	化学成分、力学性能检验按 GB3880-83,尺寸检验按 GB3194-82,晶粒度检验按 GB3247-82
6	包装	人工	按 GB3199-82

9.1.3 3004-H19 铝合金罐用薄板生产

3004(美国铝业协会牌号)也是热处理不可强化铝合金,成分为 Al-(1.0%~1.5%)Mn-(0.80%~1.3%)Mg-(≤0.7%)Fe-(≤0.3%)Si-(<0.25%)Cu-(<0.25%)Zn。总杂质含量<0.5%。其强度比 LF21 高,有很好的加工性能、焊接性能和抗蚀性能,可用作饮料罐体。3004 在制成罐体前,一般给予 80% 以上冷变形量,以超硬的 H19 状态使用。DI 罐(Drawn and Ironed Can)就是用 3004-H19 薄板经深冲和变薄拉延而成的。它对薄板材质要求很高,尤其是制耳率和强度指标。当前,罐用薄板 3004-H19 的厚度一般为 0.3~0.45mm,厚度偏差 ±0.005mm,制耳率控制在 2%~4%,屈服强度达到 270~300MPa。要达到这样的指标,除采用先进的生产设备(主要指精度控制)外,还要求各种工艺参数(如均匀化温度、合金成分、热轧温度、退火制度及冷变形程度等)最佳配合。实际上,生产罐用薄板的水平亦能反映铝加工行业的技术先进性。

生产 3004-H19 铝合金罐用薄板的工艺有:

(1)采用连铸铝坯直接轧制

连铸板坯→热轧→再结晶退火(315~482℃,0.5-3h)→冷轧(厚度 0.33~0.43mm,H19 硬状态,卷材)。

(2)采用半连续铸造坯轧制

锭坯→均匀化处理(520~580℃,8~30h)→热轧(开轧 520℃,终轧 260℃)→冷轧→再结晶退火(280~350℃)→冷轧(厚度 0.34~0.35mm)→低温快速退火(120~180℃,10s)。

(3)采用铸轧坯直接轧制

铸轧坯→均匀化退火(593℃,10h)→冷轧(压下率 50%~85%)→回复退火(218~246℃,2~4h)→冷轧(压下率 10%~50%)→回复退火(232~288℃,0.75~1.25h)→再结晶退火(371~454℃,2~3h)→冷轧(压下率 60%~90%,轧成 0.305~0.367mm,H19 硬状态,卷

材)。

以上是可供选择的工艺。值得指出的是,所选择的轧制工艺应使变形织构和再结晶立方织构平衡,或者说用再结晶织构来抑制或补偿变形织构,从而控制制耳率。为了控制制耳率,板材第1道冷轧应采取大压下率(60%以上),以促使(110)晶面织构发展,然后经高温快速热处理,以发展(110)晶面立方织构,同时保持晶粒细化,提高材料成形性。罐用板厚度薄,要求强度高,故冷轧时需采用大的压下率(70%左右),或高的轧制速度(25m/s),以使铝材终轧温度在120℃以上(有利于自行退火)。实际上,H19状态是处于回复状态,轧制后不需要进行任何处理,即可保证后续深拉工艺顺利进行。

9.1.4 L2 纯铝板生产工艺过程

L2 是铝含量不小于99.60%的工业纯铝,其杂质控制范围为:Fe < 0.25%,Si ≤ 0.20%,(Fe + Si) ≤ 0.36,Cu ≤ 0.01%,其他杂质单个 ≤ 0.03%。L2 的加工性能好,导热导电率高,耐蚀性强,焊接性能良好,强度低,加工硬化是它的惟一强化方式。L2 纯铝板的生产工艺过程,见表9 - 3。

表9 - 3　0.8 × 1000 × 2000mmM 态 L2 纯铝板生产工艺过程

序号	工序名称	设 备 名 称	工 艺 条 件 及 工 艺 参 数
1	配料	人工	50%原铝锭 + 50%废铝料,炉料应符合 GB3190 - 82
2	熔炼	柴油反射炉	熔温:730 ~ 740℃;复盖剂:50% KCl + 39% NaCl + 6.6% Na₃AlF₃ + 4.4% CaF;清渣剂:冰晶粉/氯化铵 = 2/1
3	铸造	环形水冷模浇铸机	浇温:700 ~ 720℃;浇速:1kg/s;及时补缩,铸锭尺寸:70 × 480 × 500mm
4	热轧	φ520 × 1700mm 2 辊不可逆轧机	开轧温度:450 ~ 480℃;轧 5 个道次:70→40→25→15→8→7.5mm;终轧温度 350 ~ 360℃;乳液润滑,浓度 1.8% ~ 2.2%
5	粗轧	φ530 × 1550mm 2 辊不可逆轧机	轧 4 个道次:7.5→6.1→5.0→4.0→3.5mm;煤油和菜油混合润滑
6	中断	斜刃剪切机	3.5 × 1050 × 4570mm →3.5 × 1050 × 485mm
7	中轧	φ500 × 1500mm 2 辊不可逆轧机	轧 4 个道次:3.5→2.8→2.1→1.8→1.4mm,煤油与菜油混合润滑
8	精轧	同上	轧 4 个道次:1.4→1.2→1.0→0.9→0.8mm,煤油与菜油混合润滑
9	剪切	圆盘剪切机	0.8 × 1050 × 2120mm →0.8 × 1000 × 2050mm
10	切头尾	斜刃剪切机	0.8 × 1000 × 2120mm →0.8 × 1000 × 2000mm
11	退火	箱式电阻炉	加热480℃,保温320℃ × 0.5h,空冷
12	矫平	21 辊矫平机	调中间支承辊以消除波浪
13	检验	人工	尺寸及允许偏差按 GB3194 - 82:厚 0.8 $^{-0.12}$ mm,宽 1000 $^{+5}_{-5}$ mm,长 2000 $^{+25}_{-5}$ mm,室温长横向力学性能按 GB3880 - 80
14	涂油	涂油机	50% 凡士林 + 50% 20 # 机油
15	包装	人工	按 GB3880 - 83

为防止铸锭裂纹,首先应控制金属成分,因为 Fe 和 Si 在铝中形成的化合物有很大的热脆性,尤其是当 Fe < Si 时,产生脆性相和游离 Si,稍有应力作用就易产生裂纹,所以在严格控制 Fe 和 Si 含量的同时,还应控制铁硅比,使 Fe > Si。添加晶粒细化剂 Al - Ti 和 Al - Ti - B,使结

晶组织和第二相细化,亦可提高抗裂纹能力。此工艺为水冷模浇注,利用铸造余热直接热轧,大大节省能耗。但块式法生产质量较差,成品率和生产率低。

9.2 铝箔的生产

铝箔通常可分为轧制箔和真空沉积箔两大类(本书指轧制箔),其一般性质与铝本身所具有的性质相同。此外,铝箔具有良好的防潮性能和绝热性能,广泛应用于包装、电力、建筑、印刷等方面。

铝箔生产是指从铝箔毛料开始到加工出素箔的全过程,它是铝板带冷轧工艺的延续。铝箔的坯料有热轧坯和铸轧坯两种,经冷轧成厚度为 0.4~0.7mm 的铝箔毛料,再经粗轧、中轧和精轧获得不同厚度的铝箔,其工艺过程如图 9–1。粗轧后经不同的工序可生产出厚箔(0.4~0.025mm)、单零箔(0.025~0.014mm)、薄箔(即双零箔,厚0.006~0.008mm)和精制箔。

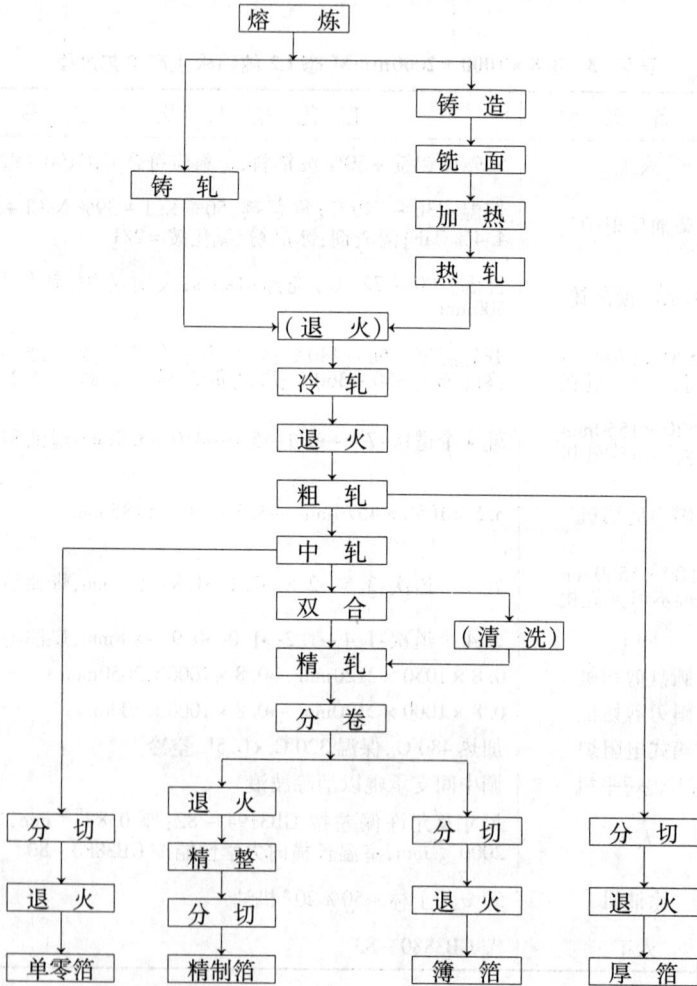

熔炼 → 铸造 → 铣面 → 加热 → 热轧 → (退火)
熔炼 → 铸轧 → (退火)
(退火) → 冷轧 → 退火 → 粗轧 → 中轧 → 双合 → (清洗) → 精轧 → 分卷

分卷 →
- 分切 → 退火 → 单零箔
- 退火 → 精整 → 分切 → 精制箔
- 分切 → 退火 → 薄箔
- 分切 → 退火 → 厚箔

图 9–1 铝箔生产工艺过程

铝箔的生产与一般铝带生产相比,具有如下的特点:

铝箔毛料对铝箔质量有重要影响,其主要要求指标包括:含氢量(熔体含氢量不应超过

184

0.12mL/100g),非金属夹杂量(不超过10ppm),晶粒度(铸轧板坯晶粒度不大于0.09mm),力学性能(99.3%~99.6% Al退火毛料,σ_b=59~98MPa,δ>20%),厚度偏差和板形(铸轧板和热轧板坯的横向厚差不大于厚度的1.0%,冷轧后板带的纵向厚度偏差不大于板厚的±2%)及外观质量等。

铝箔轧制采用全油润滑,轧制润润滑的高精密过滤以及融体金属净化,对减少铝箔针孔度具有决定意义。

铝箔轧制的最后几道次,轧辊辊身已经压靠,处于无辊缝或负辊缝轧制状态,轧辊给箔材的压力对箔材厚度的影响明显减弱,而轧制速度和张力已成为厚度调节的主要手段,若选择不当易造成断断。此外,铝箔的板形对辊型的变化极为敏感。轧制时,由于较大的预压紧力,精轧时空载和加载对作用在轧辊上的压力差很小,从而保证了动态精度和辊型的稳定性。铝箔精轧板形控制最有效手段是利用冷却润滑剂,控制轧辊的热凸度。

当成品铝箔厚度小于最小可轧厚度时,需要将两张或多张铝箔叠在一起同时轧制,又称双合轧制或叠轧。这不仅能生产单张不能轧制的箔材,而且减少断带次数,提高生产效率。双合时要在两张铝箔间加入润滑油,防止压合又便于分卷。

大部分铝箔是软化退火(350~400℃,10~30h)后使用。对于双合轧制成包装单张铝箔,软化退火不仅是为了使铝箔完全再结晶,而且要完全除去铝箔表面残油,使铝箔表面光亮平整并能自由展开。

铝箔深度加工可分为两大类:一类是比较简单的机械加工,如重卷、压花、切片等;另一类是涉及到复杂的化学工程加工,如贴合、印刷、涂层及精加工组合等。这类加工与金属压力加工完全不同。

9.3 铜及铜合金板带材的生产

9.3.1 H62黄铜带生产工艺过程

H62是铜锌合金(黄铜),含铜60.5%~63.5%,余量为锌,杂质含量总和不大于0.5%。它具有良好的机械性能,切削加工性好,易钎焊和焊接,热态下塑性良好,但易产生腐蚀裂纹。H62水箱铜带生产工艺过程,见表9-4。

根据水箱制造工艺和使用特点,在尺寸精度、平直度、表面质量及性能均匀性等方面,对水箱铜带的质量要求比一般带材要严格(见GB2061-80)。

9.3.2 QSn6.5-0.1锡磷青铜带生产工艺过程

锡磷青铜QSn6.5-0.1的主要成分为6.0%~7.0%Sn、0.1%~0.25%P、Cu为余量,杂质含量总和不大于0.1%。该合金具有较高的强度、弹性、耐磨性、抗磁性和切削加工性,适用于制造弹簧和导电性好的弹簧接触片,精密仪器中的耐磨零件等。QSn6.5-0.1锡磷青铜带生产工艺过程,见表9-5。

锡磷青铜铸造时存在枝晶偏析和反偏析,在加工前必须采用均匀化退火。它也有一个热脆区,若采用热轧开坯就易产生裂边和中部开裂等,同时高温塑性区很窄,热轧温度难以控制,因此采用冷轧开坯是合适的。在水平连铸机列上的主要工序为:配料→熔炼→保温→铸造→引锭→铣面→卷取。

表 9-4 0.1×96mmY₂ 态 H62 水箱铜带生产工艺过程

序号	工序名称	设 备 名 称	工 艺 条 件 及 工 艺 参 数
1	熔炼	工频炉	熔温:1060~1100℃,木炭复盖
2	铸造	半连续铸造机	铸温1060℃,铸速0.5m/min
3	加热	环形煤气加热炉	800~850℃,2~2.5h,微氧化性气氛
4	热轧	φ850×1500mm 2辊可逆轧机	经9道次轧成12×640mm带坯,终轧温度不小于650℃,高压水冷却轧辊,轧辊为凹辊型
5	铣面	铣床	铣面后厚为11.6mm
6	粗轧	φ660×1000mm 2辊可逆轧机	经9道次轧成5.5×640mm带卷
7	退火	电阻退火炉	600℃,出炉时喷水冷却
8	冷轧	3φ400/φ1000×1000mm 3机架串联轧机	经3道次轧制:5.5→3.7→2.8→2.5mm
9	退火	电阻退火炉	600℃,出炉时喷水冷却
10	冷轧	同8	经3道次轧成:1.0×640mm带卷:2.5→1.8→1.45→1.2mm
11	退火	电阻退火炉	600℃,出炉时喷水冷却
12	酸洗	酸洗机列	15%-20% H₂SO₄溶液
13	冷轧	φ250/φ750×800mm 4辊可逆轧机	经4道次轧成:0.4×640mm带卷:1.2→0.8→0.65→0.5→0.4mm
14	剖分	圆盘剪切机	剖成3条0.4×205mm带卷
15	退火	电阻退火炉	560℃
16	酸洗	酸洗机列	15%~20% H₂SO₄溶液
17	冷轧	φ150/φ500×400mm 4辊可逆轧机	经4道次轧成:0.13×205mm带卷:0.4→0.23→0.17→0.13mm
18	退火	真空退火炉	360~400℃,7.0~7.5h,N₂保护
19	精轧	φ150/φ500×400mm 4辊可逆轧机	经1道次轧成:0.1×205mm
20	剪切	剪切机列	剖成2条0.1×96mm带卷
21	检验	人工	按GB2061-80,其中杯突试验深度应在4~6.5mm范围内
22	包装	人工	按GB2061-80

表 9-5 0.25×200mmY 态 QSn6.5-0.1 锡磷青铜带生产工艺过程

序号	工序名称	设 备 名 称	工 艺 条 件 及 工 艺 参 数
1	水平连铸	水平连铸机列	熔炼温度:1200~1220℃;铸温:1160~1200℃;水压:0.55~0.65MPa;铸速:145mm/min;带卷尺寸:14×630mm
2	均匀化	均匀化炉	600~660℃,8h,保护气体:N₂+5% H₂,O₂<1ppm,NH₃<3ppm
3	冷轧	φ450/φ1150×1250mm 4辊可逆轧机	轧至4.4mm,乳化液润滑
4	退火	钟罩式光亮退火炉	600~660℃,6h
5	冷轧	同3	轧至1.2mm,乳化液润滑
6	退火	同4	580~620℃,6h
7	冷轧	φ260/φ700×750mm 4辊可逆轧机	轧至0.37mm,全油润滑
8	退火	气垫式光亮退火炉	520~580℃,6h
9	冷轧	同7	轧成0.25×630mm带卷,全油润滑
10	剪切	纵剪机列	剪成3条0.25×200mm带卷
11	检查	同10	按GB2066-80,其中σ_b=550~700MPa δ>8%
12	包装	同10	按GB2066-80

9.4 锌及锌合金板带材的生产

国外锌及锌合金的生产大多采用低频感应电炉熔炼,可大大减少金属烧损,降低锌合金中有害杂质的含量。采用 Hazelett(哈兹莱特)连续铸造机列生产锌带坯,经连轧机热轧,热精轧冷轧两用轧机等,产品尺寸精度高、板形好,生产效率较高。

XD_2 是电池锌板,其成分为 0.03% ~ 0.06% Cd、0.35% ~ 0.80% Pb、0.008% ~ 0.015% Fe,余量为 Zn,杂质含量总和不大于 0.03%,主要用于制造 Zn – Mn 干电池的负极。在锌的成分中,铁能显著提高锌的再结晶温度,以防止锌板生产、贮存和使用中软化报废,镉可提高锌的抗拉强度、屈服强度和再结晶温度。XD_2 电池锌板生产工艺过程,见表 9 – 6。

锌及锌合金板带材生产中,锌在轧制时由于变形热出现温升,采用分批轧制,即每道次连续轧制数块锌板,使锌板停留时间延长,待降温后再轧。

表 9 – 6 0.25 × 510 × 1000mmXD₂ 电池锌板生产工艺过程

序号	工序名称	设 备 名 称	工 艺 条 件 及 工 艺 参 数
1	熔炼	有芯工频炉	熔温:460℃,精炼剂:NH_4Cl
2	铸造	连续铸造机	铸温:420 ~ 430℃,铸速:5mm/s
3	剪切	摆式飞剪	剪切温度:220℃,锭坯尺寸:20 × 570 × 1220mm
4	粗轧	$\phi450 \times 850$mm 2 辊可逆轧机	开轧温度:180℃,经 4 道轧至 3.3mm
5	中轧	$\phi457 \times 762$mm 2 辊不可逆轧机	轧 1 道至 1.9mm
6	剪切	圆盘剪切机	两边各剪 10mm
7	卷取	卷取机	卷速 0.5m/s
8	预精轧	同 5	轧温:90 ~ 100℃,轧 2 道至 0.6mm
9	精轧	$\phi275/\phi700 \times 780$mm 4 辊不可逆轧机	轧温:50 ~ 70℃,轧 2 道至 0.25mm
10	精整	精整联合机组	剪边、剪头尾至成品尺寸 0.25 × 510 × 1000mm
11	检验	人工	按 GB1978 – 80,其中杯突深度≥5mm
12	包装	人工	按 GB1978 – 80

9.5 钛板的生产

钛具有比强度高、中温性能好和耐腐蚀等特点。钛材主要用于航空航天、兵器、石油化工、冶金电力、海洋开发、食品及医药卫生等行业。

现以 TC3 钛合金板的生产为例,简要介绍其生产工艺。TC3 是中等强度的 $\alpha + \beta$ 型两相钛合金,名义成分是 Ti – 5Al – 4V,含有 4.5% ~ 6.0% Al 和 3.5% ~ 4.5% V。TC3 板材冲压成形性好,焊接性好,但一般需热成形。TC3 具有弱的热处理强化效应,一般在退火状态下交货使用,主要用于制造各种板材成形部件。TC3 钛板生产工艺过程,见表 9 – 7。

采用真空自耗电极电弧熔炼,锻造开坯,然后加热、热轧。TC3 易被有害气体 N_2、O_2、H_2 等污染,在板坯表面形成脆性的吸气层,降低塑性,故应除去表面污染层,以便继续加工。TC3 合金中,β 相数量较多,工艺塑性较好,但变形抗力大,故往往需要采用多次退火、轧制来完成总加工率。同时 β 相数量多,抗氧化能力差,且随着加热温度升高 α 相向 β 相转变,所以 TC3 板材加热温度选在 β 相区并不好,一般第一火加热温度选择在 $(\alpha+\beta)$ 相区(910~920℃)范围。冷轧时加工硬化快,必须进行多次退火,同时退火后最初轧制道次应充分利用塑性,给予较大的道次加工率。钛板碱洗易着火燃烧,应严格控制碱洗液成分和温度。冷轧后的板材表面油污必须及时清除,以便进行真空退火。

表 9-7 1.0×600×2000mmM 态 TC3 钛合金板生产工艺过程

序号	工序名称	工 艺 条 件 及 工 艺 参 数
1	加热	920℃×15min,板坯尺寸:74×320×50mm
2	热轧	轧 12 个道次(包括换向轧制):74×320mm →6.0×650mm
3	退火	800±10℃×1h,空冷
4	蚀洗	95%NaOH + 5%NaNO₃,480~500℃,15~20min
5	中断	下料长度 410mm
6	热轧	800℃(加热温度),6.0×650mm →4.2×650mm
7	蚀洗	同 4
8	热轧	4.2×650mm →3.0×650mm
9	退火	同 3
10	蚀洗	同 7
11	冷轧	3.0×650mm →2.4×650mm
12	除油清理	除去表面油污
13	真空退火	780℃×1h,真空度不低于 $4.8×10^{-2}$ Pa
14	冷轧	$\begin{cases} 2.4×650mm →1.9×650mm,工作辊凸度 0.1mm \\ 1.9×650mm →1.5×650mm,工作辊凸度 0.15mm \\ 1.5×650mm →1.2×650mm,工作辊凸度 0.2mm,轧后切边 \end{cases}$
15	除油清理	同 12
16	真空退火	同 13
17	成品冷轧	1.2×630mm →1.0×630mm
18	除油清理	同 12
19	真空退火	同 13
20	剪切	定尺:1.0×600×2000mm
21	检验	按 GB3620-83。高温力学性能(500℃):σ_b >600MPa,σ_{100h} >550MPa
22	包装	按 GB3620-83 和 YB768-70

参 考 文 献

〔1〕赵志业等。金属塑性变形与轧制理论,北京:冶金工业出版社,1980。

〔2〕《重有色金属材料加工手册》编写组。重有色金属材料加工手册,第3分册,北京:冶金工业出版社,1979。

〔3〕曹乃光等。金属塑性加工原理,北京:冶金工业出版社,1983。

〔4〕杨守山等。有色金属塑性加工学,北京:冶金工业出版社,1982。

〔5〕冶金工业部有色金属加工设计研究院。板带车间机械设备设计,上册,北京:冶金工业出版社,1983。

〔6〕王国栋。板形控制和板形理论,北京:冶金工业出版社,1986。

〔7〕王祝堂等。铝合金及其加工手册,长沙:中南工业大学出版社,1989。

〔8〕郭栋等。金属粉末轧制,北京:冶金工业出版社,1984。

〔9〕孔昭文等。金属压力加工算图集,北京:冶金工业出版社,1985。

有色金属板带材生产

傅祖铸　主编

□**责任编辑**　周兴武
□**责任印制**　唐　曦
□**出版发行**　中南大学出版社
　　　　　　　社址：长沙市麓山南路　　　　　　邮编：410083
　　　　　　　发行科电话：0731-88876770　　　传真：0731-88710482
□**印　　装**　长沙印通印刷有限公司

□**开　　本**　787 mm×1092 mm　1/16　□**印张** 12.5　□**字数** 312 千字
□**版　　次**　2000 年 9 月第 1 版　　　　□**印次** 2022 年 1 月第 6 次印刷
□**书　　号**　ISBN 978-7-81020-465-1
□**定　　价**　42.00 元

图书出现印装问题，请与经销商调换